"十二五"国家重点图书
先进制造理论研究与工程技术系列

工程制图基础

(第 2 版)

主　编　修立威　王全福
副主编　陈　新　苏北馨
主　审　吴佩年

哈尔滨工业大学出版社

内 容 简 介

本书是根据教育部工程图学教学指导委员会最新修订的"普通高等学校工程图学教学基本要求",在总结各校近年来的教学改革和研究经验的基础上,结合理工科非机类专业教学的特点编写的。同时还编写了配套的《工程制图基础习题集》。全书共12章,主要内容有:制图的基本知识与技能,点、线、面的投影,直线与直线、平面与平面的相对位置,立体的投影,轴测图,组合体,机件的表达方法,标准件与常用件,零件图和装配图,投影变换及焊接图与展开图。

本书主要作为高等院校电气、电子、通信、测控、无机、高分子、化工及管理类各专业学生学习工程制图的教材,也可供有关工程技术人员参考。

图书在版编目(CIP)数据

工程制图基础:含习题集/修立威,王全福主编. —2版.
—哈尔滨:哈尔滨工业大学出版社,2017.6(2024.11 重印)
ISBN 978－7－5603－6681－4

Ⅰ.①工… Ⅱ.①修… ②王… Ⅲ.工程制图-教材
Ⅳ.TB23

中国版本图书馆 CIP 数据核字(2017)第 131355 号

责任编辑　尹继荣
封面设计　屈　佳
出版发行　哈尔滨工业大学出版社
社　　址　哈尔滨市南岗区复华四道街10号　邮编150006
传　　真　0451－86414749
网　　址　http://hitpress.hit.edu.cn
印　　刷　哈尔滨市工大节能印刷厂
开　　本　787 mm×1 092 mm　1/16　印张20.75　字数480千字
版　　次　2006年8月第1版　2017年7月第2版
　　　　　2024年11月第6次印刷
书　　号　ISBN 978－7－5603－6681－4
定　　价　39.00元(含习题集)

(如因印装质量问题影响阅读,我社负责调换)

再版前言

本书是根据教育部工程图学教学指导委员会最新修订的"普通高等学校工程图学教学基本要求",结合非机类教学的特点,在总结各校近年来的教学改革成果和研究经验,并广泛汲取其他院校教材优点的基础上编写而成。适用于非机械类,如电子、电气、通信、管理等专业使用。在教材的编写过程中充分注意到教材体系结构的系统性、内容的实用性及科学性,在内容编排上着重加强学生徒手画草图、手工仪器绘图能力的培养,突出培养学生的空间实体的想象能力与空间分析能力,重点提高学生的读图能力,尽可能做到概念清楚、重点突出、语言简练、图样清晰、与文字紧密结合。

全书共 12 章,分四部分。第一部分为工程制图理论部分,主要介绍国家标准机械制图的一般规定,几何元素和立体的投射及其相对位置,轴测图等。第二部分为机件表达方法,主要介绍组合体的画法、尺寸标注及其投影图的读法,机件的表达方法。第三部分为机械制图,主要介绍了标准件及常用件的表达、画法及标注,零件图和装配图的表达、画法和读图。第四部分为焊接图,主要介绍焊接的方式方法及焊接的表示方法。全书内容详尽、丰富,便于自学,可以根据教学的需要适当删减。另外,本书还配有《工程制图基础习题集》同时使用。

本书自 2006 年初版以来,连续重印 6 次,对教师的教学及学生的学习起到了很好的作用。为适应时代的变化及技术的进步,现进行修订再版。

第二版除了保持第一版的定位宗旨外,主要作了以下调整和修订:

(1)对原书中存在的文字及插图错误进行了修订;

(2)对本书配套习题集中的部分习题进行了修改;

(3)本书所涉及的机械制图、技术制图和相关的其他国家标准都采用了最新颁布的标准。

参加本书编写的有修立威(前言、第三章、第九章、第十章)、王全福(第二章、第五章、第八章)、陈新(绪论、第四章第二节、第六章、第七章)、苏北馨(第一章、第八章、第十一章)、王春义(第四章第一节、第十二章、附录)。

本书由修立威、王全福任主编并统稿,陈新、苏北馨任副主编。吴佩年教授主审了该书稿并提出许多宝贵意见,在此表示衷心感谢。另外,本书的编写还得到各作者单位领导的大力支持与帮助,在此也一并表示感谢。

由于作者水平所限,书中难免有疏漏和不妥之处,敬请读者批评指正。

作 者

2017 年 6 月

目　　录

绪　论 ·· (1)

第一章　制图的基本知识与技能 ·· (3)

　　第一节　机械制图国家标准的一般规定 ·· (3)

　　第二节　绘图工具及使用方法 ·· (14)

　　第三节　常用几何作图方法 ·· (16)

　　第四节　平面图形的分析与画图方法 ·· (19)

第二章　点、直线和平面的投影 ·· (23)

　　第一节　投影法的基本知识 ·· (23)

　　第二节　工程上常用的投影图 ·· (25)

　　第三节　点的投影 ·· (26)

　　第四节　直线的投影 ·· (30)

　　第五节　平面的投影 ·· (36)

　　第六节　直线与平面、两平面的相对位置 ·· (42)

第三章　立　体 ·· (45)

　　第一节　平面立体的投影及立体表面取点 ·· (45)

　　第二节　平面与平面立体相交 ·· (48)

　　第三节　曲面立体的投影及表面取点 ·· (50)

第四章　平面与曲面立体相交、两曲面立体相交 ·· (56)

　　第一节　平面与曲面立体相交 ·· (56)

　　第二节　两曲面立体相交 ·· (65)

第五章　轴测图 ·· (72)

　　第一节　轴测图的基本知识 ·· (72)

　　第二节　正等轴测图 ·· (73)

　　第三节　斜二等轴测图 ··· (80)

第六章　组合体 ·· (84)

　　第一节　组合体的形成及形体分析 ·· (84)

　　第二节　组合体视图的画法 ·· (86)

　　第三节　组合体的尺寸标注 ·· (89)

　　第四节　看组合体的视图 ·· (93)

第七章　机件的表达方法 ··· (101)

　　第一节　视　图 ·· (101)

· 1 ·

第二节 剖视图 …………………………………………………………（103）
  第三节 断面图 …………………………………………………………（109）
  第四节 局部放大图和简化画法 ………………………………………（112）
  第五节 表达方法应用举例 ……………………………………………（115）
  第六节 第三角画法简介 ………………………………………………（116）

第八章 标准件及常用件 …………………………………………………（118）
  第一节 螺纹及螺纹紧固件 ……………………………………………（118）
  第二节 螺纹紧固件及其画法与标记 …………………………………（124）
  第三节 键、销和滚动轴承 ……………………………………………（129）
  第四节 齿 轮 …………………………………………………………（133）
  第五节 弹 簧 …………………………………………………………（137）

第九章 零件图 ……………………………………………………………（140）
  第一节 零件图的内容 …………………………………………………（140）
  第二节 零件的表达方法 ………………………………………………（140）
  第三节 零件图上的尺寸标注 …………………………………………（144）
  第四节 零件上的常见结构 ……………………………………………（149）
  第五节 零件图中的技术要求 …………………………………………（151）
  第六节 零件的测绘 ……………………………………………………（163）
  第七节 看零件图的方法 ………………………………………………（165）

第十章 装配图 ……………………………………………………………（168）
  第一节 装配图的作用和内容 …………………………………………（168）
  第二节 部件的表达方法 ………………………………………………（168）
  第三节 装配图的尺寸标注和技术要求 ………………………………（173）
  第四节 装配图中的零件序号、明细栏和标题栏 ……………………（175）
  第五节 常见的装配工艺结构 …………………………………………（177）
  第六节 部件测绘和装配图画法 ………………………………………（178）
  第七节 读装配图 ………………………………………………………（183）

第十一章 换面法 …………………………………………………………（188）

第十二章 焊接图和展开图 ………………………………………………（196）
  第一节 焊接件 …………………………………………………………（196）
  第二节 表面的展开立体 ………………………………………………（201）

附录一 标准结构 …………………………………………………………（204）

附录二 标准件 ……………………………………………………………（207）

附录三 轴和孔的极限偏差数值 …………………………………………（218）

参考文献 ……………………………………………………………………（226）

绪　　论

一、本课程的性质、研究对象和内容

本课程是工程类专业的一门必修的技术基础课。它研究和解决空间几何问题以及绘制和阅读工程图样的理论和方法。

在现代工业生产中，无论是加工每一个零件还是装配部件和机器，都是依照图样进行的。在新产品设计时也是从画图开始，设计人员通过图样来表达设计思想和要求。另外，人们可以通过图样来指导生产，进行技术交流。图样具有能够准确地表达出机器设备的结构和性能以及它们各自的组成部分的形状、大小、材料及加工、检验、装配等有关要求的作用。因此人们常把这种图样，称做工程图样。工程图样是工业生产的重要技术文件，同时又是工程界表达和交流技术思想和信息的重要媒介和工具。所以工程图样被喻为"工程界的语言"。

本课程的主要内容：

1. 基础理论　制图的基本知识，投影法的概念，点、线、面的投影及其相对位置，基本形体的投影，基本形体的截交与相贯，轴测投影。

2. 机体表达方法　组合体的投影、画法及尺寸标注，机件的各种表达方法。

3. 机械制图　标准件及常用件的表达、画法及标注，零件图和装配图的表达、画法和读图。

二、本课程的主要任务

1. 学习正投影法的基本理论及其应用。
2. 培养学生空间想象能力和构思能力。
3. 培养学生空间几何问题的图解能力。
4. 培养学生绘制和阅读工程图样的基本能力。
5. 培养学生耐心细致的工作态度和一丝不苟的工作作风。

三、本课程的学习方法

为了学好本门课，必须掌握正确的学习方法。

1. 应掌握正确的思维方法　读者在初学时，如果觉得投影原理比较抽象，可借助于一些直观工具。例如用"折纸法"将硬纸片折成三投影面空间模型，再用铅笔、三角板等在其上进行比画模拟，以增强感性概念。但经过一段时间的学习之后，就应逐步减少对模型的依赖，此外，经常在草图纸上徒手绘制几何元素及物体的轴测图，也是提高空间立体概念的一个好方法。这样在不断地把空间的物体转化为平面的图形，又从平面的图形转化为空间的物体的过程中，就能不断地发展自己的空间想象能力和构思能力。

2.提高听课效率　本门课主要是研究图形的,在老师讲课的时候,要用到许多的图,对于简单的图,老师可以在黑板上或屏幕上画出来,对于复杂的图,多采用的是挂图或事先画好的图,在课堂上做图形笔记有一定难度,所以,在课堂上提倡在书上作旁注的形式,记下重点、难点和要点。

3.正确对待作业　本课是实践性很强的一门课。所谓的实践性,就是要画图,而且要画很多图,每次留的作业都比较多,学生感觉费时费力和难做,甚至有的同学应付作业和抄作业。虽然现在的绘图多采用计算机实现,但手工绘图是培养投影概念的必要手段,不会手工绘图,计算机也不会自动地给出图来,因此,学生要把每一次的制图作业当成完成一幅作品来看待。画图既快又美观,这是功夫到家的一种体现。另外,老师每一次批改过的作业,同学应仔细看一下,错误的地方及时更正,避免再出现同类错误。做制图作业是培养学生认真负责的工作态度和严谨细致的工作作风的必要手段。

4.要遵循国家标准的有关规定　图样是工程界的语言,既然是语言,就有其语法规则和规定,这个语法就是国家标准、ISO标准和行业标准。我们在绘制图样的时候,必须遵循这些标准,这样才能起到语言交流的作用。

本课程只能做到为学生的绘图和读图能力打下一定的基础,在后续课程中还应继续培养和提高绘图和读图的能力。

第一章 制图的基本知识与技能

技术图样是产品设计、制造、安装、检测等过程中的重要技术资料,是科学技术交流的重要工具。为便于生产、管理和交流,必须对图样的画法、尺寸注法等方面作出统一的规定。《技术制图》和《机械制图》国家标准是工程界重要的技术基础标准,是绘制和阅读机械图样的准则和依据。需要注意的是《机械制图》标准主要适用于机械图样,《技术制图》标准则普遍适用于工程界的各专业技术图样。

本章主要介绍国家标准对图纸幅面和格式、比例、字体、图线、尺寸注法和《机械制图》的有关规定,并介绍常见的绘图方式和几何作图方法。

第一节 机械制图国家标准的一般规定

一、图纸幅面和标题栏

为了便于图样的绘制、使用和保管,图样均应画在规定幅面和格式的图纸上。

1.图纸幅面(GB/T14689—1993)

绘制图样时,应优先采用表 1.1 所规定的幅面尺寸,必要时也允许选用表 1.2 和表 1.3 所规定的加长幅面,这些幅面的尺寸是由基本幅面的短边成整数倍增加得出的,见图 1.1。

表 1.1 图纸基本幅面及图框尺寸(mm)

幅面代号	A0	A1	A2	A3	A4
$B \times L$	841×1 189	594×841	420×594	297×420	210×297
e	20	20	10	10	10
c	10	10	10	5	5
a	25	25	25	25	25

GB——国家标准的拼音缩写;T——推荐;14689——标准的编号;1993——表示该标准 1993 年发布。

表 1.2 图纸的加长幅面尺寸(一)

幅面代号	A3×3	A3×4	A4×3	A4×4	A4×5
$B \times L$	420×891	420×1 189	297×630	297×841	297×1 051

图 1.1 中粗实线所示为基本幅面(第一选择),细实线所示为表 1.2 所规定的加长幅面(第二选择),虚线所示为表 1.3 所规定的加长幅面(第三选择)。

表1.3 图纸的加长幅面尺寸(二)

幅面代号	A0×2	A0×3	A1×3	A2×3	A2×3	A2×4	A2×5
B×L	1 189×1 682	1 189×2 523	841×1 783	841×2 378	594×1 261	594×1 682	594×2 102
幅面代号	A3×5	A3×6	A3×7	A4×6	A4×7	A4×8	A4×9
B×L	420×1 486	420×1 783	420×2 080	297×1 261	297×1 471	297×1 682	297×1 892

2.图框格式

图纸可以横放或竖放。

图样中图框由内、外两框组成。外框用细实线绘制,大小为幅面尺寸;内框用粗实线绘制,内外框周边的间距尺寸与格式有关。

图框格式分为留装订边(图1.2(a)、(b))和不留装订边(图1.2(c)、(d))两种。两种格式图框周边尺寸 a、c、e 如表1.1所示,但要注意:同一产品的图样只能采用一种格式。

加长幅面的图框尺寸,按所选用的基本幅面大一号的图框尺寸确定。

为了复制或缩微摄影时定位方便,可采用对中符号。对中符号是从周边画入图框内长5 mm的一段粗实线,如图1.2(d)所示。

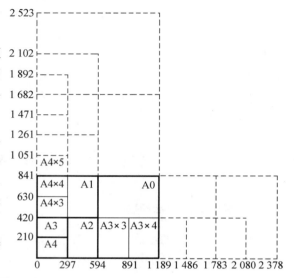

图1.1 图纸幅面及加长边

标题栏一般画在图框内的右下角,如图1.2所示。技术制图标准规定,标题栏一般由更改区、签字区、其他区、名称代号区组成,其格式如图1.3所示。国标规定的标题栏如图1.4。

当标题栏的长边置与水平方向并与图纸的长边平行时则为 X 型图纸,如图1.2(b)。若标题栏长边与图纸长边垂直,则为 Y 型图纸,如图1.2(a)。不论是 X 型或 Y 型图纸,其看图方向与看标题栏的方向一致。当看图方向与看标题栏方向不一致时,可采用方向符号,如图1.5所示,即方向符号的尖角对着读图者时为看图方向。方向符号用细实线画出,如图1.5(c)所示。

二、比例(GB/T14690—1993)

图中图形与其实物相应要素的线性尺寸之比称为比例。绘制图样时,应尽可能按机件的实际大小采用1:1的比例画出,但由于机件的大小及结构复杂程度不同,有时需要放大或缩小。当需要按比例绘制图样时,应由表1.4规定的系列中选取适当的比例。必要时也可选用表1.5所示的比例。不论放大还是缩小比例,图样上的尺寸数字都应按机件的实际尺寸标注,如图1.6所示。

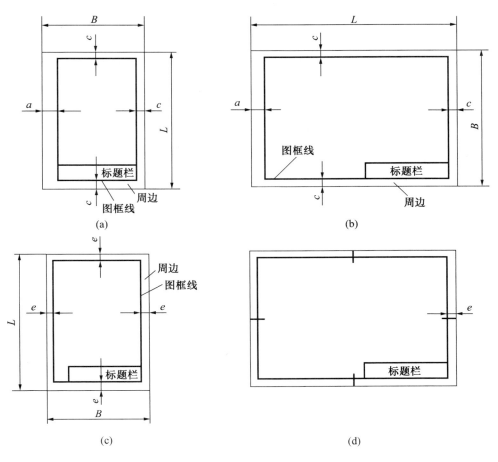

图 1.2 图框的格式

图 1.3 学校选用的标题栏格式

表 1.4 比例系列(一)

种 类	比 例		
原值比例	1:1		
放大比例	5:1 $5 \times 10^n:1$	2:1 $2 \times 10^n:1$	$1 \times 10^n:1$
缩小比例	1:2 $1:2 \times 10^n$	1:5 $1:5 \times 10^n$	1:10 $1:1 \times 10^n$

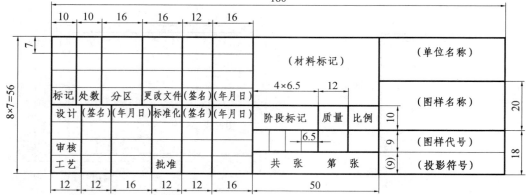

图 1.4　国标规定标题栏的格式

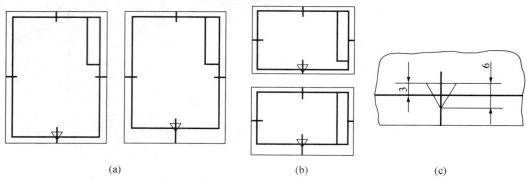

图 1.5　方向符号的画法

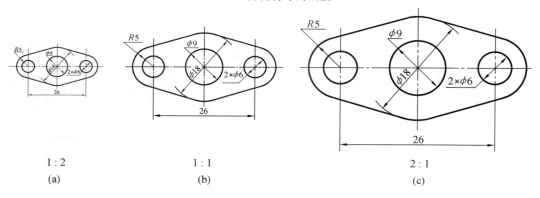

图 1.6　用不同比例画出的同一机件的图形

表 1.5　比例系列(二)

种　类	比　　例				
放大比例	4:1			2.5:1	
	$4\times 10^n:1$			$2.5\times 10^n:1$	
缩小比例	1:1.5	1:2.5	1:3	1:4	1:6
	$1:1.5\times 10^n$	$1:2.5\times 10^n$	$1:3\times 10^n$	$1:4\times 10^n$	$1:6\times 10^n$

注:表 1.4、表 1.5 内的 n 为正整数

三、字体（GB/T14691—1993）

图样上除了表达机件形状的图形外,还要用文字和数字说明机件的大小、技术要求和其他内容。

在图样中书写字体必须做到:字体工整、笔画清楚、间隔均匀、排列整齐。如果在图样上的文字和数字写得很潦草,不仅会影响图样的清晰和美观,而且还会造成差错给生产带来麻烦和损失。

1. 字号

字体的字号,即字体高度 h（单位 mm）,分别为 1.8、2.5、3.5、5、7、10、14、20 八种。用作指数、分数、极限偏差、注脚等的数字及字母,一般应采用小一号字。

2. 汉字

图样上的汉字应写成长仿宋体,并采用国家正式公布推行的简化字。长仿宋体字的基本笔画见表 1.6。汉字高度不应小于 3.5 mm,其宽度为 $h/\sqrt{2}$。图 1.7 所示为长仿宋体字示例。

表 1.6 长仿宋体字的基本笔画

名称		点	横	竖	撇	捺	提	折	勾
笔画分析	运笔要领	起笔后顿	横平起落顿笔	竖直起落顿笔	起笔顿由重而轻提笔快捷	起笔轻逐渐用力	起笔重由重而轻提笔快捷	中笔转折顿笔刚劲	折勾顿笔提笔快捷
	书法示例	、	二	 丨	 ノ	 ㇏	 二	 乛	 乚

10 号字

字体工整笔画清楚间隔均匀排列整齐

7 号字

横平竖直注意起落结构均匀填满方格

5 号字

技术制图机械电子汽车航空船舶土木建筑矿山井坑港口纺织

图 1.7 长仿宋体字示例

3. 数字和字母

数字分阿拉伯数字和罗马数字两种,有直体和斜体、A 型和 B 型字体之分。一般采用斜体。其字体向右侧倾斜,与水平线约成 75°。当与汉字混合书写时,可采用直体,如图 1.8、图 1.9 所示。

拉丁字母有大写、小写和直体、斜体之分。图 1.10 所示为斜体大写和小写字母示例。

图 1.8 阿拉伯数字(A 型)

图 1.9 罗马数字(A 型)

图 1.10 拉丁字母

四、图线及其画法

1.线型

技术制图国家标准中规定了 15 种基本线型及基本变形。机械图样中常用的图线名称、型式、宽度及其应用见表 1.7 和图 1.11。

表 1.7　图线及其应用

名　称	型　式	宽度	主要用途及线素长度	
粗实线	———————	d	表示可见轮廓线	
细实线	———————		表示尺寸线、尺寸界限、剖面线、引出线、过渡线等	
波浪线	～～～～～		表示断裂处的边界线、视图与剖视图的分界线	
双折线	—✓—✓—	$d/2$	表示断裂处的边界线	
虚　线	- - - - - -		表示不可见轮廓线。画长 12d、短间隔长 3d（d 为粗实线宽度）	
细点画线	— · — · —		表示轴线、圆中心线、对称中心线	长画长 24d、短间隔长 3d、短画长 d
粗点画线	— · — · —	d	限定范围表示线	
双点画线	— ·· — ·· —	$d/2$	表示相邻辅助零件的轮廓线、轨迹线	

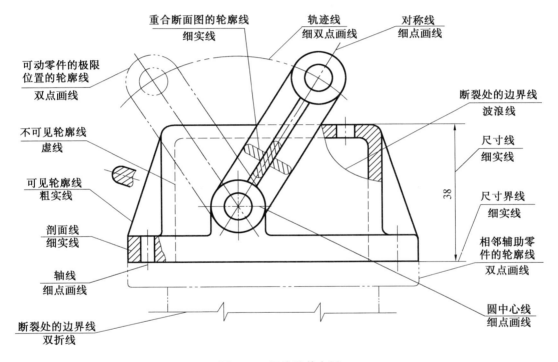

图 1.11　图线及其应用

2.线宽

机械图样中的图线分粗线和细线两种。粗线宽度 d 应根据图形的大小和复杂程度在 0.5～2 mm 之间选择，细线的宽度约为 $d/2$。图线宽度的推荐系列为：0.13 mm、0.18 mm、0.25 mm、0.35 mm、0.5 mm、0.7 mm、1 mm、1.4 mm、2 mm。制图中一般常用的粗实线宽度为 0.7～1 mm（由于图样复制中所存在的困难，应避免采用 0.13 mm、0.18 mm）。

3.图线画法

画图线时，应注意以下几个问题：

(1)同一张图样中，同类图线（图 1.12）应基本一致。虚线、点画线和双点画线的线段长短和间隔应各自大致相等。

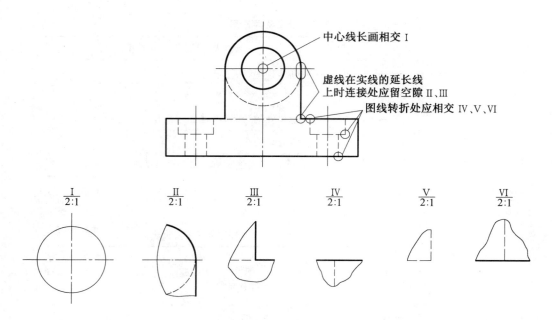

图 1.12　图线画法注意点

(2)绘制圆的对称中心线时,圆心应为线段的交点,首末两端应是线段而不是短画或点,且超出图形外 2~5 mm。

(3)在较小的图形上绘制点画线或双点画线有困难时,可用细实线代替。

(4)虚线、点画线或双点画线和实线或它们自己相交时,应线段相交,而不应空隙相交。

(5)当虚线、点画线或双点画线是实线的延长线时,连接处应为空隙,如图 1.12 示。

五、尺寸注法

机件的大小由标注的尺寸确定。标注尺寸时,应严格遵守国家标准有关尺寸注法的规定,做到正确、完整、清晰、合理。

1．基本规则

(1)机件的真实大小应以图样上所注的尺寸数值为依据,与图形的大小及绘图的准确程度无关。

(2)图样中(包括技术要求和其他说明)的尺寸,以 mm 为单位时,不需注明计量单位的代号或名称。如采用其他单位,则必须注明相应的计量单位的代号或名称。

(3)机件的每一尺寸,在图样中一般只标注一次,并应标注在反映该结构最清晰的图形上。

(4)图中所注尺寸是该机件的最后完工尺寸,否则应另加说明。

2．尺寸组成

如图 1.13 所示,一个完整的尺寸一般应包括尺寸数字、尺寸线、尺寸界限和表示尺寸线终端的箭头或斜线。

表 1.8 列出了尺寸标注的基本规定和常用注法。

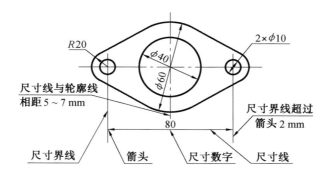

图 1.13 尺寸组成示例

表 1.8 尺寸注法的基本规定

项目	说 明	图 例
尺寸线及尺寸终端	1. 尺寸线用细实线单独画出,不能用其他图线代替,也不得与其他图线重合或画在其他线的延长线上 2. 尺寸线与所标注的线段平行,尺寸线与轮廓线的间距、相同方向上尺寸线之间的间距应大于 5 mm 1. 机械图样中尺寸线终端画箭头或(在不能使用箭头的情况下)斜线及圆点(见续表狭小部位图例) 2. 箭头尖端与尺寸线接触,不得超出也不能分开,尺寸线终端采用斜线时,尺寸线与尺寸界线必须垂直	
尺寸界线	1. 尺寸线用细实线绘制,由图形的轮廓线、轴线或对称中心线处引出。也可直接利用它们作尺寸界线 2. 尺寸界线一般应与尺寸线垂直,当尺寸界线贴近轮廓线时,允许与尺寸线倾斜 3. 在光滑过渡处标尺寸时,必须用细实线将轮廓线延长,从他们的交点处引出尺寸界线	

续表 1.8

项目	说 明	图 例
尺寸数字	1.尺寸数字一般应标注在尺寸线上方，也允许标注在尺寸线的中断处 2.线性尺寸数字的方向一般采用下述的第一种方法标注，在不引起误解时允许采用第二种方法，在一张图样中，应采用同一种方法 3.尺寸数字不可被任何图线所通过，否则必须将该图线断开	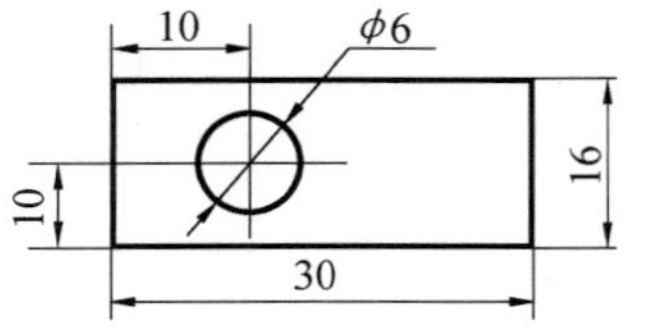 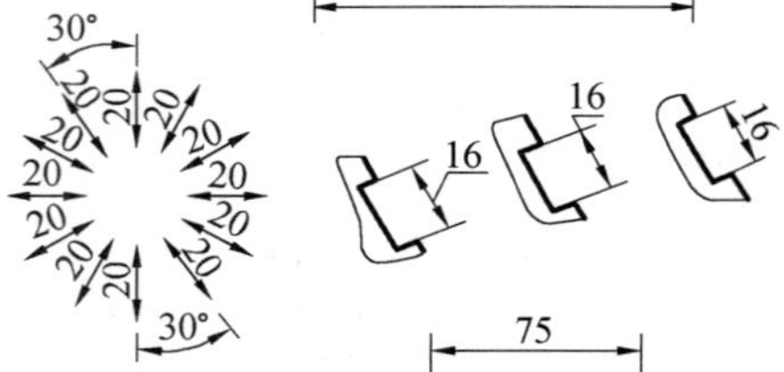 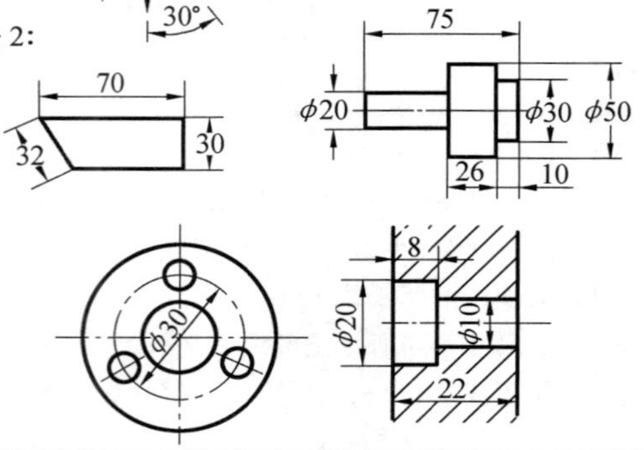 (见图示)
狭小部位	1.在没有足够的位置画箭头或标注数字时，可将箭头或数字布置在外面，也可将箭头和数字都布置在外面 2.几个小尺寸连续标注时，中间的箭头可用斜线或圆点代替	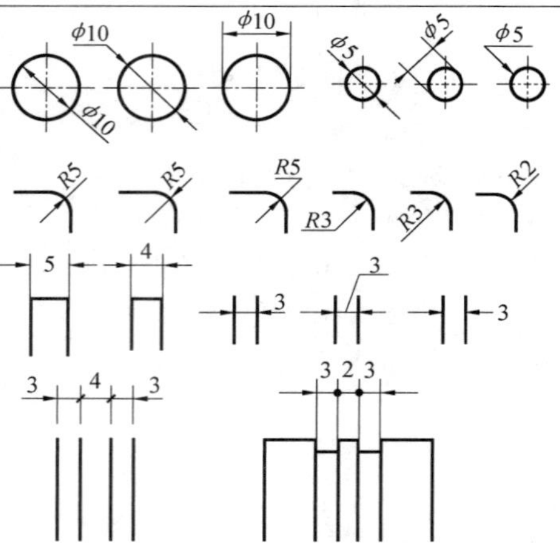 (见图示)
对称机件	当对称机件的图形只画出一半或略大于一半时，尺寸线应略超过对称中心线或断裂处的边界线，并在尺寸线一端画出箭头	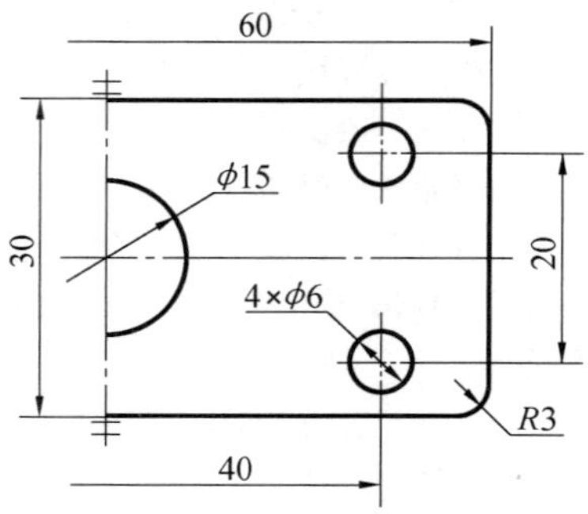 (见图示)

续表 1.8

项目	说 明	图 例
直径与半径	1.标注直径时,应在尺寸数字前加注符号"ϕ";标注半径时,应在尺寸数字前加注符号"R" 2.当圆弧的半径过大或在图纸范围内无法注出其圆心位置时,可按图(a)的形式标注;若不需要标出其圆心位置时,可按图(b)的形式标注,但尺寸线应指向圆心	(a) (b)
球面直径与半径	标注球面直径或半径时,应在符号 ϕ 或 R 前加注符号"S"如图(a)所示对于螺钉、铆钉的头部、轴和手柄的端部等,在不致引起误解的情况下,可省略符号 S,如图(b)所示	(a) (b)
角度	尺寸界线应沿径向引出,尺寸线画成圆弧,圆心是角的顶点,尺寸数字应一律水平书写如图(a),一般注在尺寸线的中断处,必要也可按图的形式标注	(a) (b)
弦长与弧长	标注弦长和弧长时,尺寸界线应平行于弦的垂直平分线;标注弧长尺寸时,尺寸线用圆弧,并应在尺寸数字前方加注符号"⌒"	(a) (b)
方头结构	表示断面为正方形结构尺寸时,可在正方形边长尺寸数字前加注符号"□",如□14,或用 14×14 代替□14	

图 1.14 用正误对比的方法,列举了标注尺寸时的一些常见错误。

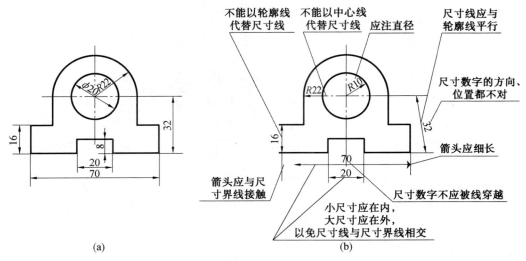

图 1.14 尺寸标注的正误对比

第二节 绘图工具及使用方法

正确地使用绘图工具,既能提高绘图的准确度和保证图面的质量,又能提高绘图的速度,因此必须养成正确使用、维护绘图仪器(工具)的良好习惯。下面介绍常用的手工绘图仪器(工具)及其使用方法。

一、图板和丁字尺、三角板

图板是用来固定图纸的,要求表面平坦光洁;图板的左边用作丁字尺的导边,所以必须平直。图纸用胶带纸固定在图板上。丁字尺由尺头和尺身组成,可沿图板上下移动画出水平线。三角板 45°与 30°和 60°各一块,与丁字尺配合画垂直线,如图 1.15 所示。

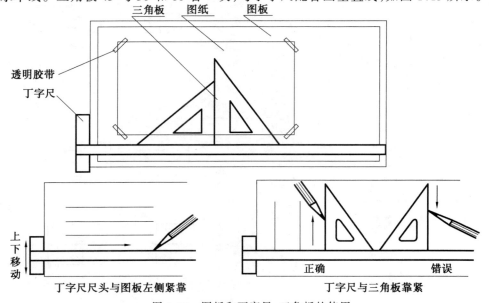

图 1.15 图板和丁字尺、三角板的使用

二、绘图仪器

常用绘图仪器工具的名称、图例和说明,见表1.9。

表1.9 常用绘图仪器工具的名称、图例和说明

名称	图例和说明
圆规 分规	**圆规用法** 针脚应比铅芯稍长　　画较大圆时,应使圆规两脚垂直纸面 **分规用法** 圆规用来画圆和圆弧。大圆规可接换不同的插脚,加长杆,以满足不同的作图要求。分规主要用来量取线段长度或等分已知线段。分规的两个针尖应调整平齐。分规等分线段时通常用试分法
铅笔的削法	**锥状　　铲状** 绘图铅笔按笔芯的软硬有 B、HB、H 等多种型号,B 前面的数字越大,表示铅芯越软,H 前面的数值越大,表示铅芯越硬,HB 表示软硬适中。B 型铅笔画粗实线、画箭头,H 型铅笔画细线和打底稿。铅笔尖端根据作图线型不同可削成锥状和铲状
比例尺	比例尺是刻有不同比例的直尺,分别刻在三个侧面上,可放大或缩小尺寸

续表 1.9

名称	图例和说明
曲线板	 曲线板用于绘制非圆曲线。绘图时应先求出非圆曲线上的一系列点,然后用曲线板光滑连接
擦图片	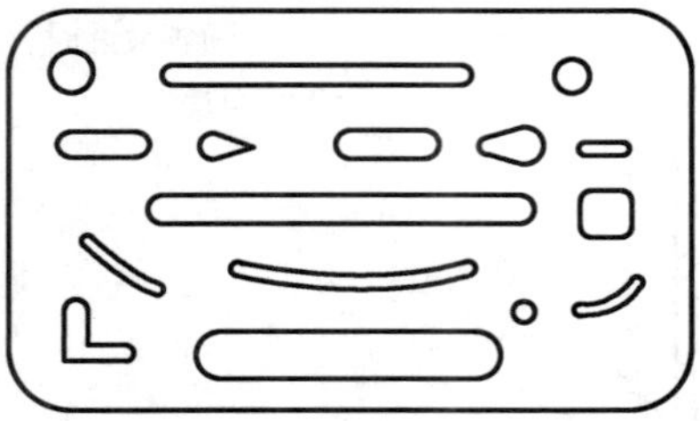 利用擦图片上各种形式的镂孔,可擦去多余的线条,以保持图面清洁
其他工具	除上述工具外,绘图时还需要用胶带纸、砂纸(磨铅芯)、毛刷、橡皮、小刀,以及各种模板等工具

第三节　常用几何作图方法

机件的形状虽然多种多样,但都是由各种几何形体组合而成的,它们的图形也是由一些基本的几何图形组成。因此,熟练地掌握基本几何图形的画法,是绘制机械图样的基础。

常用的几何作图方法有等分线段、等分圆周、斜度与锥度作法、线段连接和平面曲线作法等,如表 1.10 所示。

表 1.10　常用几何作图方法

项目	图例和说明
等分直线段	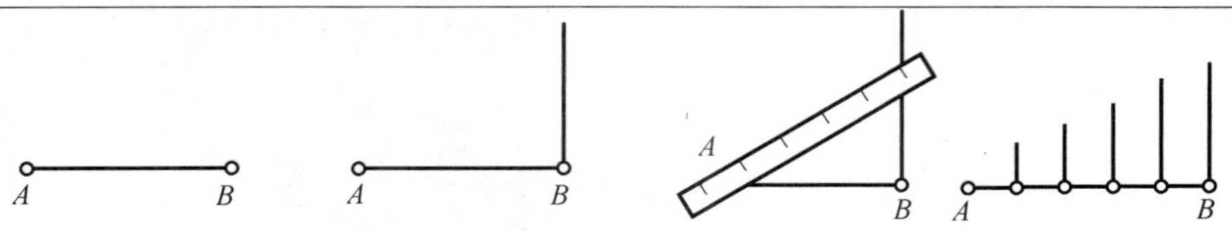 (a)　(b)　(c)　(d) 例:要将 AB 线段五等分,可过 B 作 AB 的垂直线,转动三棱尺使零点在 A 处,尺面上五等分的另一端位于垂直线上,用铅笔点下各等分点,再过各点作 AB 的垂直线即可

续表 1.10

项目	图例和说明
圆内接正六边形	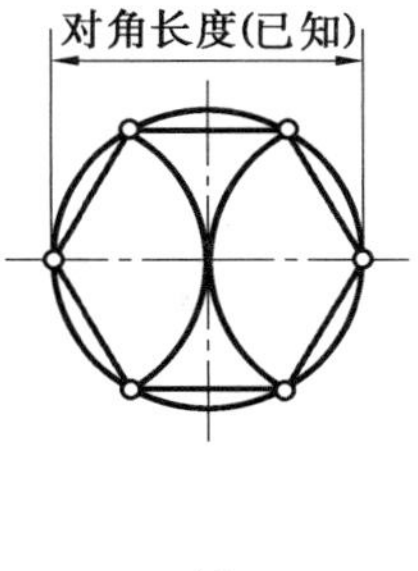 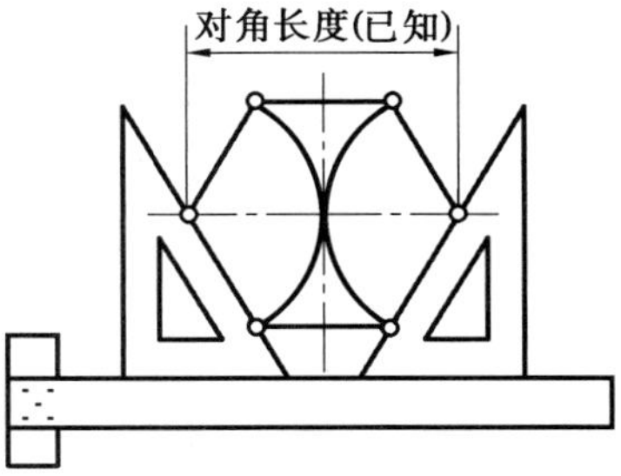 先以对角距离为直径作圆,再以半径为弦长六等分圆周,连接各端点即成正六边形,如图所示,也可用丁字尺和30°、60°三角板画正六边形,如图(b)所示
圆内接正五边形	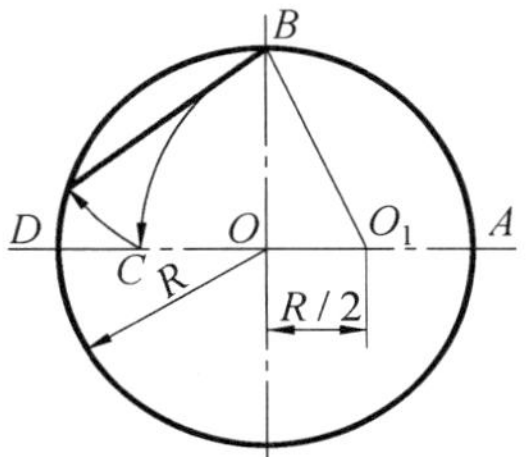 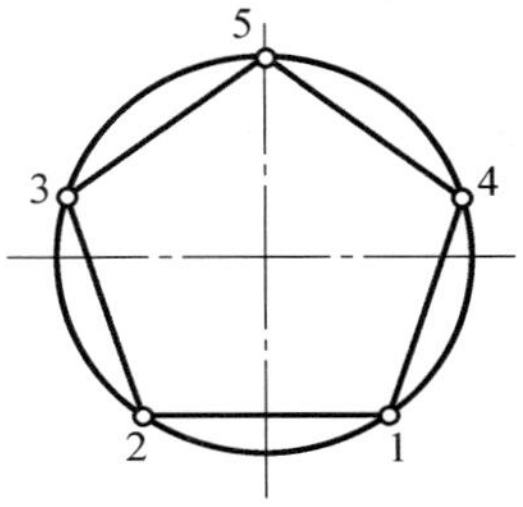 先在半径 OA 作出中点 O_1,以 O_1 为圆心,O_1B 为半径作弧交 OD 于 C,以 BC 为弦长将圆周五等分,连接圆周上所得的五等分点,即成正五边形
圆内接正 n 边形	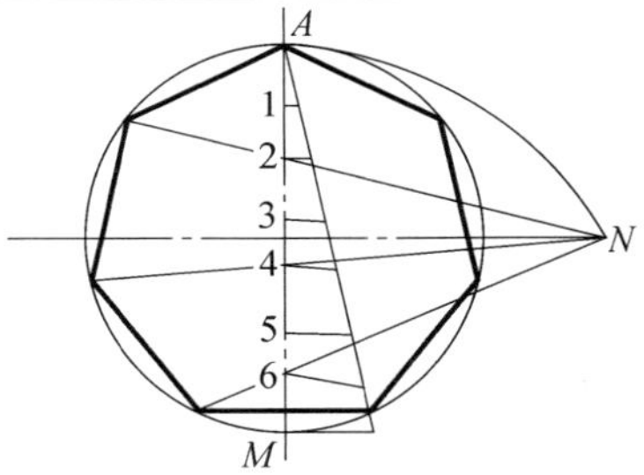 将铅垂直径 AM 进行 n 等分(图中 $n=7$),以 M 为圆心,以 MA 为半径作圆弧交水平中心线于点 N,连接 N 和偶数点,延长与外接圆相交,并求出其交点的对称点,即为正 n 边形之顶点
斜度的作法	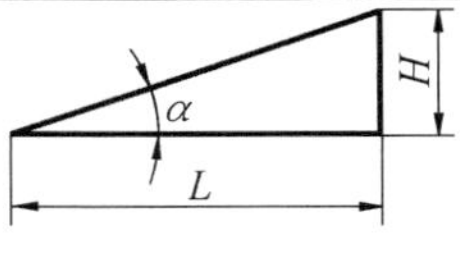 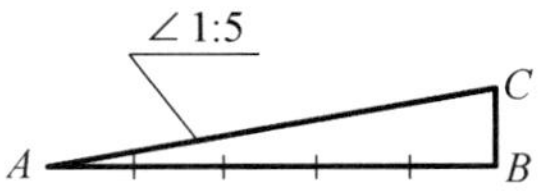 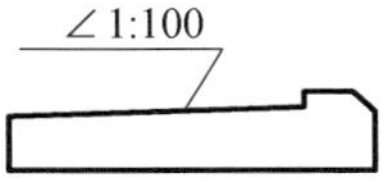 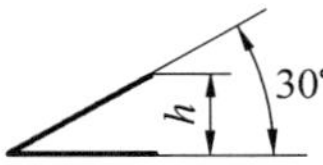 斜度是指一直线对另一直线或一平面对另一平面的倾斜程度,其大小用该两直线(或平面)间夹角的正切来表示,并把比值化简成 $1:n$ 的形式

续表 1.10

项目	图例和说明			
锥度的作法	锥度是指正圆锥体的底圆直径与其高度的比值,若是锥台,则为上下两底的直径差与锥台高度的比值,一般也以 $1:n$ 的形式表示			
圆弧连接两直线		用半径为 R 的圆弧连接已知两直线	作与已知两直线相距为 R 的平行线	两平行线相交于 C 点,过 C 点作两直线的垂线,T 为切点	以 C 点为圆心,R 为半径作圆弧连接两直线交于 T 点
圆弧连接垂直线		用半径为 R 的圆弧连接垂直相交的两直线	已 O 为圆心,R 为半径,作圆弧得切点 T	分别以两切点 T 为圆心,以 R 为半径画圆弧,两圆弧交于 C 点	以 C 点为圆心,以 R 为半径作圆弧交于两 T 点
圆弧连接直线与圆弧		用半径为 R 的圆弧连接直线和 R_1 圆弧,并与圆弧外切	以 O 为圆心,$R_1 + R$ 为半径作圆弧,与距直线 AB 为 R 的平行线交于 C 点	由 C 点向直线作垂线交于 T 点,连接 OC 与 R_1 圆弧交于 T_1 点	以 C 点为圆心,以 R 为半径,作连接弧 $\frown TT_1$
圆弧连接直线与圆弧		用半径为 R 的圆弧连接直线和 R_1 圆弧,并与圆弧内切	以 O 为圆心,$R_1 - R$ 为半径作圆弧,与距直线 AB 为 R 的平行线交于 C 点	由 C 点向直线作垂线交于 T 点,连接 OC 并延长与 R_1 圆弧交于 T_1 点	以 C 点为圆心,以 R 为半径,作连接弧 $\frown TT_1$

续表 1.10

项目	图例和说明		
连接圆弧外切两已知圆弧		已知两圆弧 A、B 及连接圆弧半径 R	分别以 A、B 为圆心，R_1+R 及 R_2+R 为半径，各作同心圆弧交于 C 点	分别连接 AC、BC 与已知圆弧相交得 T、T_1 点，T、T_1 为切点，以 C 为圆心，R 为半径作圆弧 $\frown TT_1$
连接圆弧内切两已知圆弧		已知两圆弧 A、B，半径分别为 R_1、R_2，连接圆弧半径为 R，与两圆弧内切。以 A 为圆心，$R-R_1$ 为半径，再以 B 为圆心，$R-R_2$ 为半径画圆弧交于 O 点，分别连接 OA 和 OB，并延长与已知圆弧 A、B 分别交于 T、T_1 点，T、T_1 为切点，再以 O 为圆心，R 为半径作圆弧 $\frown TT_1$		
连接圆弧内外切两已知圆弧		已知两圆弧 A、B，直径分别为 R_1、R_2，连接圆弧半径为 R，与 A 圆弧外切，与 B 圆弧内切。以 A 为圆心，$R+R_1$ 为半径画圆弧，再以 B 为圆心，$R-R_2$ 为半径画圆弧，两圆弧交于 O 点，分别连接 AO、OB，得切点 T、T_1，以 O 为圆心，R 为半径画圆弧 $\frown TT_1$		
同心圆法作椭圆		以长轴 AB 和短轴 CD 为半径作两个同心圆，并将它们若干等分。依次从大圆等分点引垂直和从小圆等分点引水平线，其交点即为椭圆上点，用曲线板光滑连接即可得所求椭圆		

第四节　平面图形的分析与画图方法

绘制平面图形时，有些线段由于给出了足够的尺寸，可以直接画出；有些线段则要根据两线段相切的几何条件作图。因此，学习工程制图时，需要掌握几何图形的分析方法，才能正确地画出平面图形。为此，在绘制平面图形之前，需要对平面图形的尺寸及线段进行分析，才能确定正确的作图方法和步骤，提高绘图的质量与速度。

一、平面图形的分析

1. 平面图形的尺寸分析

平面图形的尺寸分析,就是分析平面图形中每个尺寸的作用以及图形和尺寸间的关系。

平面图形中的尺寸按其所起的作用分为定形尺寸和定位尺寸两类。

要想理解定形、定位尺寸的意义,就要了解"基准"的概念。所谓"基准",就是标注尺寸的起点。对平面图形来说,有左、右和上、下两个方向的基准,可画出左、右和上、下两条基准线,相当于两个坐标轴。平面图形中很多尺寸线都是以基准为出发点的。基准线一般采用对称图形的对称线、较大圆的中心线、主要轮廓线等。

下面以图 1.16 吊钩为例分析如下:

(1)定形尺寸。确定平面图形中各部分形状和大小的尺寸。如线段的长度、圆弧的半径(或直径)及角度大小等尺寸。图 1.16 中不带"▲"的尺寸均为定形尺寸。

(2)定位尺寸。确定平面图形中各部分之间相对位置的尺寸。图 1.16 中带"▲"的尺寸均为定位尺寸。

在图 1.16 中,过吊柄中心线的一对相互垂直的中心线便是该图形的尺寸基准。

2. 平面图形的线段分析

平面图形是根据给定的尺寸绘制的。图形中的线段与给定的尺寸有密切关系,按它们之间的关

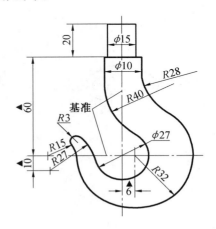

图 1.16 吊 钩

系,平面图形中的线段可分为三类:已知线段、中间线段和连接线段。下面以圆弧的尺寸为例进行分析。

(1)已知线段。具有全部定形尺寸和定位尺寸,可直接画出的线段,称为已知线段。如图 1.16 中 $\phi27$ 的圆,其圆心位置与坐标原点重合,可以直接画出;$R32$ 的圆弧,由定位尺寸 6 确定出其圆心位置后也可直接画出。因此,这些线段都为已知线段(已知圆弧)。

(2)中间线段。只有定形尺寸,而定位尺寸不全,但可根据与其他线段的连接关系画出的线段,称为中间线段。如图 1.16 中的 $R27$ 圆弧和 $R15$ 圆弧,这两个圆弧均给出了定形尺寸和圆心的一个定位尺寸,具体定位时要分别根据与已知线段 $\phi27$、$R32$ 相切的几何条件求出 $R27$ 和 $R15$ 两个圆心后才能作图,故这两个圆弧均为中间线段(中间圆弧)。

(3)连接线段。只有定形尺寸而没有定位尺寸,只能在其他线段画出后,根据两线相切的几何条件才能画出的线段,称为连接线段。如图 1.16 中的 $R28$、$R40$、$R3$ 的圆弧,它们各自同心的两个定位尺寸均没有给出,必须根据与其他线段的连接关系才能画出,故称为连接线段(连接圆弧)。

综上所述,可知平面图形线段分析的目的是:

(1)分析图形中的尺寸有无多余或遗漏,以便确定图形是否可以画出。

(2)分析图形中各线段的性质,以便确定画图步骤,即先画已知线段(已知弧),再画出中间线段(中间弧),最后画连接线段(连接弧)。

二、平面图形的绘图方法与步骤

下面以图1.17所示的手柄为例,说明平面图形的绘图方法和步骤。

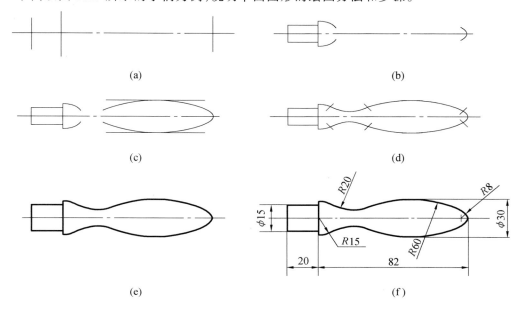

图1.17 平面图形的画图步骤

1．分析

手柄上下对称,其水平对称中心线是宽度方向的尺寸基准,通过$R15$圆心的竖直线为长度方向的尺寸基准。

已知线段——$\phi15$、20构成的方框,$R15$、$R8$的圆弧。

中间线段——$R60$的圆弧。

连接线段——$R20$的圆弧。

2．绘图步骤

(1)根据图形大小选择比例及图纸幅面。

(2)固定好图纸后,画出图形的基准线,并根据各个封闭图形的定位尺寸确定其位置,如图1.17(a)所示。

(3)画出已知线段,如图1.17(b)所示。

(4)画出中间线段,如图1.17(c)所示。

(5)画出连接线段,如图1.17(d)所示。

(6)将图线加粗加深,如图1.17(e)所示。

(7)标注尺寸,完成全图,如图1.17(f)所示。

图1.17所示画图步骤中的(a)～(d)是画底稿图的步骤,画完后要进行检查和擦去多余的图线,然后将图线加深。加深的顺序是:先加深所有的粗实线圆和圆弧,再加深粗实线直线,先从上到下加深所有水平的粗实线,再从左到右加深所有垂直的粗实线,即先曲后直;其次按线型要求与加深粗实线的同样顺序加深所有的虚线、点画线、细实线,先粗后细。标注尺寸应在底稿图完成后即画出尺寸界线、尺寸线、尺寸箭头,图形加深完成后再

注写尺寸数字。这样可以保证图面的质量。

三、平面图形的尺寸标注

图形与尺寸的关系极其密切,同一图形如果标注的尺寸不同,则画图的步骤也就不同。但能不能正确地画出图形,主要是根据所给的尺寸是否齐全。标注平面图形的尺寸时,应对组成图形的各线段进行必要的分析,选定尺寸基准,再根据各图线不同的尺寸要求,注出平面图形必要的定位尺寸和全部的定形尺寸。表1.11为几种平面图形的尺寸标注示例,供分析参考。

表1.11 平面图形的尺寸标注示例

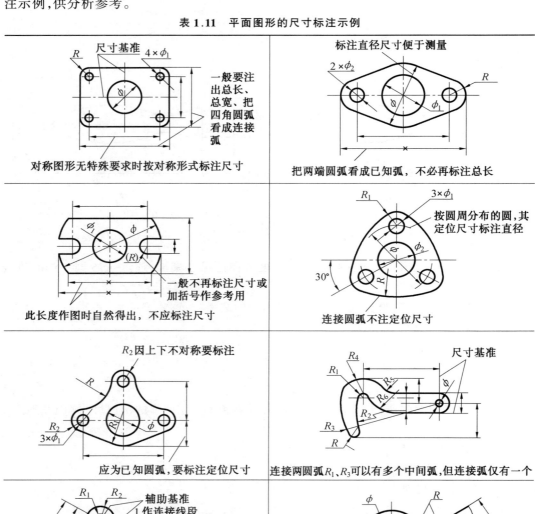

第二章 点、直线和平面的投影

在工程实际中,我们遇到的各种工程图样,都是用不同的投影方法绘制出来的。本章主要介绍投影法的基本知识和组成物体的基本几何元素——点、直线和平面的投影特性及投影规律,为今后的学习奠定基础。

第一节 投影法的基本知识

一、投影法的概念

当灯光或日光照射物体时,在地面上或墙壁上就出现了物体的影子。这种自然现象经过人们科学抽象和逐步总结归纳,形成了投影方法。

在图 2.1 中,设平面 P 以及不在该平面上的一点 S,需作出点 A 在平面 P 上的图形。将 S、A 连成直线,作出 SA 与平面 P 的交点 a,即为点 A 的图形。点 S 称为投射中心,平面 P 称为投影面,直线 Sa 称为在点 S 为投射中心时的投射线,点 a 称为点 A 在投影面 P 上的投影,这种产生图形的方法称为投影法。同样,点 b 是空间点 B 在投影面 P 上的投影。在投影面和投射中心确定的条件下,空间点在投影面上的投影是惟一确定的。

二、投影法的种类

根据投射线是否平行,投影法分为中心投影法和平行投影法两种。

1. 中心投影法

投射中心位于有限远处,投射线汇交于一点的投影法,称为中心投影法,如图 2.2 所示。中心投影法通常用来绘制建筑物或产品的富有逼真感的立体图。

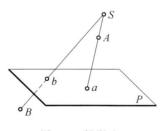

图 2.1 投影法

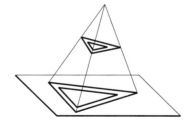

图 2.2 中心投影法

2. 平行投影法

若投射中心位于无限远处,投射线互相平行,这种投影法称为平行投影法,如图 2.3 所示。

根据投射方向与投影面所成角度不同,平行投影法又分为斜投影法和正投影法。

(1)当平行的投射线对投影面倾斜时,称为斜投影法,如图 2.3(a)所示。

(2)当平行的投射线与投影面垂直时,称为正投影法,如图 2.3(b)所示。

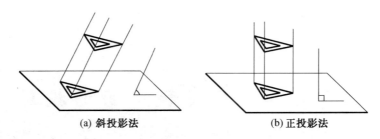

(a) 斜投影法　　　　　(b) 正投影法

图 2.3　平行投影法

在机械工程中主要采用正投影法,因为这种投影法能正确地表达物体的真实形状和大小,并且作图方便,所以今后主要学习这种投影法。

三、正投影法的基本性质

1. 不变性

当直线段或平面与投影面平行时,则直线段的投影反映实长,平面的投影反映实形,这种投影性质称为投影不变性,如图 2.4 所示。

2. 积聚性

当直线段或平面与投影面垂直时,则直线段的投影积聚为一点,平面的投影积聚为一直线,这种投影性质称为投影积聚性,如图 2.5 所示。

3. 类似性

当直线段或平面与投影面倾斜时,则直线段的投影为小于直线段实长的直线段,平面的投影为小于平面实形的类似形,这种投影性质称为投影类似性,如图 2.6 所示。

4. 从属性和定比性

属于直线的点,其投影也属于此直线的投影,且点分直线段长度之比等于点的投影分直线段投影长度之比,如图 2.7 所示,$AS:SB = as:sb$,这种性质称为从属性和定比性。

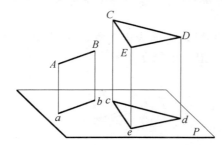

图 2.4　投影的不变性

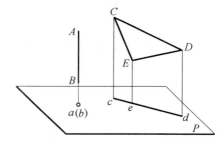

图 2.5　投影的积聚性

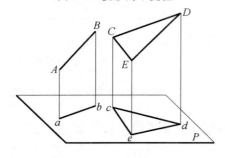

图 2.6　投影的类似性

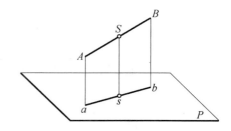

图 2.7　投影的从属性和定比性

第二节　工程上常用的投影图

一、正投影图

正投影图是一种多面投影图,它采用相互垂直的两个或两个以上的投影面,在每个投影面上分别采用正投影法获得几何原形的投影。由这些投影便能确定该几何原形的空间位置和形状。

图2.8是某一几何体的正投影。

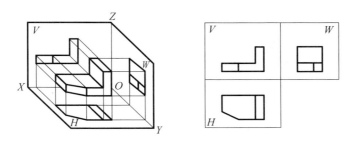

图2.8　几何体的正投影

采用正投影图时,常使几何体的主要平面与相应的投影面相互平行。这样画出的投影图能反映出这些平面的实形。因此说正投影图有很好的度量性,而且正投影图作图也较简便。因此在机械制造行业和其他工程部门中,正投影图被广泛采用。

二、轴测投影图

轴测投影图是单面投影图。先设定空间几何原形所在的直角坐标系,采用平行投影法,将三根坐标轴连同空间几何原形一起投射到投影面上。

图2.9是某一几何体的轴测投影图。由于采用平行投影法,所以空间平行的直线,投影后仍平行。

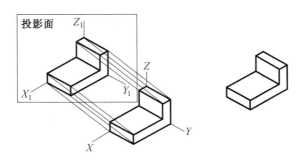

图2.9　几何体的轴测投影图

采用轴测投影图时,将坐标轴对投影面放成一定的角度,使得投影图上同时反映出几何体长、宽、高三个方向上的形状,增强了立体感。

三、标高投影图

标高投影图是采用正投影法获得空间几何元素的投影之后,再用数字标出空间几何元素对投影面的距离,以在投影图上确定空间几何元素的几何关系。

图 2.10 是曲面的标高投影。图中一系列标有数字的曲线称为等高线。

标高投影图常用来表示不规则曲面,如船舶、飞行器、汽车曲面及地形等。

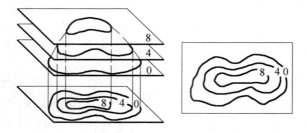

图 2.10 曲面的标高投影

四、透视投影图

透视投影图用的是中心投影法。它与照相成影的原理相似,图像接近于视觉映像。所以透视投影图富有逼真感、直观性强。按照特定规则画出的透视投影图,完全可以确定空间几何元素的几何关系。

图 2.11 是某一几何体的一种透视投影图。

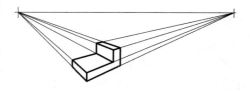

图 2.11 几何体的透视投影图

由于采用中心投影法,所以空间平行的直线,有的在投影后就不平行了。

透视投影图广泛用于工艺美术及宣传广告图样中。

第三节 点的投影

物体是由点、线和面组成的,其中点是最基本的几何元素,下面从点开始来说明正投影法的建立及其基本原理。

一、点在两投影面体系中投影

1. 点的两个投影能惟一地确定该点的空间位置

如图 2.12 所示,设立互相垂直的水平投影面 H 及正立投影面 V,组成两面投影体系。两投影面的交线称投影轴,用 OX 表示。其间有一空间点 A,它向 H 面投影后得投影 a,向 V 面投影后得投影 a',投射线 Aa 及 Aa' 是一对相交线,故处于同一平面内。

规定空间点用大写字母(如 A、B、…)表示;在 H 面上的投影称水平投影,用相应小写字母(如 a、b…)表示;在 V 面上的投影称正面投影,用相应小写字母加一撇(如 a'、b'…)表示。

从图 2.12 可知,若移去空间点 A,由点的两个投影 a、a' 就能确定该点的空间位置。

另外,由于两个投影平面是相互垂直的,可在其上建立笛卡尔坐标体系,如图 2.13 所示。已知 a,即已知 x、y 两个坐标。已知 a',即已知 x、z 两个坐标。因此,已知空间点 A 的两个投影 a 及 a',即确定了空间点 A 的 x、y 及 z 三个坐标,也就惟一地确定该点的空间位置。

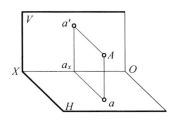

图 2.12　点的两面投影

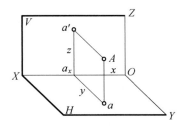

图 2.13　两个投影能惟一确定空间点

2.两面投影图的性质

如图 2.14(a)所示,为使两个投影 a 和 a' 画在同一平面(图纸)上,规定将 H 面绕 OX 轴按图示箭头方向旋转 90°,使它与 V 面重合。这样就得到如图 2.14(b)所示点 A 的两面投影图。投影面可以认为是任意大的,通常在投影图上不画它们的范围,如图 2.14(c)所示。投影图上细实线 aa' 称为投影连线。

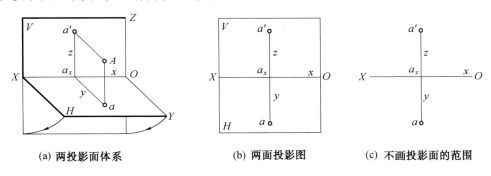

| (a) 两投影面体系 | (b) 两面投影图 | (c) 不画投影面的范围 |

图 2.14　两面投影图的画法

由于图纸的图框可以不用画出,所以常常利用图 2.14(c)所示的两面投影图来表示空间的几何原形。

因为投射线 Aa 和 Aa' 构成了一个平面 Aaa_xa',如图 2.14(a)所示。它垂直于 H 面,也垂直于 V 面,则必垂直于 H 面和 V 面的交线 OX。所以处于平面 Aaa_xa' 上的直线 aa_x 和 $a'a_x$ 必垂直于 OX,即 $aa_x \perp OX$ 和 $a'a_x \perp OX$。当 a 跟着 H 面旋转而和 V 面重合时,则 $aa_x \perp OX$ 的关系不变。因此投影图上的 a、a_x、a' 三点共线,且 $a'a_x \perp OX$。

点的水平投影到 OX 轴的距离(aa_x)等于该点到 V 面的距离(Aa'),都反映 y 坐标($aa_x = Aa' = y$);其正面投影到轴的距离($a'a_x$)等于该点到 H 面的距离(Aa),都反映 z 坐标($a'a_x = Aa = z$)。

由此可概括出点的两面投影特性:

(1)点的水平投影和正面投影的连线垂直于 OX 轴,即 $aa' \perp OX$。

(2)点的投影与投影轴的距离,等于该点与相邻投影面的距离,即 $a'a_x = Aa$,$aa_x = Aa'$。

二、点在三投影面体系中的投影

虽然由点的两面投影已能确定该点的空间位置,但有时为更清楚地表达某些几何形体,需采用三面投影图。由于三投影面体系是在两投影面体系基础上发展而成,因此两投影面体系中规定、投影图的性质,在三投影面体系中仍适用。

与正立投影面及水平投影面同时垂直的投影面称为侧立投影面,用 W 表示,如图 2.15 所示。在侧立投影面上的投影称侧面投影,用小写字母加两撇(如 a''、b''、…)表示。

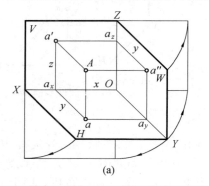
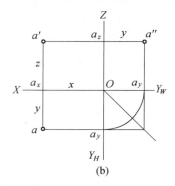

图 2.15 三面投影图性质和画法

规定 W 面绕 OZ 轴按图示箭头方向转 90°和 V 面重合,得到三个投影的投影图。投影图中 OY 轴一分为二,随 H 面转动的以 OY_H 表示,随 W 面转动的以 OY_W 表示。

同理可得三面投影的性质:
(1)点的侧面投影与正面投影连线垂直于 OZ 轴,即 $a'a'' \perp OZ$。
(2)点的正面投影与水平投影连线垂直于 OX 轴,即 $a'a \perp OX$。
(3)点的水平投影 a 到 OX 轴的距离等于侧面投影 a'' 到 OZ 轴的距离,即 $aa_x = a''a_z$。
为作图方便,也可自点 O 作 45°辅助线,以实现这个关系,如图 2.15(b)所示。
以上的性质是画点的投影图必须遵守的重要依据。

三、特殊位置点的投影

特殊情况下,点有可能处于投影面上或投影轴上。

1. 在投影面上的点

如图 2.16(a)所示,点 A、B、C 分别处于 V 面、H 面、W 面上,它们的投影如图 2.16(b)所示,由此得出处于投影面上的点的投影性质:

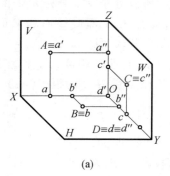
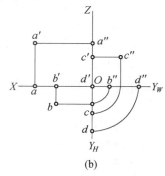

图 2.16 投影面及投影轴上的点

(1)点的一个投影与空间点本身重合。
(2)点的另外两个投影,分别处于不同的投影轴上。

2.在投影轴上的点

如图 2.16 所示,当点 D 在 OY 轴上时,点 D 和它的水平投影、侧面投影重合于 OY 轴上,点 D 的正面投影位于原点。

由此得出处于投影轴上的点的投影性质:
(1)点的两个投影与空间点本身重合;
(2)点的另一个投影与原点 O 重合。

四、两点的相对位置及重影点

1.两点相对位置的确定

立体上两点间相对位置,是指在三面投影体系中,一个点处于另一个点的上、下、左、右、前、后的问题。两点相对位置可用坐标的大小来判断,Z 坐标大者在上,反之在下;Y 坐标大者在前,反之在后;X 坐标大者在左,反之在右。图 2.17 中,A、C 两点的相对位置:$Z_A > Z_C$,因此点 A 在点 C 之上;$Y_A > Y_C$,点 A 在点 C 之前;$X_A < X_C$,点 A 在点 C 之右,结果是点 A 在点 C 的右前上方。

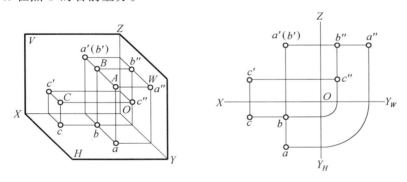

图 2.17 两点的相对位置及重影点

2.重影点

当空间两点的某两个坐标相同,即位于同一条投射线上时,它们在该投射线垂直的投影面上的投影重合于一点,此空间两点称为对该投影面的重影点。

如图 2.17 中,A、B 两点位于垂直于 V 面的同一条投射线上($X_A = X_B$,$Z_A = Z_B$),正面投影 a' 和 b' 重合于一点。由水平投影(或侧面投影)可知 $Y_A > Y_B$,即点 A 在点 B 的前方。因此点 B 的正面投影 b' 被点 A 的正面投影 a' 遮挡,是不可见的,规定在 b' 上加圆括号以示区别。

总之,某投影面上出现重影点,判别哪个点可见,应根据它们相应的第三个坐标的大小来确定,坐标大的点是重影点中的可见点。

【例 2.1】 已知 $A(28,0,20)$、$B(24,12,12)$、$C(24,24,12)$、$D(0,0,28)$ 四点,试在三投影面体系中作出直观图,并画出投影图。

分析:由于把三投影面体系与空间直角坐标系联系起来,所以已知点的三个坐标就可以确定空间点在三投影面体系中的位置,此时点的三个坐标就是该点分别到三个投影面的距离。

作图：作直观图，如图 2.18(a)所示，以 B 点为例，在 OX 轴上量取 24，OY 轴上量取 12，OZ 轴上量取 12，在三个轴上分别得到相应的截取点 b_x、b_y 和 b_z，过各截点作对应轴的平行线，则在 V 面上得到正面投影 b'，在 H 面上得到水平投影 b，在 W 面上得到了侧面投影 b''。

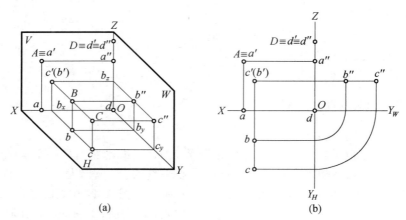

图 2.18 由点的坐标作直观图和投影图

同样的方法，可作出点 A、C、D 的直观图。其中 A 点在 V 面上（因为 $Y_A = 0$），其正面投影 a' 与 A 重合，水平投影 a 在 OX 轴上，侧面投影 a'' 在 OZ 轴上。D 点在 OZ 轴上（$X_D = Y_D = 0$），其正面投影 d'、侧面投影 d'' 与 D 点重合于 OZ 轴上，水平投影 d 在原点 O 处。

点 B 和点 C 有两个坐标相同（$X_B = X_C$，$Z_B = Z_C$），所以它们是对 V 面的重影点。它们的第三个坐标 $Y_B < Y_C$，正面投影 c' 可见，b' 不可见加上圆括号。

根据各点的坐标作出投影图，如图 2.18(b)。

第四节　直线的投影

一、直线的投影

一般说来，直线的投影仍是直线，特殊情况下积聚为一点。两点确定一条直线，只要作出属于直线上任意两点的投影，然后将两点的同面投影连接起来，便得到直线的三面投影图。如图 2.19(a)所示的是直线 AB 投影的直观图，图 2.19(b)为直线 AB 的三面投影图。

直线与其在某一投影面上投影所成的锐角，称为直线对该投影面的倾角。规定：直线对 H、V 及 W 三个投影面的倾角分别用 α、β 和 γ 表示，如图 2.19(a)所示。

二、各种位置直线的投影特性

在三投影面体系中，直线按其与投影面的相对位置，可以分为三种：投影面平行线、投影面垂直线和一般位置直线。其中前两种直线又称为特殊位置直线。

1. 投影面平行线

仅平行于一个投影面，而与另外两个投影面倾斜的直线，称为投影面的平行线。

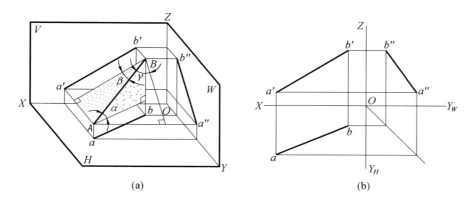

图 2.19 一般位置直线及直线对投影面的倾角

投影面平行线又分三种:平行于 V 面的直线,称为正平线;平行于 H 面的直线,称为水平线;平行于 W 面的直线,称为侧平线。

下面以正平线为例,讨论投影面平行线的投影特性。如图 2.20 所示为正平线 AB 的投影,AB∥V 面,倾斜于 H 面和 W 面,它的投影具有如下性质:

(1)正面投影 $a'b'$ 反映直线 AB 的实长,即 $a'b' = AB$。

(2)正面投影 $a'b'$ 与 OX 轴的夹角 α 及 $a'b'$ 与 OZ 轴的夹角 γ,分别反映直线 AB 对 H 面和 W 面倾角的真实大小。

(3)水平投影和侧面投影分别平行于相应的投影轴,即 $ab \parallel OX$,$a''b'' \parallel OZ$。(这是因为 AB∥V 面,AB 直线上各点的 Y 坐标相等,即到 V 面等距。)二个投影均小于实长。

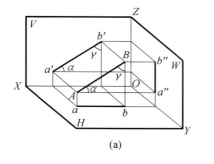
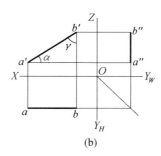

图 2.20 正平线的直观图和投影图

水平线和侧平线也有类似的投影性质,见表 2.1。

综上所述,可归纳出投影面平行线的投影特性:

(1)直线在所平行的投影面上的投影反映直线的实长,该投影与两投影轴的夹角反映直线与另两个投影面的倾角。

(2)直线的其余两个投影分别平行于相应的投影轴且都小于实长。

因此,当我们从投影图上判断直线的空间位置时,若三投影中,有两个投影平行于相应的投影轴,另一投影成倾斜位置,则它一定是投影面的平行线。

2.投影面垂直线

垂直于一个投影面而与另外两个投影面平行的直线,称为投影面的垂直线。

投影面垂直线分三种:垂直于 V 面的直线,称为正垂线;垂直于 H 面的直线,称为铅垂线;垂直于 W 面的直线,称为侧垂线。

表 2.1 投影面平行线的投影特性

名称	水平线	正平线	侧平线
直观图			
投影图			
投影特性	1. $cd = CD$ 2. $c'd' \parallel OX$　$c''d'' \parallel OY_W$ 3. cd 与 OX 轴的夹角反映 β 　cd 与 OY_H 轴的夹角反映 γ	1. $c'd' = AB$ 2. $ab \parallel OX$　$a''b'' \parallel OZ$ 3. $a'b'$ 与 OX 轴的夹角反映 α 　$a'b'$ 与 OZ 轴的夹角反映 γ	1. $e''f'' = EF$ 2. $e'f' \parallel OZ$　$ef \parallel OY_H$ 3. $e'f''$ 与 OY_W 轴的夹角反映 α 　$e'f''$ 与 OZ 轴的夹角反映 β

下面以铅垂线为例,讨论投影面垂直线的投影特性。如图 2.21 所示为铅垂线 CD 的投影,$CD \perp H$ 面,平行于 V 面和 W 面,它的投影具有如下性质:

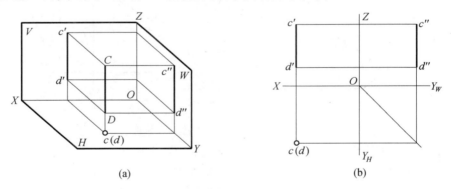

图 2.21 铅垂线的直观图和投影图

(1)水平投影 cd 积聚成一点,即 $c(d)$ 为一点。
(2)正面投影和侧面投影均反映 CD 实长,即 $c'd' = CD$,$c''d'' = CD$。
(3)正面投影和侧面投影分别垂直于相应的投影轴,即 $c'd' \perp OX$,$c''d'' \perp OY_W$。
正垂线和侧垂线也有类似的投影性质,如表 2.2 所示。
综上所述,可归纳出投影面垂直线的投影特性
(1)直线在所垂直的投影面上的投影积聚成一点。
(2)直线的另外两个投影均反映线段的实长,且分别垂直于相应的投影轴。

表 2.2 投影面垂直线的投影性质

名称	铅垂线	正垂线	侧垂线
直观图			
投影图			
投影特性	1. cd 积聚为一点 2. $c'd' \perp OX$ 　　$c''d'' \perp OY_W$ 3. $c'd' = c''d'' = CD$	1. $a'b'$ 积聚为一点 2. $ab \perp OX$ 　　$a''b'' \perp OZ$ 3. $ab = a''b'' = AB$	1. $e''f''$ 积聚为一点 2. $ef \perp OY_H$ 　　$e'f' \perp OZ$ 3. $ef = e'f' = EF$

因此,当我们从投影图上判断直线的空间位置时,若三投影中,有一个投影积聚成一点,则它一定是该投影面的垂直线。

3. 一般位置直线

与三个投影面都处于倾斜位置的直线,称为一般位置直线。

如图 2.19 所示,空间直线 AB 与 H、V 及 W 面都倾斜,其倾角分别为 α、β 和 γ,属于一般位置直线。由图 2.19(b)可得,直线 AB 的三面投影均小于直线的实长。

由此可以归纳出一般位置直线的投影特性:
(1)直线的三个投影都与投影轴倾斜,且都小于实长。
(2)直线的各个投影与投影轴的夹角都不反映该直线对各投影面的倾角。

三、直线上点的投影

如图 2.22 所示,点 C 属于直线 AB。由点 C 向 H 面作投射线 Cc,必属于平面 $ABba$,它与 H 面的交点 c(垂足)也必属于平面 $ABba$ 与 H 面的交线,即点 C 的水平投影 c 必属于直线 AB 的水平投影 ab。同理,c' 属于 $a'b'$,c'' 属于 $a''b''$。又因为投射线 $Aa \parallel Cc \parallel Bb$,$Aa' \parallel Cc' \parallel Bb'$,$Aa'' \parallel Cc'' \parallel Bb''$,所以 $AC:CB = ac:cb = a'c':c'b' = a''c'':c''b''$。

由此得出直线上的点的投影的性质:

1. 若点在直线上,则此点的三面投影分别属于直线的同面投影。反之,若一点的三面投影分别属于直线的同面投影,则该点必在此直线上。

2. 属于线段的点分线段之比等于其投影分线段的投影之比。

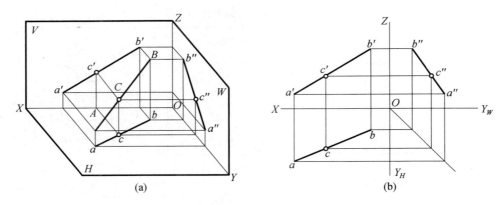

图 2.22 直线上的点的投影

【例 2.2】 已知线段 AB 的两面投影,在 AB 上求作点 K,使 $AK:KB = 1:2$,如图 2.23 所示。

分析:由直线 AB 的两面投影,可知 AB 为一侧平线,利用定比关系,即按直线上的点将线段分割成定比的原理作出点的投影。

作图:过 a 作直线 ab_1,并取 $ak_1:k_1b_1 = 1:2$,然后连 bb_1,过 k_1 作 bb_1 的平行线并与 ab 相交于 k,即得点 K 的水平投影 k,如图 2.23(b)所示。k' 亦可用同样的方法求出。

当然也可利用第三投影,先由 k 求出 k'',再由 k'' 求出 k',如图 2.23(c)所示。

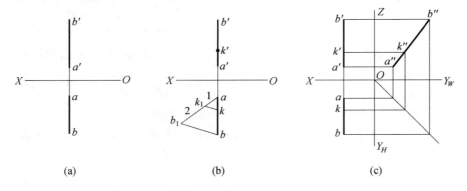

图 2.23 求属于直线上点的投影

四、两直线的相对位置

两直线的相对位置有平行、相交、交叉(异面)三种情况。

1.两直线平行

平行两直线的投影具有以下性质:

(1)空间平行的两直线的同面投影互相平行。反之,若两直线的各同面投影平行,则此两直线在空间也一定互相平行,如图 2.24 所示。

(2)空间平行的两线段之比等于其投影之比,但反之并不一定成立。

利用上述性质,可以解决空间平行两直线的作图及判断等问题。

需要指出,对于一般位置直线,只要有两组同面投影互相平行,即可判断两直线在空间是互相平行的,而不必作出第三投影后再判断,但当两直线同时是某个投影面的平行线

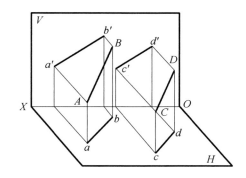
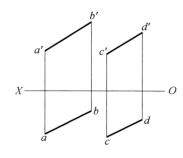

图 2.24 平行两直线

时,根据具体情况的不同,有如下几种判断方法:

(1)检查倾斜方向。如图 2.25(a)所示,AB 和 CD 的两端点在两投影面上的字母符号的顺序不一致,可知两线段倾斜方向不同,故 AB 和 CD 不平行。

(2)若两线段倾斜方向相同,则要检查两线段的投影长度之比是否相等。如图 2.25(b)所示,AB 和 CD 的两端点在两投影面上的字母符号的顺序一致,可知两线段倾斜方向相同,但两线段的投影长度之比不相等,所以,此两线段不平行。

(3)检查它们在所平行的那个投影面上的投影是否平行。如图 2.25(c)所示,由于两线段的侧面投影不平行,所以,此两线段不平行。

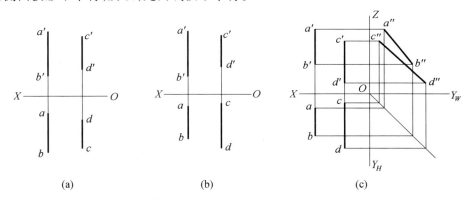

图 2.25 判断两直线是否平行

2.两直线相交

若空间两直线相交,则它们在各投影面上的投影也必然相交,且其交点符合点的投影规律。反之,若两直线的各同面投影都相交,且交点符合点的投影规律,则它们在空间也一定是相交的。

如图 2.26 所示,直线 AB 和 CD 相交于 K 点,此点为两直线之共有点。根据属于直线的点的投影,则点 K 的正面投影 k' 为 $a'b'$ 和 $c'd'$ 的交点,点 K 的水平投影 k 为 ab 和 cd 的交点,并且 k' 和 k 的连线垂直于 OX 轴。

利用上述性质,可以解决空间两直线相交的作图及判断等问题。

3.两直线交叉

当空间两直线既不平行又不相交时,称为两直线交叉。如图 2.27 所示,空间直线 AB

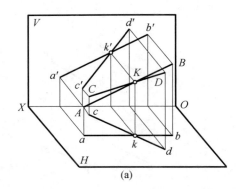 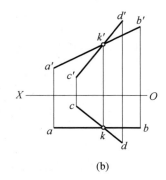

图 2.26 相交两直线

和 CD 为交叉两直线,它们的三面投影既没有平行两直线又没有相交两直线的投影特性。

交叉两直线的投影可能有一组、二组或三组同面投影相交,但投影的交点不会符合点的投影规律。也可能出现一组或两组同面投影相互平行,但不可能三组同面投影都平行。

交叉两直线在投影图上的交点,是两条直线上不同点的重影,利用重影点可判别可见性问题。如图 2.27 所示交叉两直线,其水平投影 ab 和 cd 交于一点 m(n),即为交叉两直线对 H 面的一对重影点 M 和 N 的水平投影。点 M 属于直线 CD,点 N 属于直线 AB,由于点 M 在点 N 的上方,故可判定直线 CD 上点 M 的水平投影为可见,而直线 AB 上点 N 的水平投影为不可见。

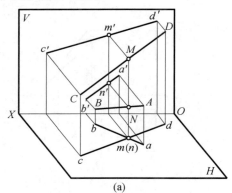 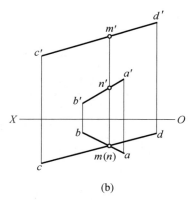

图 2.27 交叉两直线

第五节　平面的投影

一、平面的投影表示法

平面通常用确定该平面的几何元素的投影表示,也可以用迹线表示。

1. 用几何元素的投影表示平面

在几何学里,平面可由几何元素点、直线组合来表示,相应地在投影图中也可以用它们的投影表示平面。如不在同一直线上的三点的投影;直线与线外一点的投影;相交两直线或平行两直线的投影;平面图形的投影等,如图 2.28 所示。

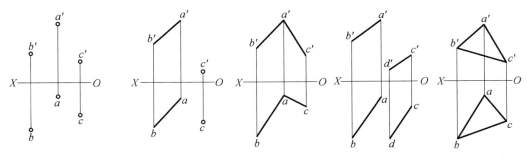

(a)不在同一直线上的三点　(b)直线与直线外一点　(c)相交两直线　(d)平行两直线　(e)平面图形

图 2.28　用几何元素表示平面

2.用迹线表示平面

空间平面与投影面的交线,称为平面迹线,如图 2.29 所示。平面 P 与 V 面、H 面、W 面的交线,分别称为正面迹线 P_V、水平迹线 P_H、侧面迹线 P_W。迹线是投影面上的直线,它在该投影面上的投影位于原处;它在另外两个投影面上的投影,分别在相应的投影轴上,不需作任何表示和标注。用迹线表示平面和用两条相交直线表示平面实质上是一样的。

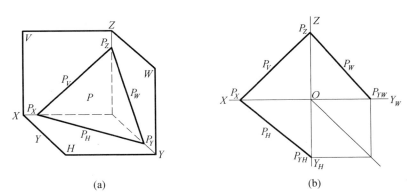

图 2.29　用迹线表示平面

二、各种位置平面的投影特性

平面按对投影面的相对位置可分为三种:投影面平行面、投影面垂直面和一般位置平面。其中投影面平行面和投影面垂直面称为特殊位置平面。

1.投影面平行面

投影面平行面是指平行于一个投影面,且垂直于其余两个投影面的平面。它有三种情况:平行于 H 面的平面称为水平面;平行于 V 面的平面称为正平面;平行于 W 面的平面称为侧平面。

表 2.3 列出了三种投影面平行面位置的平面图形的直观图、投影图、迹线表示法和投影特性。由表中处于水平面位置的平面 $ABCD$ 可知:水平面的水平投影反映实形;水平面的正面投影和侧面投影积聚为一直线,且分别平行于 OX 轴和 OY 轴;水平面的正面投影和侧面投影分别和它的正面迹线 P_V 和侧面迹线 P_W 相重合。

投影面平行面的投影特性,可归纳为:

(1)在平面所平行的投影面上的投影反映平面图形的实形。

(2)在另外两个投影面上的投影积聚为直线,并且平行于相应的投影轴。

表 2.3 投影面平行面

名称	水平面	正平面	侧平面
直观图			
投影图			
迹线表示法			
投影特性	(1)水平投影反映实形; (2)正面投影有积聚性与 P_V 重合,且平行 OX 轴;侧面投影有积聚性与 P_W 重合,且平行 OY_W 轴	(1)正面投影反映实形; (2)水平投影有积聚性与 Q_H 重合,且平行 OX 轴;侧面投影有积聚性与 Q_W 重合,且平行于 OZ 轴	(1)侧面投影反映实形; (2)水平投影有积聚性与 R_H 重合,且平行 OY_H 轴;正面投影有积聚性与 R_V 重合,且平行于 OZ 轴

2.投影面垂直面

投影面垂直面是指垂直于一个投影面,且倾斜于其余两个投影面的平面。它有三种情况:垂直于 V 面的平面称为正垂面;垂直于 H 面的平面称为铅垂面;垂直于 W 面的平面称为侧垂面。

表2.4列出了三种投影面垂直面位置平面图形的直观图、投影图、迹线表示法和投影特性。由表中处于铅垂面位置的平面 $ABCD$ 可知:铅垂面的水平投影积聚为一直线;铅垂面的水平投影与它的水平迹线相重合,水平迹线有积聚性;铅垂面的水平投影与 OX 轴的夹角反映该平面对 V 面的倾角 β,铅垂面的水平投影与 OY 轴的夹角反映该平面对 W 面的倾角 γ。

表 2.4 投影面垂直面

名称	铅垂面	正垂面	侧垂面
直观图	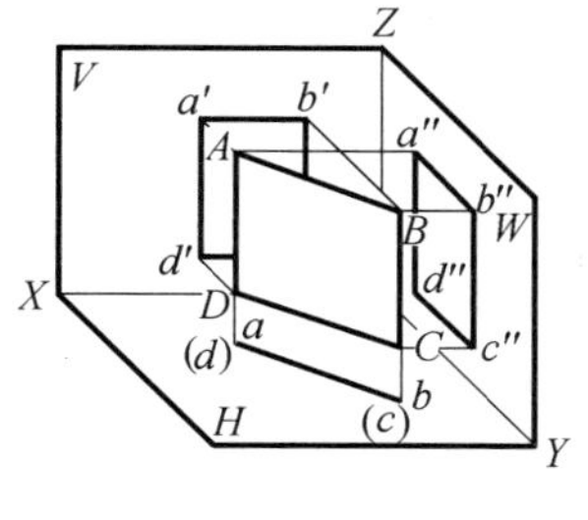	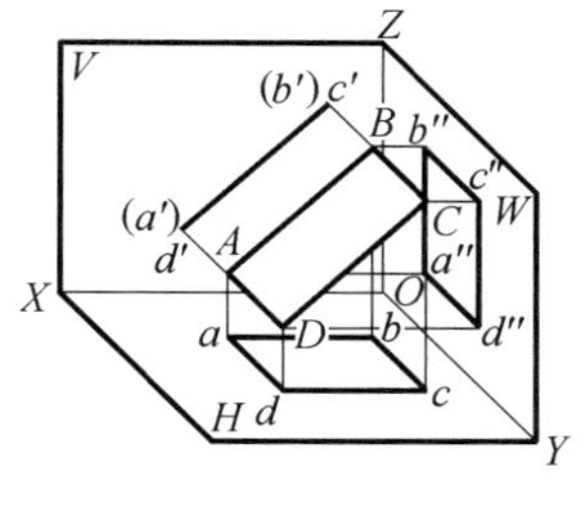	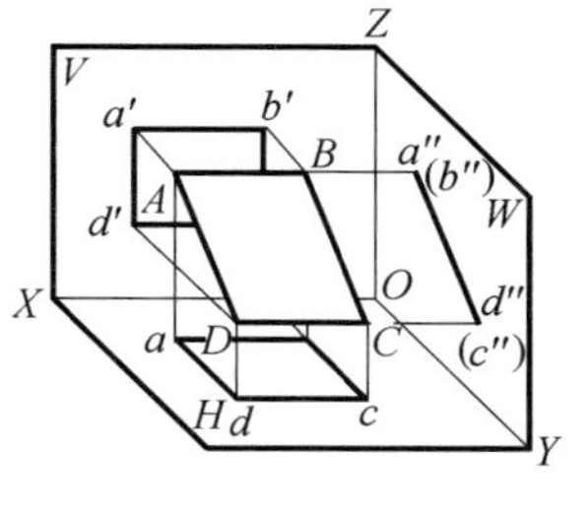
投影图	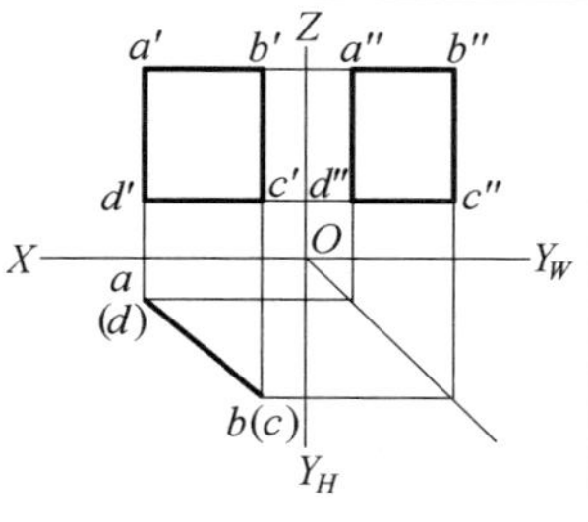	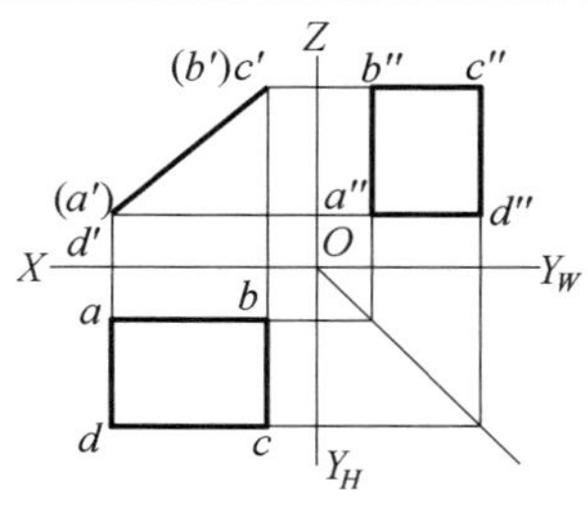	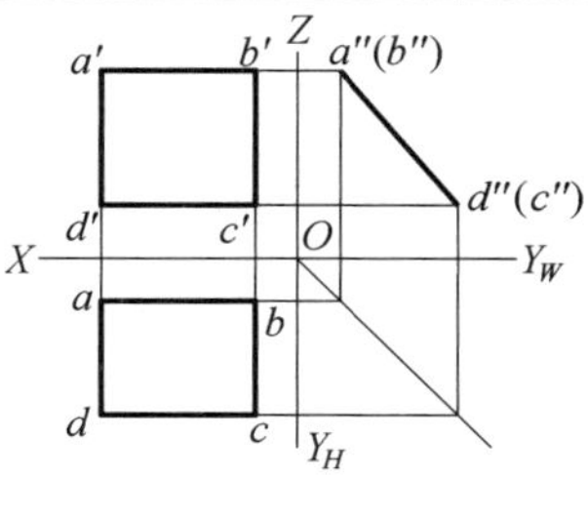
迹线表示法	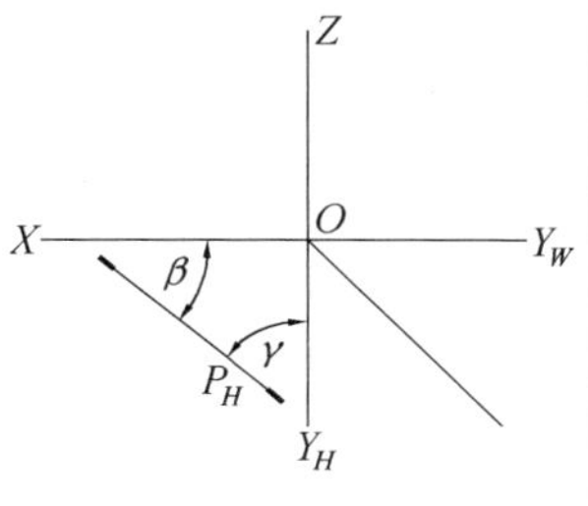	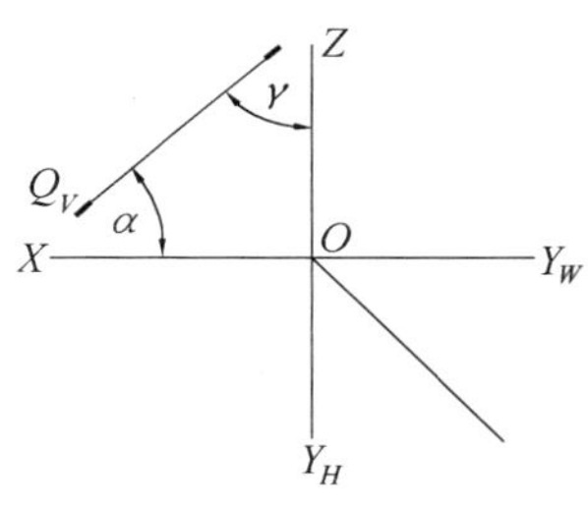	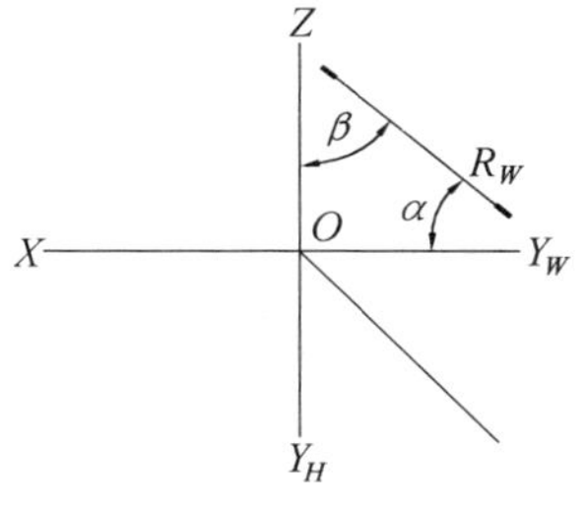
投影特性	(1) 水平投影有积聚性,且与其水平迹线重合; (2) 水平投影与 OX 轴的夹角反映 β 角,与 OY_H 轴的夹角反映 γ 角	(1) 正面投影有积聚性且与其正面迹线重合; (2) 正面投影与 OX 轴的夹角反映 α 角,与 OZ 轴的夹角反映 γ 角	(1) 侧面投影有积聚性且与其侧面迹线重合; (2) 侧面投影与 OY_W 轴的夹角反映 α 角,与 OZ 轴的夹角反映 β 角

对特殊位置平面,为突出有积聚性的迹线,一般不画无积聚性的迹线,仅用两段短的粗实线表示有积聚性的迹线位置。中间以细实线相连,并在粗实线附近标以 P_H、Q_H 等。

投影面垂直面的投影特性,可归纳为:

(1) 在平面所垂直的投影面上的投影,积聚成直线;它与两投影轴的夹角,分别反映该平面与相应的投影面的真实倾角。

(2) 在另外两个投影面上的投影是小于实形的类似的平面图形。

3. 一般位置平面

对三个投影面都处于倾斜位置的平面,称为一般位置平面。如图 2.30 所示,它的投影特点是:在三个投影面上的投影是小于实形的类似形,既不反映实形,也不会积聚为直线;各个投影也不反映平面对投影面 H、V、W 的倾角。

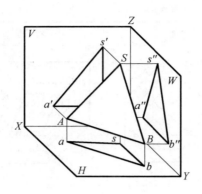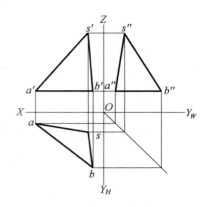

图 2.30　一般位置平面

三、平面上的点和直线

点和直线在平面上的几何条件是：

1. 点在平面上，则该点必定在这个平面的一条直线上。
2. 直线在平面上，则该直线必定通过这个平面上的两个点；或者通过这个平面上的一个点，且平行于这个平面上的另一直线。

图 2.31 是用上述条件在投影图中说明：点 D 和直线 DE 位于相交两直线 AB、BC 所确定的平面 ABC 上。

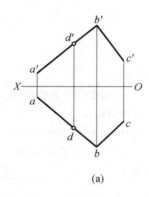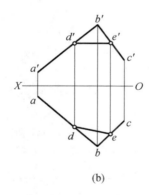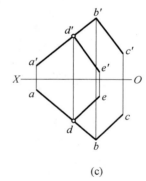

(a)　　　　　　　　(b)　　　　　　　　(c)

图 2.31　平面上的点和直线

【例 2.3】 已知属于平面△ABC 的一点 N 的水平投影 n，作出其正面投影 n'；已知点 M 的两面投影，判断点 M 是否属于平面△ABC，如图 2.32(a)所示。

分析：点属于平面，则点必属于平面上的一条直线，点属于直线，点的投影必属于直线的同面投影。

作图：如图 2.32(b)所示

(1)在平面△ABC 的水平投影上，过 n 作一直线 AN 的水平投影 an 交 bc 于点 1。

(2)由点 1 向上作投影线交 $b'c'$ 于 $1'$，连接 $a'1'$，即为直线 AI 的正面投影。

(3)由 n 向上作投影线交 $a'1'$ 的延长线于 n'，即为所求。

同理，在平面△ABC 内作直线 CII，使其正面投影 $c'2'$ 通过 m'，求出 CII 的水平投影 $c2$，由于 m 不属于 $c2$，所以点 M 不属于平面△ABC。

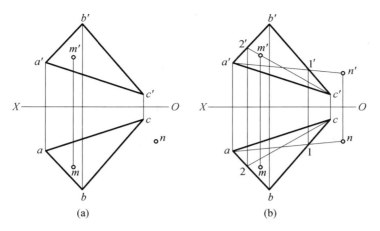

图 2.32 补属于平面的点的投影及判断点面从属关系

【例 2.4】 过平面△ABC 的点 C 作属于此平面的水平线和正平线,如图 2.33 所示。

分析:根据平行线的投影特性,水平线的正面投影和正平线的水平投影必平行于 OX 轴,而要作属于平面的直线,必须使之通过属于平面的两个点。要作的直线均通过一个已知点,再各求一点即可。

作图:(1)过 c' 作 $c'm' \parallel OX$ 轴,与 $a'b'$ 交于 m',$M \in AB$。在 ab 上求出 m,连接 cm;$CM(c'm', cm)$ 即为所求的水平线。

(2)过 c 作 $cn \parallel OX$ 轴,与 ab 交于 n,$N \in AB$。在 $a'b'$ 上求出 n',连接 $c'n'$;$CN(c'n', cn)$ 即为所求的水平线。

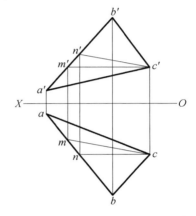

图 2.33 作属于平面的水平线和正平线

【例 2.5】 已知△DEF 平面属于△ABC 平面,完成△DEF 的正面投影,如图 2.34 所示。

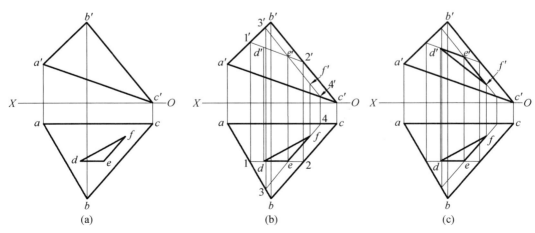

图 2.34 补全平面图形的正面投影

分析：运用点、直线和平面的从属几何条件可完成作图。

作图：(1)延长 de 交 ab 于 1，交 bc 于 2，在 $a'b'$ 上求出点 $1'$，在 $b'c'$ 上求出点 $2'$，连接 $1'2'$，求出 d' 和 e'。

(2)同理可以求出 f'。

(3)连接 d'、e' 和 f'，即为所求△DEF 的正面投影。

第六节　直线与平面、两平面的相对位置

直线与平面、平面与平面的相对位置有：平行、相交和垂直。垂直是相交的一种特殊情况。本节将介绍它们的投影特性和作图方法。

一、平行

1. 直线与平面平行

平面外一直线与该平面平行的几何条件是：若直线与平面内某一直线平行，则此直线平行于该平面，如图 2.35 所示。当然，若一直线与平面平行，则在平面内可作无数条直线与该直线平行。

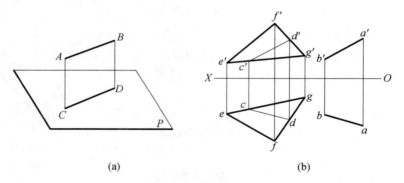

图 2.35　直线与平面平行

若直线与某一投影面垂直面平行，则该直线必有投影与平面具有积聚性的那个投影平行。如图 2.36 所示，直线 AB 的水平投影 ab 平行于铅垂面 P 的水平迹线 P_H，所以它们在空间上是相互平行的。

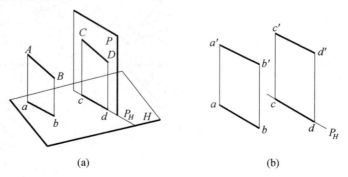

图 2.36　直线与投影面垂直面平行

2.平面与平面平行

由几何定理可知:若属于平面的两条相交直线都对应平行于另一平面的两条相交直线,则此两平面相互平行。

如图 2.37 所示,属于平面 Q 内的相交两直线 AB 和 AC 对应平行于属于平面 P 的相交两直线 FG 和 DE,则平面 P 与 Q 互相平行。

若两投影面垂直面相互平行,则它们具有积聚性的投影必然相互平行。如图 2.38 所示,两个铅垂面 P 和 Q,它们的水平投影分别积聚成直线 P_H 和 Q_H。如果 P 面和 Q 面相互平行,则直线 P_H 和 Q_H 也必定相互平行,这是因为 P_H 和 Q_H 是两平行平面 P 和 Q 与 H 面的交线。

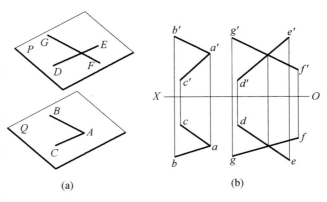

图 2.37 两平面平行

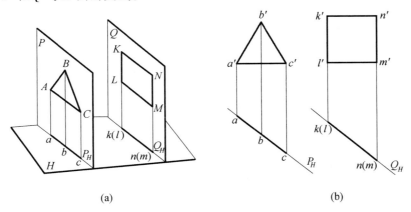

图 2.38 两投影面垂直面相互平行

二、相交

直线与平面相交,平面与平面相交,其交点、交线为二者所共有。这种共性是求作交点和交线的依据。

1.直线与平面相交

当直线与平面相交时,如果其中之一与投影面垂直,则可利用积聚性在所垂直的投影中直接求出交点或交线。

(1)特殊位置直线与一般位置平面相交

如图 2.39 所示,为一铅垂线 L 与平面 $\triangle ABC$ 相交求交点 K 的作图情况。由于直线垂直于 H 面,其水平投影积聚成一点,因此它们的交点 K 的水平投影 k 必与之重合。又交点 K 属于 $\triangle ABC$,则

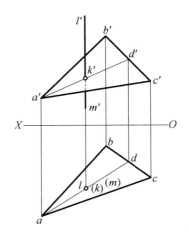

图 2.39 铅垂线与平面相交

可在△ABC上过点K作辅助线AD可求出k',以交点k'为分界,k'l'段可见,画成粗实线,k'm'被平面△ABC遮住段不可见,画成虚线。

(2)一般位置直线与特殊位置平面相交

如图2.40所示,为一般位置直线MN与铅垂面△ABC相交求交点K的作图情况。

根据交点的公有性和平面的积聚性,可知交点的水平投影,再由点和直线的从属性关系,可求交点的正面投影。

交点求出后,还要判别可见性。在正面投影上,以交点K为分界,直线MN处于铅垂面△ABC之前的一段KN的正面投影为可见,画成粗实线,而平面后面的一段被平面遮挡,其正面投影不可见,画成虚线。

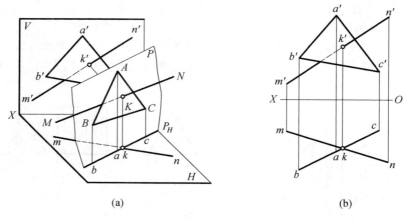

图2.40 直线与铅垂面相交

2.平面与平面相交

求两个平面交线的问题可以看作是求两个共有点的问题。

图2.41所示,为一般位置平面△ABC与铅垂面△DEF相交求交线的作图情况。

根据交线的公有性和平面的积聚性,分别求出交点K和L,连接KL,即得到两平面的交线。

求出交线以后,还要判别正面投影的可见性。两个平面的交线是可见的,以交线为分界,△ABC处于铅垂面前面的部分是可见的,应画成粗实线,而处于铅垂面后面的部分是不可见的,应画成虚线。

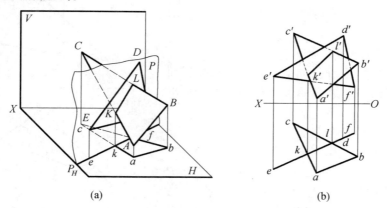

图2.41 一般位置平面与特殊位置平面相交

第三章 立 体

立体是由若干表面围成的实体。根据其表面构成不同,分为平面立体和曲面立体。表面均为平面的立体称为平面立体;表面为曲面或曲面与平面围成的立体称为曲面立体。本章主要讲解立体的投影及表面上取点、取线的问题。

第一节 平面立体的投影及立体表面取点

表面由平面组成的立体称为平面立体。常见的简单平面立体有棱柱、棱锥等,如图3.1所示。

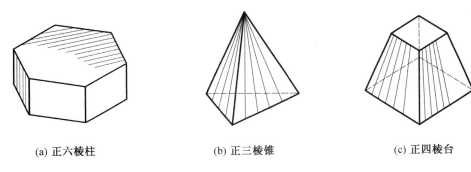

(a) 正六棱柱　　　　(b) 正三棱锥　　　　(c) 正四棱台

图 3.1 平面立体

组成平面立体的每个平面多边形称为棱面;多边形的边即相邻两棱面的交线称为棱线;各棱线的交点称为平面立体的顶点。

作平面立体的投影时,首先应根据所设定的平面立体的位置,分析其各棱面、棱线相对于投影面的位置,再按合理的作图顺序,画出各棱线及顶点的投影。各棱线的投影应按其可见性,画成实线或虚线。

一、棱柱

棱柱是由棱面及上下底面组成,其棱线都相互平行。其上下底面为相互平行且全等的多边形。若上下底面的多边形的边数为 n,则称 n 棱柱。当 n 棱柱的侧棱面都是矩形时,称之为直 n 棱柱;其侧棱面都是平行四边形时,称之为斜 n 棱柱;上、下底面均为正 n 边形的直棱柱又称为正 n 棱柱。如图 3.1 所示:(a)是正六棱柱。

1. 棱柱的投影

常见的棱柱体有三棱柱、四棱柱、五棱柱和六棱柱等。下面以正六棱柱为例说明其投影特性及表面上取点的方法。

(1)正六棱柱的投影。如图 3.2(a)所示,正六棱柱由上、下两个底面和六个棱面所围成,六条棱线相互平行。它的上、下底面平行于 H 面,而垂直于 V、W 面,因此它的水平投影反映实形(正六边形),且上、下底面的水平投影重合,其正面和侧面投影都积聚为水平线段。正六棱柱的前、后两个棱面分别平行于 V 面,其正面投影反映实形(矩形),水平投影和侧面投影分别积聚成水平线段和垂直线段。其余四个棱面都垂直于 H 面倾斜于另两个投影面,它们的正面和侧面投影均为类似形,其水平投影具有积聚性,如图 3.2(b)所示。

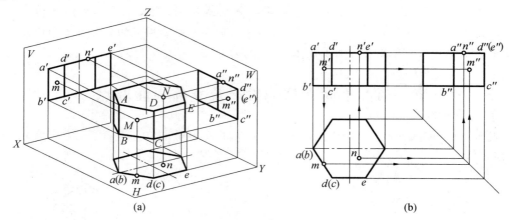

图 3.2 正六棱柱的投影及表面上取点

(2)六棱柱三个投影的画法。作图时,先画出各投影的中心线和对称线,再依次画出上、下底面和各棱面的三面投影,具体方法和步骤如图 3.3 所示。

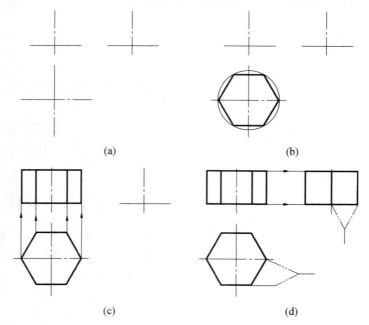

图 3.3 正六棱柱的画图方法和步骤

2.在正六棱柱表面上取点

在棱柱表面上取点,其原理和方法与平面上取点相同。正六棱柱的各个面都处于特殊位置,因此在其表面上取点可利用积聚性和投影关系通过作图法求出。

如图 3.2(b)所示,已知棱柱表面上点 M 的正面投影 m',求水平投影 m 和侧面投影 m''。由于 m' 点是可见的,则点 M 必定在 $ABCD$ 棱面上,而该棱面为铅垂面,H 面投影有积聚性,因此 m 必在 $abcd$ 上。根据 m' 和 m 可求出 m''。同理可根据 n 求得 n'、n''。

棱柱表面上取线的方法与取点的方法类似,用面上取点的方法作出两点,然后连线即可。

二、棱锥

底面为多边形,各棱面是有一个公共顶点的三角形组成的立体称为棱锥。除底边外各棱线都汇交于锥顶。棱锥底面多边形若为 n 边形,则称为 n 棱锥,底边若是正 n 边形,且锥顶对底面的正投影是正 n 边形的中心,则称为正 n 棱锥。图 3.1(b)是正三棱锥。

1.棱锥的投影

图 3.4 所示为一正三棱锥,锥顶点为 S,棱锥底面为正三角形 ABC,且平行于 H 面,其水平投影 $\triangle abc$ 反映实形,正面投影和侧面投影分别积聚为直线。棱面 SAC 为侧垂面,其侧面投影积聚为一直线,水平投影和正面投影仍为三角形。棱面 SAB 和 SBC 均为一般位置平面,它们的三面投影均为三角形。棱线 SB 为侧平线,SA、SC 为一般位置直线;底棱 AC 为侧垂线,AB、BC 为水平线。它们的投影可根据不同位置直线的投影性质进行分析。

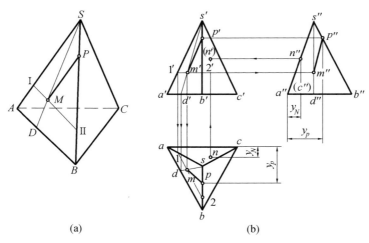

图 3.4　正三棱锥的投影及表面上取点

画图时,先分别画出底面 $\triangle ABC$ 及锥顶 S 的各个投影,然后,将点 S 与 $\triangle ABC$ 各顶点的同面投影相连,即得三棱锥的三面投影。

2.在棱锥面上取点、线

如图 3.4 所示,正三棱锥表面上有一点 M,已知它的正面投影 m',求作另外两个投影。由于 m' 是可见的,得知点 M 属于棱面 SAB,可过点 M 在 $\triangle SAB$ 内作一直线 SD,即过 m' 作 $s'd'$,再作出 sd 和 $s''d''$,也可以过点 M 在 $\triangle SAB$ 内作平行于底棱 AB 的直线 Ⅰ Ⅱ,同样可以求得点 M 的另外两个投影。

又已知棱锥表面上点 N 的水平投影 n,点 N 属于棱面 SAC,因此,可以由水平投影直

接求得侧面投影 n,再由 n 和 n'' 求得点 N 的正面投影(n')。

棱锥表面上取线的方法与平面内取线的方法相同,可先求出属于直线的两点的投影,然后同面投影连线即可。如已知直线 PM 的正面投影 $p'm'$,求其水平投影和侧面投影,如图 3.4(b)所示。由已知投影可知直线 PM 在棱面 SAB 上,点 P 在棱线 SB 上,因此可根据属于直线上点的投影特性求出 p 和 p'',连接 pm、$p''m''$ 即为所求。

第二节　平面与平面立体相交

平面与平面立体相交,可以认为是平面立体被平面所截切。通常将截切立体的平面称为截平面,截平面与平面立体表面的交线称为截交线。要正确地画出它们的投影图,应先画出完整的平面立体的投影,根据截平面的位置,画出缺口具有积聚性的投影,运用表面取点、线的原理,求出缺口的其他投影。下面举例说明作图方法。

【例 3.1】　画出三棱锥被切割后的水平投影和侧面投影,如图 3.5(a)所示。

分析:三棱锥被正垂面切割,其正面投影具有积聚性。欲作出切割后的水平投影和侧面投影,可根据直线与平面相交求交点的作图方法作出截交线的各投影。

作图:

(1)利用正面投影上垂直面的积聚性,确定正垂面与各棱线交点的正面投影 a'、b'、c'。

(2)根据点和直线的从属关系,可求出交点的水平投影和侧面投影。

(3)顺次连接交点各同面投影,即完成作图,如图 3.5(b)所示。

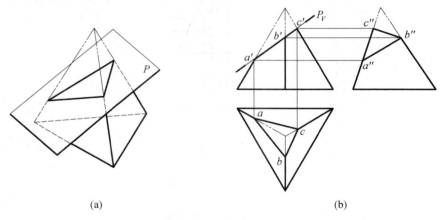

(a)　　　　　　　　　　　　(b)

图 3.5　平面切割三棱锥

【例 3.2】　完成被正垂面截切后的六棱柱的投影(如图 3.6 所示)。

分析:截平面与六棱柱的六条棱线都相交故截交线仍为六边形,如图 3.6(a)所示。由于截平面是正垂面,故截交线的正面投影积聚成直线;由于六棱柱六个棱面的水平投影有积聚性,故截交线的水平投影仍为正六边形。因此本题主要求解截交线的侧面投影。

作图:

(1)确定截交线的正面投影 $1'$、$2'$、$3'$、$4'$、$(5')(6')$,如图 3.6(c)所示。

(2)利用点的投影规律,求出截交线六顶点侧面投影 $1''$、$2''$、$3''$、$4''$、$5''$、$6''$。依次连接

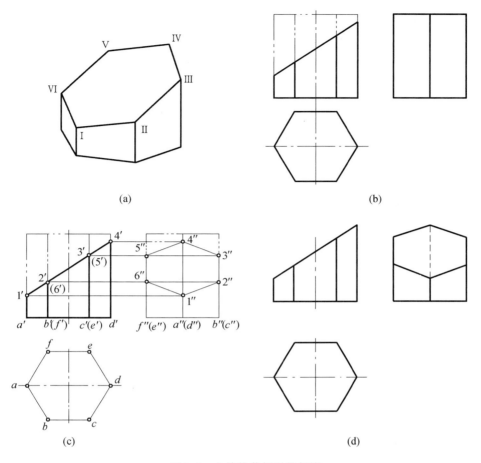

图 3.6 六棱柱截切后的投影

六点即是交线的侧面投影。截交线侧面投影均可见画成实线,右棱线侧面投影不可见画成虚线,与实线重合部分不画,如图 3.5(d)所示。

(3)整理图面,完成截切后六棱柱的三面投影,如图 3.6(d)所示。

【例 3.3】 画顶部开槽的四棱台的水平投影和侧面投影,如图 3.7(a)所示。

分析:以箭头方向为正面投影方向,四棱台上、下底为水平面,四个侧棱面均为一般位置平面。顶部槽是由两个侧平面和一个水平面切割而成,其正面投影具有积聚性。由图 3.7(a)可看出,开槽的三个面与四棱台表面交线的十个端点中,Ⅰ Ⅳ Ⅴ Ⅷ是在四棱台顶面边线上,Ⅸ Ⅹ是在前后棱线上,其余四点分别在四个棱面上。

作图:

(1)画出四棱台的三面投影之后,再画出开槽正面投影,如图 3.7(b)所示。

(2)在正面投影上可直接得出 1′、2′…10′。因 Ⅰ、Ⅳ、Ⅴ、Ⅷ 四点在顶面的四条边上,所以其水平投影 1、4、5、8 在顶面水平投影的相应边上。Ⅱ Ⅸ、Ⅲ Ⅹ、Ⅶ Ⅹ 和 Ⅵ Ⅸ 与相应底边平行,为此,延长 9′2′ 与侧棱交于 m′,由此得到 m。过 m 作底边投影的平行线,在此线上定出 2 和 3。用同样方法可求出 Ⅲ Ⅹ、Ⅵ Ⅸ、Ⅶ Ⅹ 等线段水平投影。依次连接各点,即得开槽的水平投影。根据"高平齐"、"宽相等",可画出开槽的侧面投影,如图 3.7(c)所示。

(3)整理,加粗描深。由于ⅡⅢ、ⅥⅦ线段的侧面投影被四棱台左上部遮住,所以其侧面投影画成虚线,如图3.7(d)所示。

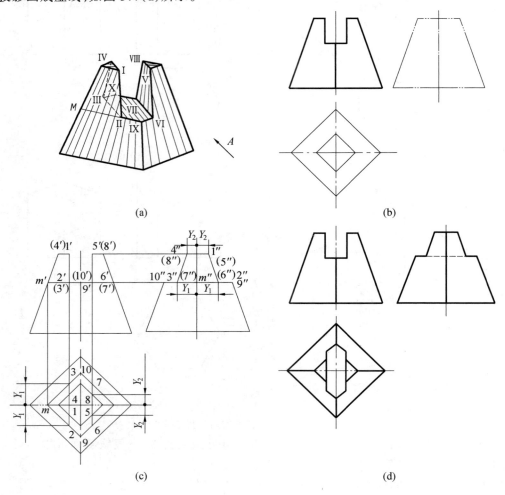

图 3.7 开槽四棱台的投影

第三节 曲面立体的投影及表面取点

表面由曲面或由平面与曲面组成的立体称为曲面立体。工程上常见的曲面立体主要有圆柱、圆锥、圆球等。

一、圆柱

1.圆柱的投影

直线(母线)绕与之平行的轴线旋转一周即形成圆柱面。由圆柱面和垂直其轴线的上、下两圆平面所围成的立体称为圆柱。母线旋转的任意位置称为素线。

如图3.8(a)所示,圆柱的轴线垂直水平投影面,圆柱面上所有素线也都垂直于 H 面,故圆柱面的水平投影积聚成一个圆,圆所包围的面域是圆柱上、下底面的投影,这两个底面的正面投影和侧面投影各积聚为一段直线。圆柱的正面投影和侧面投影是形状相同的矩形。矩形的上、下两边是圆柱上、下底圆的投影,另两边是圆柱对投影面的轮廓线。在正面投影上是它的最左、最右的两条素线 AA 和 BB 的投影 a'a' 和 b'b';在侧面投影上是最前、最后两条素线 CC 和 DD 的投影 c″c″ 和 d″d″,如图 3.8(b)所示。

对某一投影面的转向轮廓线把圆柱面分成两部分,为可见与不可见部分的分界线。如 AA、BB 把圆柱面分成前后两部分,在正面投影中,前半个圆柱面是可见的,后半个圆柱面是不可见的。同理,圆柱的最前、最后素线 CC 和 DD 是它在侧面投影中可见与不可见部分的分界线。

2.在圆柱表面上取点、线

【例 3.4】 已知圆柱表面上点 M 的正面投影 m',求 m 和 m″。如图 3.8(b)所示。

分析:由于 m' 是可见的,因此点 M 必定在前半个圆柱面上。其水平投影 m 在圆柱具有积聚性的水平投影圆的前半个圆周上。由 m' 和 m 可求出 m″。因点 M 在圆柱的左半部,故 m″可见。

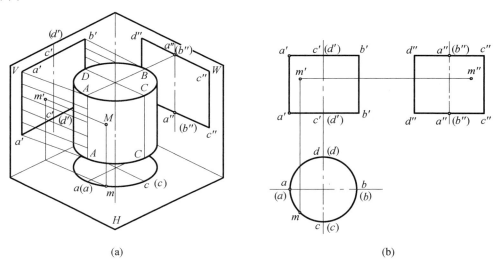

图 3.8 圆柱的投影及表面上取点

【例 3.5】 已知圆柱体表面上曲线 AE 的正面投影 a'e',求其它两投影(如图 3.9 所示)。

分析:曲线是由若干点组成,求作曲线的投影,可先在曲线已知的投影上选取一系列点(包括曲线与转向轮廓线的交点 C),求出其另外两投影,判断可见性,然后顺次光滑连接这些点的同面投影,可见部分用粗实线连接,不可见部分用虚线连接。

作图:

(1)在 a'e' 上选取若干点 a'、b'、c'、d'、e';

(2)利用积聚性求出 a、b、c、d、e;

(3)根据正面投影和水平投影求出 a″、b″、c″、(d″)、(e″);

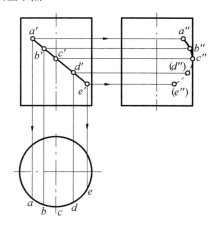

图 3.9 圆柱体表面上取线

(4)判断可见性并连线,点 C 为侧面转向轮廓线上的点,它的侧面投影 c″为曲线侧面投影可见与不可见部分的分界点,曲线 ABC 在圆柱面的左半部,其侧面投影 a″b″c″可见,用粗实线连接,曲线 CDE 在圆柱的右半部,其侧面投影 c″d″e″不可见,用虚线连接,c″是轮廓线和曲线投影的切点。曲线 AE 的水平投影与圆周重合(如图 3.9 所示)。

二、圆锥

1.圆锥的投影

圆锥是由圆锥面和底平面所围成。如图 3.10(a)所示,圆锥的轴线垂直于水平投影面,其水平投影为一圆,此圆即是整个圆锥面的水平投影,同时也是圆锥底面的投影。圆锥的正面投影和侧面投影是形状相同的等腰三角形。等腰三角形的底是圆锥底圆的投影,三角形的两个腰是对投影面的转向轮廓线。在正面投影上是它的最左、最右两条素线 SA 和 SB 的投影 s′a′ 和 s′b′,在侧面投影上是最前、最后两条素线 SC 和 SD 的投影 s″c″ 和 s″d″,如图 3.10(b)所示。

对某一投影面的圆锥轮廓线把圆锥面分成两部分,是投影可见与不可见部分的分界线。

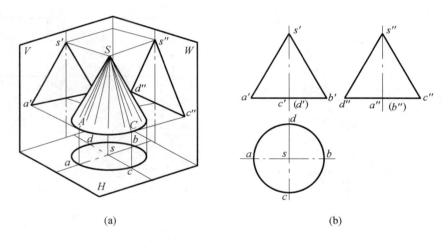

图 3.10 圆锥的投影

在正面投影中,SA、SB 把圆锥面分成前、后两部分,前半部分是可见的,后半部分是不可见的。同理,侧面投影中,SC 和 SD 把圆锥面分成左、右两部分,左半部分是可见的,右半部分是不可见的。

需强调的是,在轴线所垂直的投影面上,圆锥面都是可见的。

2.在圆锥表面上取点、线

如图 3.11 所示,已知圆锥表面上点 M 的正面投影 m′,求 m 和 m″。因圆锥面的三个投影均无积聚性,故不能像圆柱面上那样利用积聚性求其表面上点的投影。可根据圆锥面形成特性,利用素线和纬线圆来作图。

素线法:过锥顶 S 和点 M 作一辅助线 SI。在投影图上分别作出 SI 的各个投影后,即可按线上取点的方法由 m′求出 m 和 m″,如图 3.11(a)所示。

纬线圆法:过点 M 在圆锥面上作一与轴线垂直的水平辅助圆。该圆的正面投影为过

m' 且垂直于轴线的直线段,它的水平投影为与底圆同心的圆,m 必在此圆周上,由 m' 可求出 m,再由 m' 和 m 求得 m'',如图 3.11(b)所示。

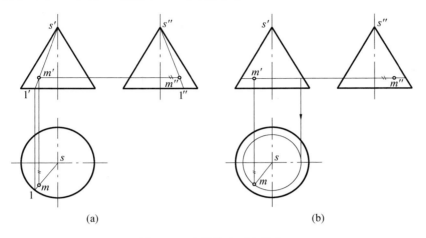

图 3.11 在圆锥表面上取点

【例 3.6】 已知属于圆锥面曲线 AE 的正面投影 $a'e'$(如图 3.12 所示),试求其他两投影。

分析:将曲线 AE 看成由若干点组成,在曲线已知投影上选取一系列点(应包括曲线转向线的交点 C),然后求出它们的另外两投影,判断可见性,顺次光滑连接即可求出曲线的投影。

作图:

(1)$a'e'$ 上选取若干点,a'、b'、c'、d'、e';

(2)利用纬线圆,先求出各点的水平投影 a、b、c、d、e;

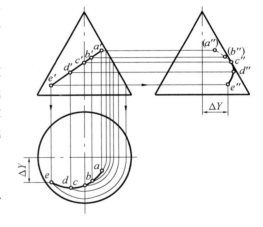

图 3.12 在圆锥体表面上取线

(3)根据各点的正面投影和水平投影,利用各点与锥顶的 Y 坐标差,求出(a'')、(b'')、c''、d''、e'';

(4)判断可见性并光滑顺次连线,因为圆锥的锥顶在上边,所以 AE 曲线的水平投影都可见,曲线 AE 上的点 C 属于圆锥面的侧面转向线,点 C 把曲线分为两部分,其中 ABC 段在圆锥面的右半部分,其侧面投影 $a''b''c''$ 为不可见,画成虚线,CDE 段在圆锥面的左半部分,其侧面投影 $c''d''e''$ 为可见,画成粗实线。

三、圆球

1. 圆球的投影

圆球体是由圆球面围成的。如图 3.13(a)所示,圆球的三个投影都是与球的直径相等的圆,它们分别是球面对三个投影面的转向轮廓线。球的正面投影圆是球面上平行于

V 面的最大圆 A 的投影,它的水平投影积聚成一直线并与水平中心线重合;侧面投影与侧面圆的竖直中心线重合。正面投影圆把球面分成前、后两部分,前半球正面投影为可见,后半球正面投影为不可见,它是正面投影可见与不可见面的分界线。

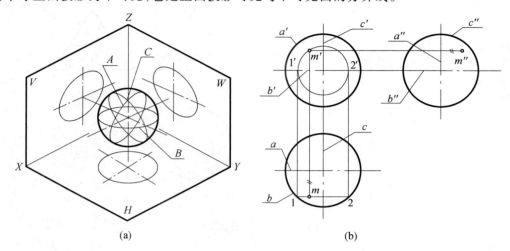

图 3.13　圆球的投影及表面上取点

球的水平投影圆是球面上平行于 H 面最大圆 B 的投影,它的正面投影积聚成一直线并重合在正面圆的水平中心线上;它的侧面投影重合在侧面圆的水平中心线上。水平投影圆把球面分成上、下两部分,上半球水平投影为可见,下半球水平投影为不可见,它是水平投影可见与不可见面的分界线。

球的侧面投影圆是球面平行于 W 面的最大圆 C 的投影,它的正面投影和水平投影分别重合于相应的投影圆的竖直中心线上。侧面投影圆把球面分成左、右两部分,左半球侧面投影为可见,右半球侧面投影为不可见,它是侧面投影可见与不可见面的分界线。

2.在圆球表面上取点

如图 3.13(b)所示,已知圆球表面上点 M 的水平投影 m,求 m' 和 m''。因球面的投影均无积聚性,故采用在球面上作平行于投影面的圆为辅助线的方法作图。可过点 M 作一平行于正面的辅助圆,它的水平投影为过 m 且平行于 X 轴的线段 12,正面投影是以 $1'2'$ 为直径的圆,m' 必在该圆上,由 m 可求得 m',再由 m' 和 m 可求得 m''。由于点 M 位于左、上半球,故正面投影 m' 和侧面投影 m'' 均是可见的。

当然,也可以过点 M 作平行于水平面或平行于侧面的纬圆来作图,结果是一样的。

【例 3.7】　已知属于圆球面曲线 AD 的正面投影 $a'd'$,求 AD 的侧面投影和水平投影(如图 3.14 所示)。

分析:可将曲线 AD 看成由一系列点构成,作图时可在 AD 上选若干点,求出各点的投影,判别可见性,然后同面投影顺次光滑连接,可见部分用粗实线画,不可见部分投影用虚线画,即可作出曲线的投影。

但要注意,在曲线上选点时应包括曲线投影与圆球面轮廓线的交点(B 点和 C 点)。

作图:

(1)在 $a'd'$ 上先选若干点 a'、b'、c'、d';

(2)利用纬圆求出各点的水平投影 a、b、c、d;

(3)根据各点的正面投影、水平投影,利用各点与球心的 Y 坐标差,求出(a'')、b''、c''、d'';

(4)判断可见性并顺次光滑连线 AB 在右半球面上,其侧面投影 $a''b''$ 不可见,用虚线画出,BCD 在左半球面上,其侧面投影 $b''c''d''$ 可见,用粗实线画出,ABC 在上半球面上,其水平投影 abc 可见,用粗实线画出,CD 在下半球面上,其水平投影不可见,用虚线画出。

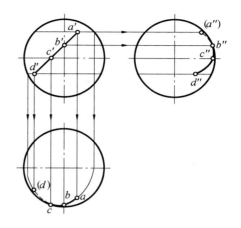

图 3.14 在圆球表面上取线

第四章 平面与曲面立体相交、两曲面立体相交

机器零件,多是由一些基本立体的组合或切割而成,因此,在立体表面就会出现一些交线。平面截切基本立体,在立体表面产生的交线称为截交线,工程上还常遇到曲面立体与曲面立体相交的交线,称为相贯线。如图 4.1 所示为截交线和相贯线的图例。

为了清楚地表达机件的形状,应正确画出这些交线的投影。本章主要讨论截交线和相贯线的性质和作图方法。

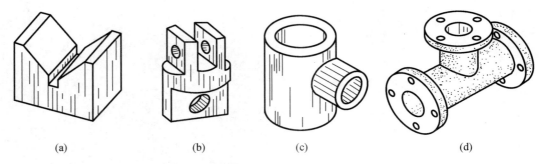

图 4.1 机件表面的截交线和相贯线

第一节 平面与曲面立体相交

一、概述

平面与曲面立体相交,如图 4.2 所示,平面称为截平面。截平面与曲面立体表面交线称为截交线。截交线有如下性质:

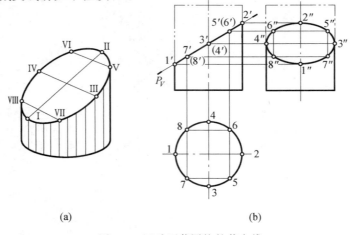

图 4.2 正垂面截圆柱的截交线

(1)封闭性。截交线一般是封闭的平面曲线或由平面曲线和直线段组成的线框。

(2)共有性。截交线是截平面与曲面立体表面的共有线,截交线上的点是截平面与曲面立体表面的共有点。

由上述性质可知,求曲面立体截交线的投影,可归结为作出截平面和曲面的一系列共有点的投影。截交线的空间形状,取决于曲面立体的表面性质和截平面与曲面立体的相对位置。例如,平面截切圆柱的交线有三种情况,即圆、矩形和椭圆,如表 4.1 所示。平面与圆锥相交时,截交线有五种情况,即圆、椭圆、抛物线、双曲线和三角形,如表 4.2 所示。平面与圆球相交时,无论截平面处于何种位置,其截交线都是圆。但由于截平面对投影面所处的位置不同,截交线圆的投影可能是圆、椭圆或直线,如表 4.3 所示。

表 4.1 平面与圆柱截交线

截平面位置	平行于圆柱轴线	垂直于圆柱轴线	倾斜于圆柱轴线
截交线形状	矩形	圆	椭圆
直观图	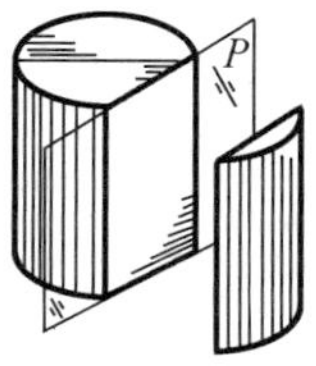	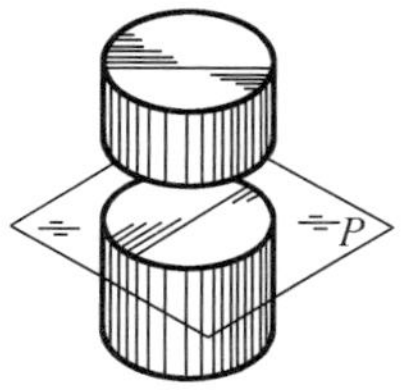	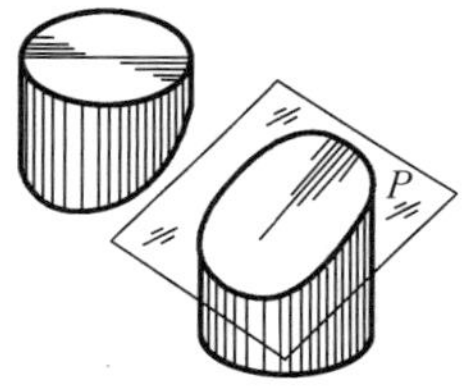
投影图	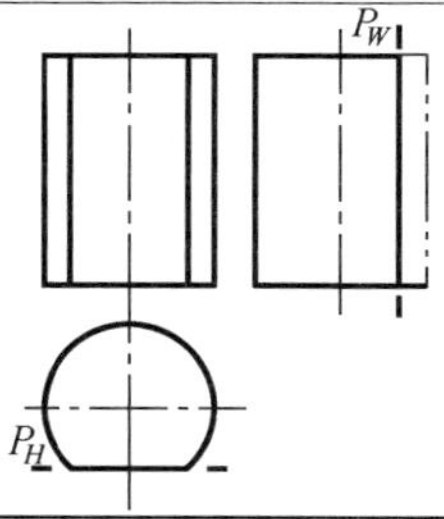	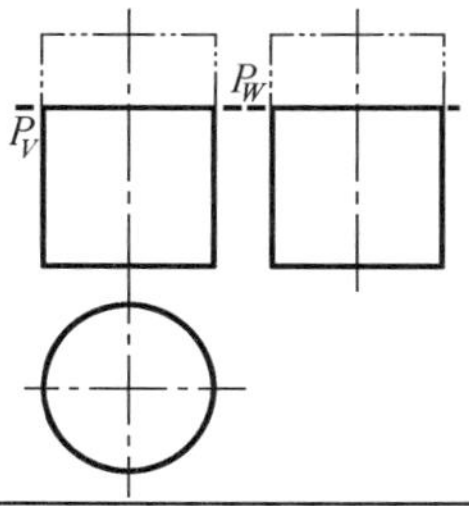	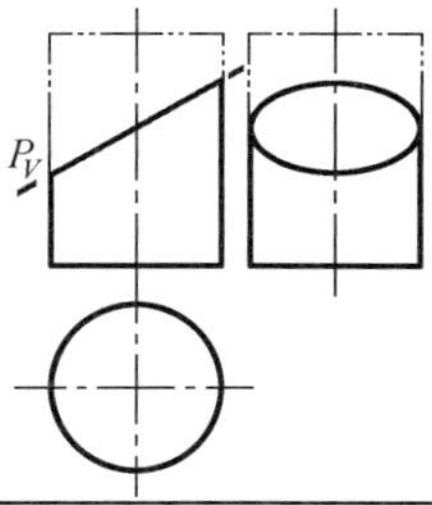

在求平面与曲面立体表面的截交线时,为使其投影作图准确,首先要根据曲面立体的表面性质和截平面相对于曲面立体的位置,判断截交线的空间形状及投影特点。然后,先求出截交线上某些特殊位置点投影,如最高、最低点;最左、最右点;最前、最后点;曲面立体投影轮廓线上点(可见性分界点)等。为使截交线连接光滑,还应求出截交线上一系列一般位置点的投影。最后,判别可见性,依次光滑连接各点的同面投影,即得截交线的投影。

二、平面截切圆柱

当截平面对投影面处于特殊位置(平行或垂直)时,求截交线的投影将得到简化。此时,截交线的一个投影必重影在截平面的积聚性投影上,可以直接确定。

【例 4.1】 圆柱被正垂面 P 所截,求截交线的投影,如图 4.2 所示。

分析：圆柱的轴线为铅垂线，截平面 P 为正垂面，与圆柱轴线斜交，截交线为一椭圆。其正面投影与截平面 P 的正面投影 P_V 重合，是一段直线；水平投影与圆柱面的水平投影——圆重合；它的侧面投影为不反映截交线实形的椭圆，需求出一系列点才能作出。

作图：

(1) 求特殊位置点。根据上述分析，Ⅰ、Ⅱ两点是椭圆的最低和最高点，位于圆柱最左、最右两条素线上，也是最左、最右点。Ⅲ、Ⅳ是椭圆的最前和最后点，位于圆柱的最前、最后两条素线上。同时，Ⅰ、Ⅱ、Ⅲ、Ⅳ又是椭圆长、短轴的四个端点。这些点的正面投影是 $1'$、$2'$、$3'$、$(4')$；水平投影为 1、2、3、4。根据投影规律可求出它们的侧面投影 $1''$、$2''$、$3''$、$4''$，如图 4.2 所示。

(2) 求一般位置点。首先在正面投影和水平投影中取若干一般位置点的投影，如 Ⅴ、Ⅵ、Ⅶ、Ⅷ 点的投影 $5'$、$(6')$、$7'$、$(8')$ 和 5、6、7、8，然后，求出它们的侧面投影 $5''$、$6''$、$7''$、$8''$，如图 4.2(b) 所示。

(3) 连线。光滑连接所求各点的侧面投影，即得截交线的侧面投影——椭圆。

【**例 4.2**】 求作切口圆柱的投影，如图 4.3 所示。

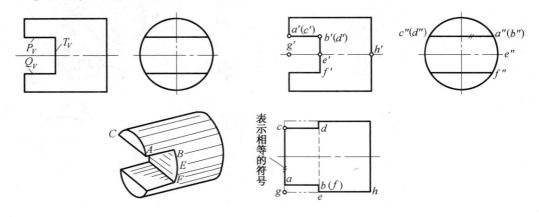

图 4.3 开槽圆柱的投影

分析：如图 4.3 所示，图中切口可看作由三个平面截切圆柱所形成的，即圆柱可看成被两个水平面和一个侧平面截切，分别用 P、Q、T 表示。

由于平面 P 为水平面，它的正面投影有积聚性，所以交线 AB、CD 的正面投影 $a'b'$ 和 $(c')(d')$ 与 P_V 重合。同时由于圆柱的轴线垂直于侧面，P 的侧面投影有积聚性，交线 AB、CD 的侧面投影 $a''(b'')$、$c''(d'')$ 分别积聚在圆周上的两个点。平面 Q 的情况与 P 相同，读者可自行分析。

平面 T 是一个侧平面，它的正面投影有积聚性，截交线 BEF 的正面投影 $b'e'f'$ 与 T_V 重合，侧面投影 $(b'')e''f''$ 与圆柱面的侧面投影重合。本题主要求截交线的水平投影。

作图：

(1) 作出整个圆柱的水平投影。

(2)作出交线的水平投影。根据 $a'b'$、$a''b''$ 和 $c'd'$、$c''d''$ 作出线段 ab、cd。根据 $b'e'f'$ 和 $b''e''f''$ 作出线段 bef。由于该立体前后对称,所以水平投影的 d 后面的部分作法同 bef。必须指出,在水平投影中,圆柱面上对水平面的转向轮廓线被切去的部分,不应画出,如图 4.3 所示。

【例 4.3】 已知圆柱被正垂面 P 及水平面 Q 截切之后的正面投影(如图 4.4 所示),求圆柱被截切后的另两投影。

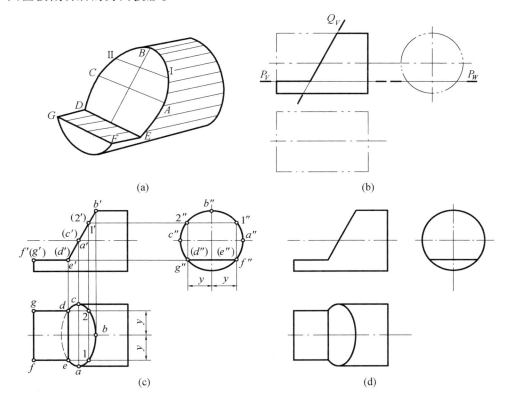

图 4.4 圆柱被截切后的投影

分析:圆柱轴线垂直侧面,正垂面 Q 倾斜于圆柱轴线,与圆柱面的截交线是椭圆;水平面 P 平行于圆柱轴线,与圆柱面的交线为两平行圆柱轴线的直线,与左端面的交线为正垂线(如图 4.4 所示)。两截平面 P、Q 的交线为正垂线。截交线的正面投影与 P_V、Q_V 重合,截交线的侧面投影与圆柱面的投影圆及 P_W 重合。故本题主要求截交线的水平投影。

作图:

(1)求出平面 Q 与圆柱的截交线。平面 Q 与圆柱的截交线为椭圆弧。特殊点有 A、B、C。点 A、C 为对 H 面的转向点;点 B 为正面转向点。点 D、E 是平面 P、Q 和圆柱面的共有点,见图 4.4(c)。

(2)求出平面 P 与圆柱的截交线。平面 P 与圆柱面的交线为平行于圆柱轴线的两平行线 EF、DG。水平投影可过 d、e 作圆柱轴线的平行线。平面 P 与圆柱的左端面的交线 FG 为正垂线,其侧面投影与 P_W 重合,水平投影与圆柱左端面有积聚性的投影重合。

(3)整理轮廓线。画出两点 a、c 右方的圆柱水平投影轮廓线,还应画出平面 P 与平面 Q 交线 DE 的水平投影 de。完成三面投影,如图 4.4(d)所示。

【例 4.4】 求带槽圆柱筒的侧面投影,如图 4.5 所示。

分析:圆柱筒轴线垂直于水平投影面。可将圆柱筒看作两个同轴而直径不同的圆柱表面——圆柱筒外表面和内表面。圆柱筒上端所开通槽可以认为是被两个侧平面和一个水平面所截而成。三个截平面与圆柱筒的内、外表面均产生截交线。两个侧平面截圆柱筒的内、外表面及上端面均为直线,水平面截圆柱筒内、外表面为圆弧。截交线的正面投影重影为三段直线,水平投影重影为四段直线和四段圆弧,这四段圆弧都重影在圆柱筒的内、外表面的水平投影圆上。可以根据截交线的正面投影和水平投影,求得其侧面投影。

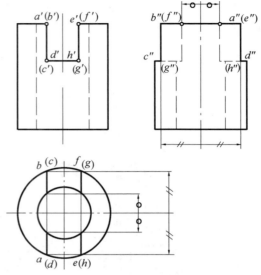

图 4.5 求带槽圆筒的投影

作图:

(1)根据圆柱筒外表面截交线上点的正面投影 a'、(b')、(c')、d'、e'、(f')、(g')、h' 和水平投影 a、b、(c)、(d)、e、f、(g)、(h),利用投影规律求出侧面投影 a''、b''、c''、d''、(e'')、(f'')、(g'')、(h'')。

(2)用相同的方法可以求得圆柱筒内表面截交线上各点的侧面投影。

(3)依次连接截交线上各点的侧面投影。因圆柱筒内表面的侧面投影是不可见的,故截交线为虚线。另外,槽底的侧面投影大部分是不可见的,故有两段虚线。

由于开通槽缘故,圆柱筒内、外表面的最前、最后两条素线在开槽部分被截去一段,因此,在侧面投影中,槽口部分的轮廓不再是圆柱面的投影轮廓线。

三、平面截切圆锥

当平面与圆锥相交时,截平面与圆锥轴线或素线的相对位置不同,其截交线的性质和形状也不同。表 4.2 所示为圆锥截交线的五种情况。

由于锥面的投影没有积聚性,所以为了求解截交线的投影,可依据具体情况,采用点在素线上或纬圆上的方法求出截交线上的点;将共有点的同面投影光滑连成曲线,并判别可见性,整理图面完成作图。

表 4.2 平面与圆锥的截交线

截交线位置	截交线形状	直观图	投影图
垂直于轴线	圆	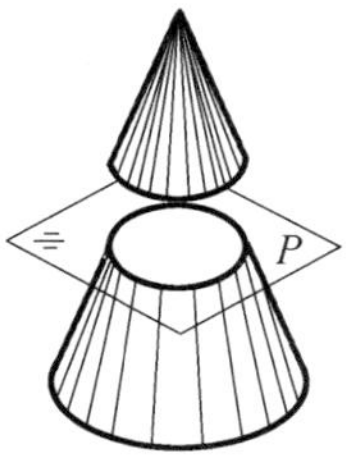	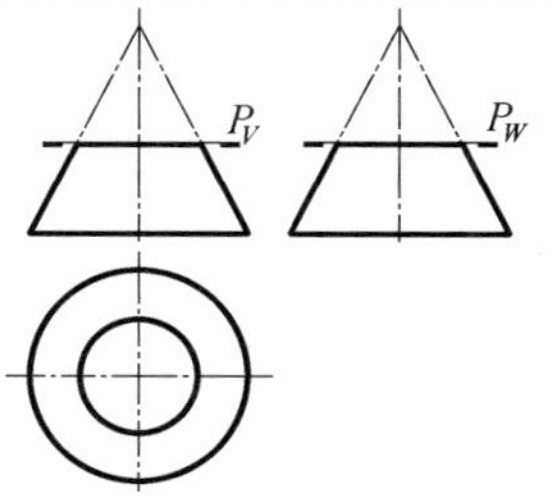
过锥顶	三角形	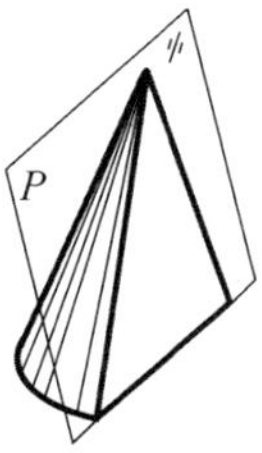	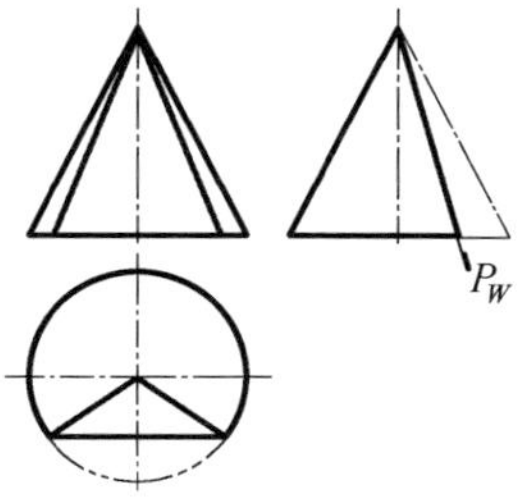
平行于轴线或平行于两条素线	双曲线	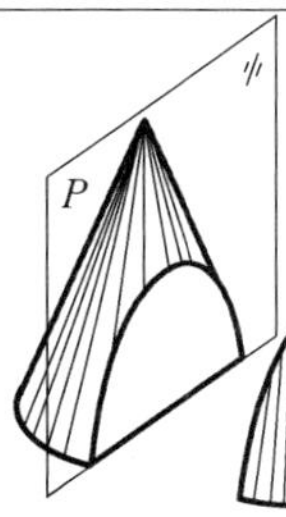	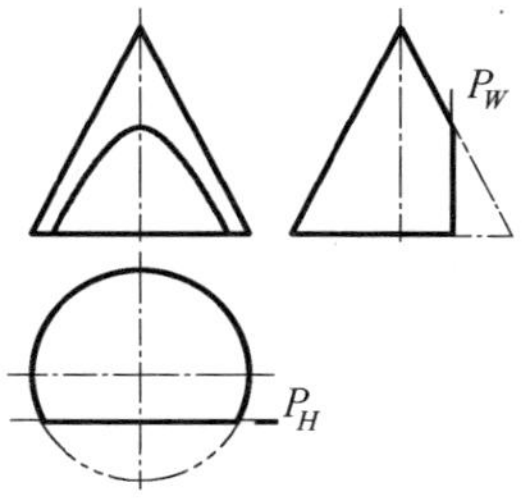
倾斜于轴线 $\theta = \alpha$	抛物线	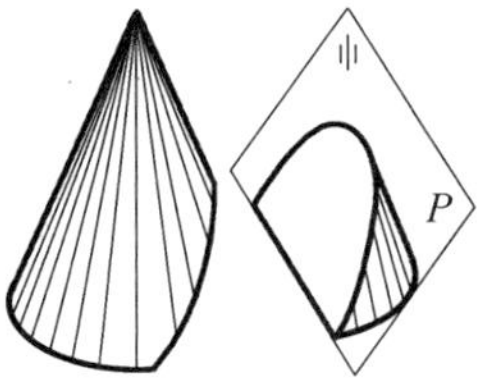	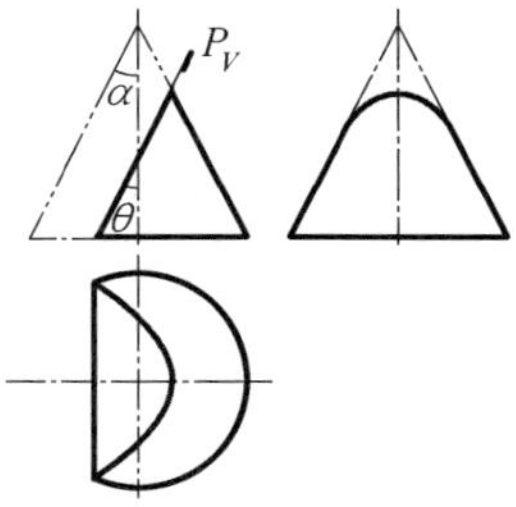
倾斜于轴线 $\theta > \alpha$	椭圆		

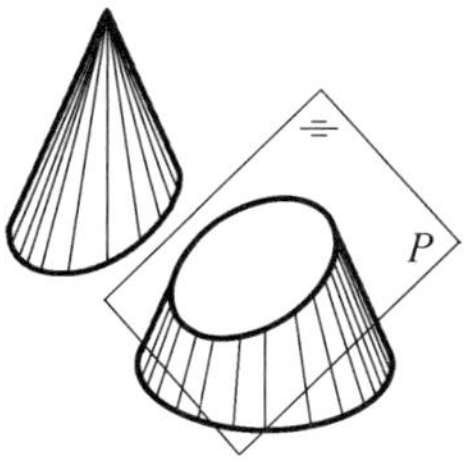

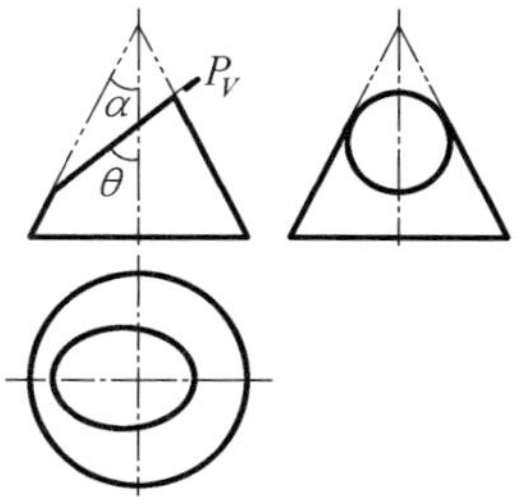

【例 4.5】 求铅垂面 P 与圆锥的截交线,如图 4.6 所示。

分析:圆锥轴线为铅垂线,截平面 P 与圆锥轴线平行,截交线为双曲线。其水平投影与 P_H 重合,正面投影和侧面投影仍为双曲线,待求。

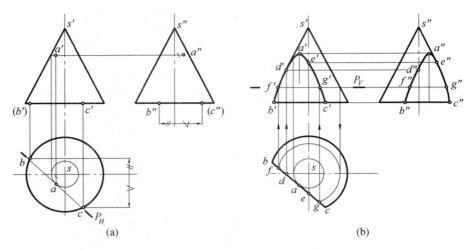

图 4.6 铅垂面截圆锥的截交线

作图：

(1)求特殊位置点。截交线的最低点是截平面 P 与圆锥底圆的交点 B、C，它们的水平投影为圆锥底圆与 P_H 的交点 b、c，由此可作出其正面投影 b'、c' 和侧面投影 b''、c''。截交线的最高点 A(即双曲线的顶点)是截交线上距锥顶最近的点。若过点 A 在圆锥面上作辅助纬线圆则其水平投影必是与截平面水平投影相切的圆。因此先在水平投影中，以锥顶 S 为圆心，以 sa($sa \perp P_H$)为半径作一圆与 P_H 相切。求出此圆的水平投影，即可作出 A 点的正面投影 a'，由 a'、a 求出 a''。作法如图 4.6(a)所示。

(2)求转向轮廓线上的点。由图 4.6(b)中水平投影可见，P_H 与圆锥的最左、最前两条素线的投影分别交于 d、e 两点，由此可求得 d'、e'、d''、e''。

(3)求一般位置点。在最高点 A 和最低点 B、C 之间作一辅助水平面 R，求得 F、G 两点的投影。根据需要，可用同样的方法求得足够的一般位置点，如图 4.6(b)所示。

(4)判别可见性。截交线的水平投影为可见的。

(5)将所求截交线上各点的同面投影依次光滑连接。

【例 4.6】 已知被截切后的圆锥的正面投影，完成其余两投影，如图 4.7(a)所示。

分析： 截平面 P 为倾斜于圆锥轴线($\theta > \alpha$)的正垂面，所以截交线为椭圆，正面投影积聚在 P_V 上。截交线的水平投影和侧面投影均为椭圆。

作图： 如图 4.7(b)所示。

(1)求特殊点。圆锥正面投影轮廓线上的点 a'、b'，为椭圆长轴两端点 A、B 的正面投影，也是截交线的最高点和最低点的正面投影。其水平投影 a、b 和侧面投影 a''、b''，可由 a'、b' 直接作出。正面投影的中点 c'、(d')，是椭圆短轴端点 C、D 的正面投影，其水平投影 c、d 和侧面投影 c''、d''，可用平行圆法求得。e'、(f')是截交线侧面投影轮廓线上的点 E、F 的正面投影。其侧面投影 e''、f''在圆锥侧面投影轮廓线上可直接找到。

(2)求一般点。在正面投影上以 g'、(h')为例，用平行圆法，求得 g、h 和 g''、h''。

(3)连线。依次光滑连接各点的同面投影，即得椭圆的水平投影和侧面投影，均为可见。

（4）加粗描深图线,完成全图。侧面投影的轮廓线应加粗到 e'' 和 f'' 处为止。

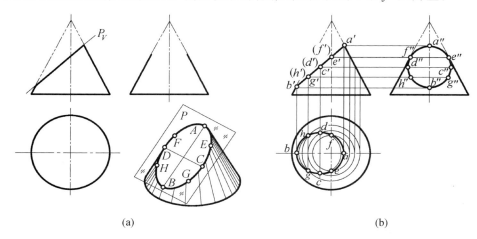

图 4.7 求截切后的圆锥的水平投影和侧面投影

【例 4.7】 已知切口圆锥的正面投影,补出其余两投影,如图 4.8 所示。

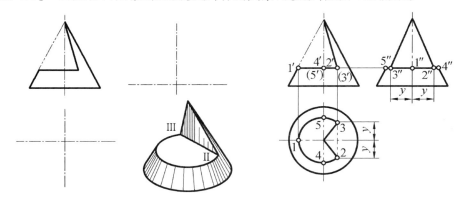

图 4.8 切口圆锥的投影

分析：圆锥被两个平面截切,过锥顶的正垂面,与圆锥面的截交线为两段直线；另一截平面为垂直轴线的水平面,与圆锥面的截交线为一段圆弧；两截平面的交线为一条正垂线。

作图：如图 4.8(b)所示,先求出两段为直线的截交线,再求出为一段圆弧的截交线。两截平面的交线 Ⅱ Ⅲ 为正垂线,其水平投影为虚线,应注意画出。

四、平面与圆球相交

平面与圆球相交,不论截平面与球的轴线相对位置如何,其截交线均为圆。当截平面与圆球相交,且截平面为投影面的平行面时,截交线在截平面所平行的投影面上的投影反映实形,另两个投影积聚成直线；当截平面是投影面的垂直面时,截交线在截平面所垂直的投影面上的投影为直线,另两投影为椭圆,见表 4.3 所示。

表 4.3 平面与圆球截交线

截平面的位置	截平面为正平面	截平面为水平面	截平面为正垂面
立体图			
投影图			

【例 4.8】 已知正垂面所截切球的正面投影，求其余两面投影，如图 4.9 所示。

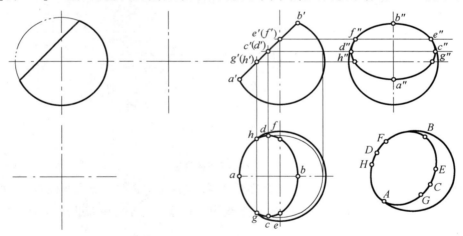

图 4.9 正垂面截切球的投影

分析：因圆球是被正垂面截切，所以截交线的正面投影积聚为直线，其水平投影和侧面投影均为椭圆。

作图：

(1) 求特殊点。作最低点 A 和最高点 B 的投影，它们同时也是最左点和最右点。由正面投影 a'、b' 可求出水平投影 a、b 和侧面投影 a''、b''。椭圆的另两个端点 C、D 的正面投影 c'、d' 位于截交线正面投影的中点上。可利用辅助圆法作出另外两面投影。G、H 是水平转向轮廓线上的点，E、F 是侧面转向轮廓线上的点，可直接获得它们的水平投影和侧面投影。

(2)求一般点。如果用上述八个点作椭圆还不够光滑、准确,可在截交线的有积聚性的正面投影上找几个一般点,采用辅助圆法分别求出它们的其余两投影。

(3)依次光滑连接各点,将被截去的圆球轮廓线擦去。

【例 4.9】 已知开槽半球的正面投影,求其水平投影和侧面投影(如图 4.10 所示)。

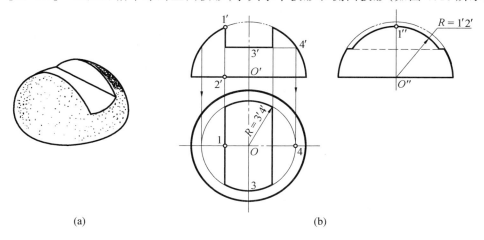

图 4.10 求开槽半圆球的投影

分析:开槽由两个侧平面和一个水平面截切而成。两个侧平面截取圆球,各得一段平行侧投影面的圆弧,其正面投影和水平投影均积聚成直线,侧面投影反映实形;而水平面截取圆球得前后各一段水平的圆弧,其正面投影和侧面投影均积聚成直线,水平投影反映实形。

作图:

(1)在正面投影上延长侧平面的投影,得截交线圆弧半径实长 $1'2'$,由此作出截交线圆弧的侧面投影和水平投影。

(2)求出水平面与球的截交线——圆弧的水平投影半径为 $3'4'$,再作出 W 面投影。

(3)整理轮廓线。注意侧面投影中的虚线的起止位置。

第二节　两曲面立体相交

两曲面立体相交时在其表面产生的交线称为相贯线。相贯线具有下述性质:

相贯线是两立体表面的共有线,也是两立体表面的分界线。相贯线上的点是两立体表面的共有点。

相贯线一般情况下是封闭的空间曲线(一条或两条),特殊情况下是平面曲线或直线段。

相贯线的形状和数量取决于两立体的形状、大小和相对位置。

求相贯线的投影,实质是求两立体表面的一系列共有点的投影,尤其是特殊点的投影,然后顺次光滑连接。画相交立体的投影,既要正确画出相贯线的投影,又要画出相交立体轮廓线的投影。

下面介绍求相贯线常用的两种方法:利用积聚性法和辅助平面法。

一、利用积聚性法求相贯线

当圆柱与另一回转体相交时,若圆柱轴线垂直于某一投影面,就可利用圆柱面在该投影面的投影的积聚性求出相贯线其他投影。

【例 4.10】 求两正交圆柱的相贯线,如图 4.11 所示。

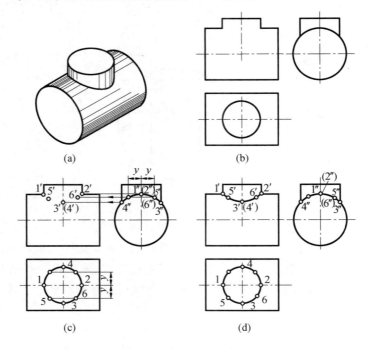

图 4.11 两圆柱垂直相交

分析:两圆柱轴线垂直相交(正交),如图 4.11(a)、(b)所示。大圆柱轴线为侧垂线,该圆柱面的侧面投影积聚成圆,相贯线的侧面投影为此圆上的一段圆弧。小圆柱轴线为铅垂线,该圆柱面的水平投影具有积聚性,相贯线的水平投影在小圆柱面的水平投影上,为一个圆。现仅需求相贯线的正面投影。

作图:如图 4.11(c)、(d)所示。

(1)求特殊点。由相贯线最高点Ⅰ、Ⅱ,最前、最后点Ⅲ、Ⅳ的侧面投影 1″、(2″)、3″、4″和水平投影 1、2、3、4,求出正面投影 1′、2′、3′、(4′)。

(2)求一般点。以Ⅴ、Ⅵ为例,按照投影规律由侧面投影 5″、(6″)和水平投影 5、6,求得正面投影 5′、6′。

(3)依次光滑连线,判别可见性。判别相贯线可见性的原则是:只有当相贯线同时属于两曲面体的可见表面时才可见。本例相贯线的正面投影因立体前后对称,相贯线前后重合。

(4)加粗图线,完成全图。注意正面投影轮廓线画到 1′、2′为止,1′、2′之间为实体,不存在轮廓线。

【例 4.11】 完成圆柱体钻孔后的投影,如图 4.12 所示。本题相当于上例中的小圆柱自上向下从大圆柱中穿通而成。其相贯线的形状和作图方法与上例相同。但因圆柱孔是全通的,所以有上下两条相贯线。孔的正面投影轮廓线和侧面投影轮廓线是不可见的,应画成虚线。作图如图4.12(b)所示。

【例4.12】 图4.13所示为正交三通管的相贯线画法。作图方法同前例。但应注意内表面间的相贯线和内表面的轮廓线均不可见,应画成虚线。

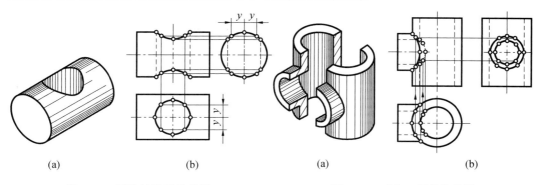

图4.12　圆柱钻孔后的投影　　　　图4.13　正交三通管的投影

二、辅助平面法求相贯线

辅助平面法是利用平面作辅助平面,使其与相交的两曲面立体表面都相交,得到两组截交线,截交线的交点是辅助平面和两曲面的三面共有点,也就是相贯线上的点。作一系列辅助平面,就可得出一系列的共有点,然后依次光滑连接这些点的同面投影,就得到相贯线的投影。

选择辅助平面的原则是:辅助平面与两曲面截交线的投影,都应是简单易画的直线或圆。

【例4.13】 圆柱与圆台正交,作出它们的相贯线。

分析: 如图4.14所示,圆柱轴线垂直于侧面,相贯线的侧面投影重合在圆柱面的侧面投影的圆上。圆柱和圆台的正面投影和水平投影均没有积聚性,需要通过作图求出相贯线的相应投影。本例可选用水平面作辅助平面,它与圆柱面和圆台面的截交线的投影分别为直线和圆。

作图:

(1)求特殊点。如图4.14(b)所示,1″、2″为相贯线最高点和最低点的侧面投影,其正面投影1′、2′为圆柱与圆台正面投影轮廓线的交点。由1′、2′求得1、(2)。3″、4″为相贯线最前、最后点,也是相贯线水平投影可见性分界点的侧面投影。其余二投影用辅助水平面求得,过水平圆柱轴线作辅助水平面 P_1,它与圆柱面截交线为两条平行直线,即圆柱的最前及最后素线。与圆台相交于一水平圆,两组交线水平投影交点即为所求3、4。由3、4在 P_{1V} 上求得 3′、(4′)。

(2)求一般点。在最高点Ⅰ和最低点Ⅱ之间适当位置作辅助水平面。如图4.14(c)所示,作辅助水平面 P_2,可由5″、6″求出5、6,再由5、6得到5′、(6′)。如此,再求得若干个一般点。

(3)依次光滑连线并判别可见性。整个立体前后对称,相贯线正面投影前后重合。水平投影以3、4为分界,上半圆柱面上相贯线可见,即46153可见,而4(2)3为不可见,画成虚线。

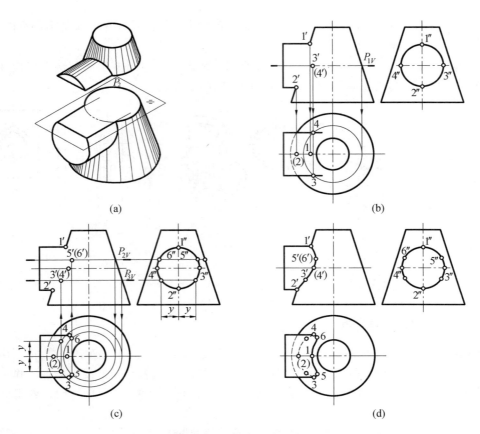

图 4.14 圆柱与圆台垂直相交

(4)加粗图线,完成全图。圆柱的水平投影轮廓线应加粗到 3、4。被圆柱挡住的圆台底面部分圆弧应画成虚线,如图 4.14(d)所示。

【例 4.14】 圆台与半圆球相交,求其三面投影,如图 4.15 所示。

分析:圆台与半圆球相贯,三个投影均无积聚性,所以本例仅能用辅助平面法求相贯线。

作图:

(1)求特殊点。如图 4.15(b)所示,由于立体前后对称,所以正面投影轮廓线的交点 $1'$ 为相贯线最高点的正面投影。由 $1'$ 求出 1 和($1''$)。圆台底面和半球底面在同一个水平面上,其水平投影交点 2、3,即为相贯线最低点的水平投影。由 2、3 求出 $2'$、($3'$)和 $2''$、$3''$。过圆台轴线作辅助侧平面 P,它与圆台截交线的侧面投影是两条直线,与球面截交线的侧面投影是一个平行于侧面的半圆,两者交点的侧面投影 $4''$、$5''$,为相贯线侧面投影轮廓线上的点,是可见性分界点。由 $4''$、$5''$ 求出 $4'$、($5'$)和 4、5。

(2)求一般点。作辅助水平面 Q,它与圆台和半球的交线均为水平圆,两圆的水平投影交点为 6、7,由 6、7 在 Q_V 上求得 $6'$、($7'$),在 Q_W 上求得 $6''$、$7''$,如图 4.15(c)所示。

(3)依次光滑连线,判别可见性。相贯线正面投影前后重合,相贯线水平投影全可见,相贯线侧面投影以 $4''$、$5''$ 为界,在圆台左半锥面的相贯线 $5''7''3''$ 和 $4''6''2''$ 可见,而 $5''1''4''$ 为不可见,画成虚线。

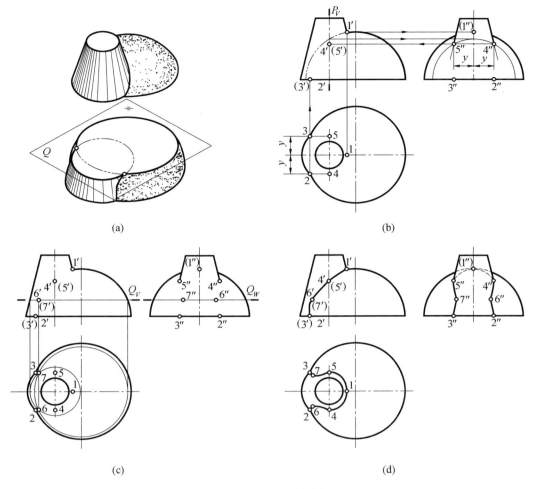

图 4.15 圆台与半圆球相交

(4)加粗图线,完成全图。圆台和半圆球的侧面投影轮廓线的交点,不是两立体表面共有点的投影,相贯线并不经过此点,圆台的侧面投影轮廓线应加粗到 4″、5″为止。半圆球侧面投影轮廓被圆台遮挡部分应画成虚线,如图 4.15(d)所示。

三、相贯线形状、趋向、及其特殊情况

相贯线的形状、数量,决定于相交两立体的形状、大小和相对位置。例如,当相交两圆柱的轴线相对位置变动时,其相贯线的形状和数量均发生变化。如图 4.16 所示为两圆柱大小不变,而轴线的相对位置由垂直相交(正交)变为垂直交叉时相贯线的几种情况。

当正交两圆柱,轴线相对位置不变,仅改变直径大小时,相贯线也发生变化。表 4.4 列出这种变化的情况。

从表 4.4 可以看出轴线正交两圆柱相贯时,其相贯线投影总是向直径较大的圆柱方向弯曲。图 4.17 所示为直立圆锥大小不变,而圆柱由小变大时相贯线变化的情况。

相贯线在特殊情况下,可能是平面曲线或直线段,其情况见表 4.5。

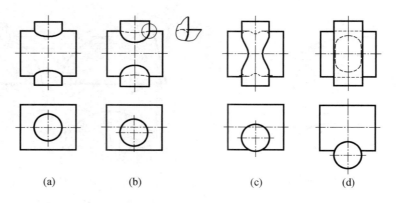

图 4.16 圆柱轴线位置变动时相贯线变化情况

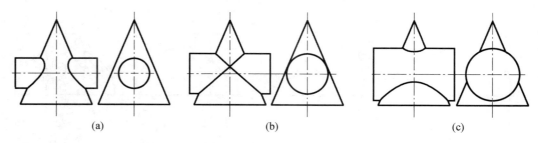

图 4.17 正交圆锥、圆柱相贯线趋向

表 4.4 正交两圆柱相贯的基本形式

两圆柱 直径比	直立圆柱直径大	圆柱直径相等	直立圆柱直径小
直观图			
相贯线 的形状	左、右两条空间曲线	两个相等的椭圆	上、下两条空间曲线
投影图			

· 70 ·

表 4.5 相贯线的特殊情况

相贯条件	投影图示例
同轴线回转体相交,如圆柱、圆锥、圆球同轴,相贯线为垂直于轴线的圆	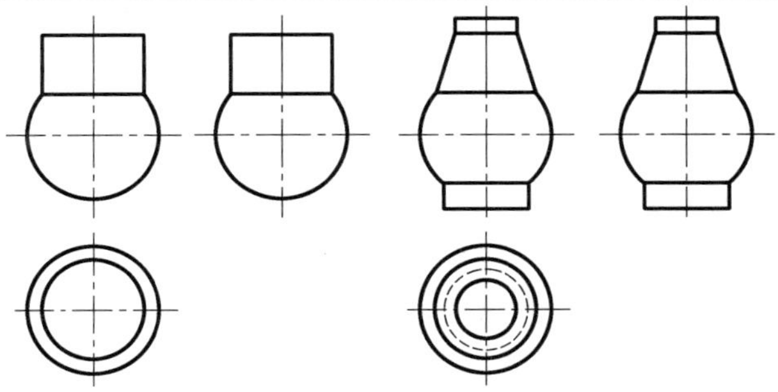 (a)　　　　　　　(b)
轴线平行的圆柱或共锥顶的圆锥相交,相贯线为平行圆柱轴线的直线或过锥顶的直线	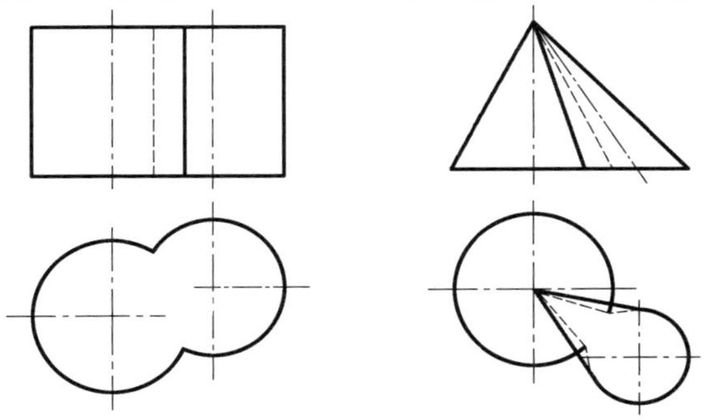 (a)　　　　　　　(b)
回转体同时外切于一个圆球,相贯线为两条平面曲线(椭圆)	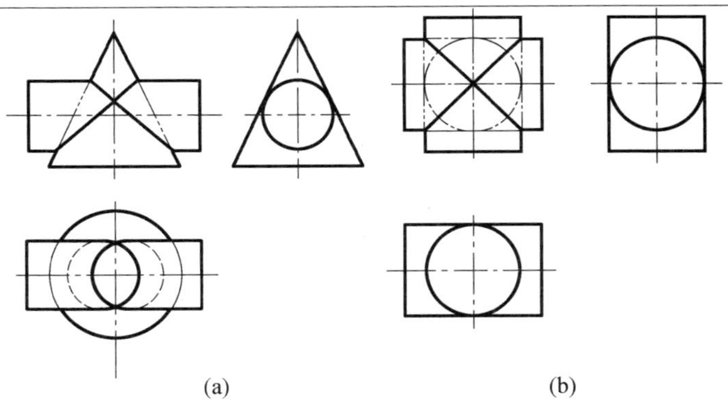 (a)　　　　　　　(b)

第五章 轴 测 图

多面正投影图是工程上最常用的图样,它的优点是可以准确地表达出物体的形状和大小,且度量性好、作图方便,但立体感不强,需要对照几个视图和运用正投影原理进行阅读,缺乏读图基础的人很难看懂。因此,工程上还采用轴测投影图来表达物体(如图5.1)。轴测投影图能同时反映物体长、宽、高三个方向的尺度,尽管物体的一些表面形状有所改变,但形象比多面正投影图生动,富有立体感,因此,轴测投影图常用作帮助读图的辅助性图样。

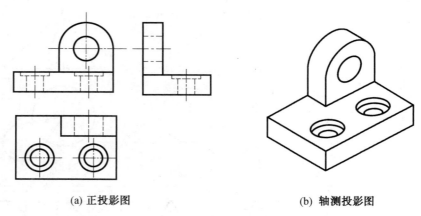

(a) 正投影图　　　　　　　　(b) 轴测投影图

图 5.1　正投影图与轴测投影图的比较

第一节　轴测图的基本知识

一、轴测图的形成

将物体连同其直角坐标系,沿不平行于任一坐标平面的方向,用平行投影法将其投射到选定的单一投影面(如 P 面)上所得的图形称为轴测投影图,简称轴测图,如图 5.2 所示。

在轴测图中,S 为选定的投射方向;P 面称为轴测投影面;空间直角坐标轴 OX、OY、OZ 在轴测投影面上的投影 O_1X_1、O_1Y_1、O_1Z_1,称为轴测投影轴,简称轴测轴;两轴测轴之间的夹角 $\angle X_1O_1Y_1$、$\angle Y_1O_1Z_1$、$\angle Z_1O_1X_1$,称

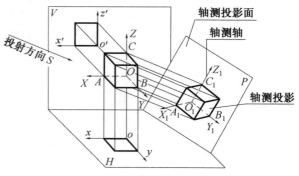

图 5.2　轴测图的形成

为轴间角;轴测轴上的单位长度与空间直角坐标轴上对应单位长度的比值,称为轴向伸缩系数。OX、OY、OZ 轴的轴向伸缩系数分别为 $p = O_1A_1/OA$、$q = O_1B_1/OB$、$r = O_1C_1/OC$。

p、q、r 的大小是随着坐标轴 OX、OY、OZ、投影面 P、投射方向 S 三者相对位置的不同而变化的,它们的变化也会引起对应的轴间角的改变。轴间角和轴向伸缩系数是画物体轴测图的作图依据,它们的变化直接影响着物体轴测图的形状和大小。

二、轴测图的基本性质

由于轴测图是用平行投影法获得的,因此它具有平行投影的基本性质:

1.物体上互相平行的线段,在轴测图中仍然互相平行,且线段长度之比等于其投影长度之比。

2.物体上与坐标轴平行的线段,在轴测图中必定平行于相应的轴测轴,且与该轴具有相同的轴向伸缩系数。

三、轴测图的分类

1.按投射方向 S 与轴测投影面 P 的夹角不同,轴测图可分为:

(1)正轴测图——投射方向 S 垂直于轴测投影面 P。

(2)斜轴测图——投射方向 S 倾斜于轴测投影面 P。

2.按轴向伸缩系数的不同,轴测图可分为:

(1)正(或斜)等轴测图,简称正(或斜)等测 $p = q = r$。

(2)正(或斜)二轴测图,简称正(或斜)二测 $p = q \neq r$ 或 $p \neq q = r$ 或 $p = r \neq q$。

(3)正(或斜)三轴测图,简称正(或斜)三测 $p \neq q \neq r$。

工程上最常用的是正等测和斜二测投影图。本章只介绍这两种轴测图的画法。

第二节　正等轴测图

一、轴间角和轴向伸缩系数

如图5.3(a)所示,如果使三条坐标轴 OX、OY、OZ 对轴测投影面处于倾角都相等的位置,也就是将图中立方体的对角线 AO 放成垂直于轴测投影面的位置,并以 AO 的方向作为投射方向,这样所得到的轴测图就是正等轴测图。

在正等轴测图中,轴间角都是120°,各轴向伸缩系数都相等,$p = q = r \approx 0.82$,即沿着三根轴测轴方向画图时,空间线段长度都应缩短为0.82倍。为作图方便,在实际作图时通常采用简化伸缩系数 $p = q = r = 1$,即沿着各轴测轴方向的线段投影长度都取等于空间线段的实际长度,因此,画轴测图时,可以从正投影图上直接量取物体的实长作图。用简化伸缩系数画出来的轴测图比实物放大了约 $1/0.82 = 1.22$ 倍,但形状不变,不影响立体感。

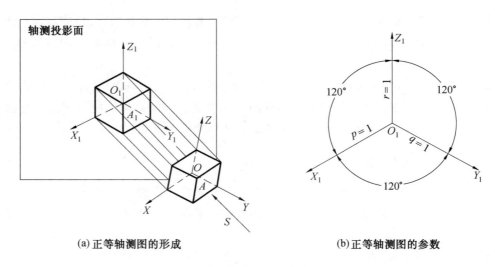

(a) 正等轴测图的形成　　　　　(b) 正等轴测图的参数

图 5.3　正等轴测图

二、平面立体正等轴测图的画法

绘制轴测图的最基本方法是坐标法,绘制平面立体轴测图,有时根据平面立体的具体组成情况,还可采用切割法和叠加法。

1. 坐标法

根据平面立体的特点,选定合适的坐标轴,再根据立体表面上各顶点的坐标,分别画出它们的轴测投影,然后依次连接成立体表面的轮廓线。

【例 5.1】　作图 5.4(a)所示正六棱柱的正等轴测图。

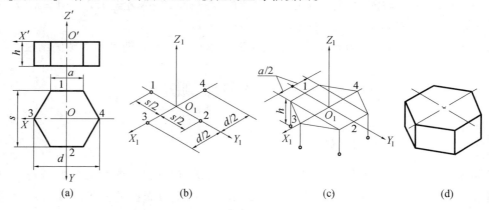

图 5.4　正六棱柱的正等轴测图的画法

作图:

(1)在投影图上定出坐标轴和原点 O,取顶平面对称中心为原点 O,如图 5.4(a)所示。

(2)画轴测轴,按尺寸定出 1、2、3、4 各点的轴测投影,其中 3、4 为顶平面的两个顶点,如图 5.4(b)所示。

(3)过两点 1 和 2 作直线平行 O_1X_1,再分别以 1 和 2 点为中点向两边截取 $a/2$ 得顶平面的另外四个顶点,连接各顶点,得顶面投影,过各顶点向下作 Z_1 轴平行线并截得棱线长度 h,得底面各顶点,如图 5.4(c)所示。

(4)连接上述各顶点,完成底平面(不可见线可不画),整理加深,完成全图,如图 5.4(d)所示。

2.切割法

适用于带缺口的平面立体。它以坐标法为基础,先画出完整立体的轴测图,然后逐步画出各个切口部分,最后得到所需要的平面立体的轴测图。

【例 5.2】 作图 5.5(a)所示立体的正等轴测图。

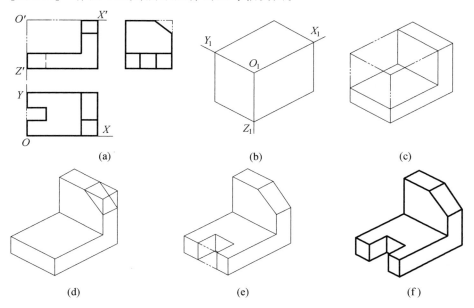

图 5.5 切割法画立体的正等轴测图

作图:

(1)在投影图上确定坐标轴和坐标原点,如图 5.5(a)所示。

(2)画轴测轴,作出未切割的四棱柱,如图 5.5(b)所示。再根据投影图中尺寸画出四棱柱左上部被切去一个四棱柱后的正等轴测图,如图 5.5(c)所示。

(3)画出右前部被一个侧垂面切去三棱柱后的正等轴测图,如图 5.5(d)所示。

(4)画出左下部中间被切去四棱柱后的正等轴测图,如图 5.5(e)所示。

(5)擦去作图线,整理加深,完成全图,如图 5.5(f)所示。

3.叠加法

对于由几部分简单形体组合而成的立体,可将各部分轴测图按照它们之间相对位置叠加起来,画出各表面之间的连接关系,就可得到该立体的轴测图。

【例 5.3】 作图 5.6(a)所示立体的正等轴测图。

作图:

(1)在平面立体的三面投影图上确定坐标轴和坐标原点,如图 5.6(a)所示。

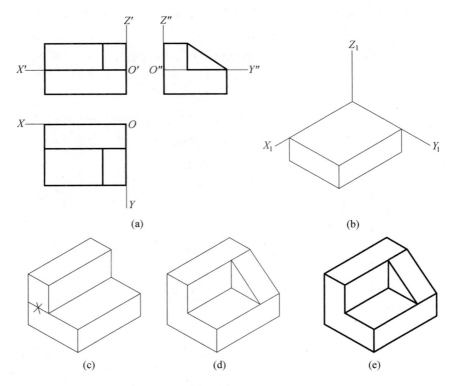

图 5.6 用叠加法画立体正等轴测图

(2)画轴测轴,先作出底板的正等轴测图,如图 5.6(b)所示。
(3)画出后侧立板的正等轴测图,并将同一表面上的分界线去除,如图 5.6(c)所示。
(4)画出右上部三棱柱的正等轴测图,如图 5.6(d)所示。
(5)擦去作图线,加深,完成全图,如图 5.6(e)所示。

三、曲面立体的正等测的画法

立体上经常带有圆柱面、圆锥面等曲面结构,不论是圆柱或是圆锥,其底面多为圆周,所以绘制曲面立体的正等测,关键是要掌握圆的正等测画法。

1. 圆的正等轴测图的画法

一般情况下,圆的正等测是椭圆。下面以平行于水平面 XOY 的圆的正等轴测图为例,介绍椭圆的两种画法。

(1)坐标法。用坐标法作出圆上一系列点的轴测投影,然后顺次光滑地连接起来,即得到圆的轴测投影(椭圆)。圆上的一系列点是用作一系列平行弦的方法绘制的,故这种方法也称为平行弦法。这种方法作图比较精确,但作图繁琐。

具体作图步骤如下:
①确定坐标轴,在圆的视图上作适当数量的平行 OX 轴的弦,如图 5.7(a)所示;
②画轴测轴,分别作平行弦端点的轴测图,如图 5.7(b)所示;
③用光滑曲线顺次连接各点,即得该圆的正等测投影,如图 5.7(c)所示。

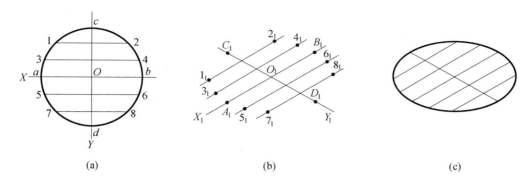

图 5.7 坐标法画椭圆

(2)四心圆弧法。这是一种近似画法,即用四段圆弧光滑连接起来,代替椭圆曲线。这种方法快捷、方便、美观,但精确度不如坐标法。

具体作图步骤如下:

①过圆心 O 作坐标轴和圆的外切正方形,切点为 1、2、3、4,如图 5.8(a)所示;

②作轴测轴和切点 1_1、2_1、3_1、4_1,过这些点作外切正方形的正等轴测图菱形,并连对角线,如图 5.8(b)所示;

③过 1_1、2_1、3_1、4_1 作各边的垂线,得交点 A_1、B_1、C_1、D_1 点。A_1、B_1 即短对角线的顶点,C_1、D_1 在长对角线上,如图 5.8(c)所示;

④分别以 A_1、B_1 为圆心,以 $A_1 1_1$ 或 $B_1 3_1$ 为半径,作 $1_1 2_1$ 弧、$3_1 4_1$ 弧;再分别以 C_1、D_1 为圆心,以 $C_1 1_1$ 或 $D_1 3_1$ 为半径,作 $1_1 4_1$ 弧、$3_1 2_1$ 弧,连成近似椭圆,如图 5.8(d)所示。

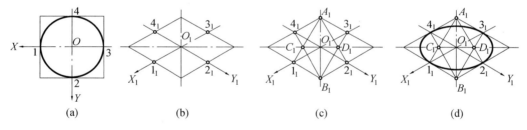

图 5.8 用四心圆弧法画椭圆

2.平行于各坐标面圆的正等测投影的画法

平行于坐标面的圆的轴测投影为椭圆,平行于 XOY 面的圆的轴测投影(椭圆)长轴垂直于 Z 轴,短轴平行于 Z 轴;平行于 XOZ 面的圆的轴测投影(椭圆)长轴垂直于 Y 轴,短轴平行于 Y 轴;平行于 YOZ 面的圆的轴测投影(椭圆)长轴垂直于 X 轴,短轴平行于 X 轴。用各轴向简化伸缩系数画出的正等轴测图椭圆,其长轴约等于 $1.22d$(d 为圆的直径)短轴约等于 $0.7d$,如图 5.9 所示。

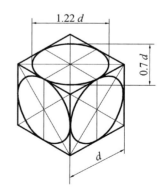

图 5.9 平行于各坐标面圆的正等测画法

3.曲面立体正等轴测图的画法举例

【例 5.4】 绘制圆锥台的正等测轴测图,如图 5.10 所示。

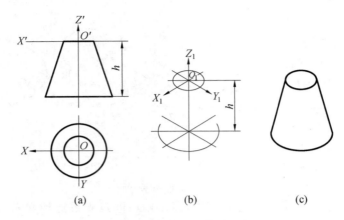

图 5.10 圆锥台的正等测画法

作图：

(1)确定原点和坐标,如图 5.10(a)所示。

(2)根据圆锥台上、下底圆的直径和高度,画出上、下底的椭圆,如图 5.10(b)所示；

(3)作两椭圆公切线,擦去多余图线,整理加深,如图 5.10(c)所示。

【例 5.5】 绘制图 5.11(a)所示立体的正等测轴测图。

作图：

(1)在俯视图上定坐标原点和坐标轴,如图 5.11(a)所示；

(2)画轴测轴,作出完整圆柱的轴测图,根据尺寸 8 作出水平面所在的椭圆,如图 5.11(b)所示；

(3)根据尺寸 8 作出两侧平面,如图 5.11(c)；

(4)擦去多余线,整理描深,得圆柱切割体的正等轴测图,如图 5.11(d)。

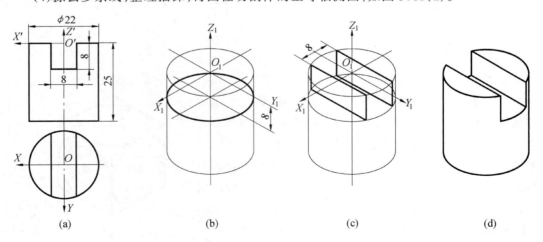

图 5.11 切割圆柱正等测的画法

4.圆角的正等测画法

在立体上往往有大小不同的圆角,这些圆角实际上都是圆柱面的一部分,在正投影图中为圆弧,而在轴测图中就成为椭圆的一部分。从图 5.8 所示椭圆的近似画法中可以看出:菱形的钝角与椭圆的大圆弧相对应,菱形的锐角与椭圆的小圆弧相对应,菱形相邻两边的中垂线的交点就是圆心,由此可以直接画出圆角的正等轴测图。

【例 5.6】 绘制图 5.12(a)所示带圆角底板的正等轴测图。

作图:

(1)画出完整的底板正等轴测图。在作圆角的边上量取圆角半径 R,交得 1_1、2_1、3_1 点,再分别过 1_1、2_1、3_1 点作所在边的垂线,然后以两垂线交点 A_1、D_1 为圆心,垂线长为半径画弧,得带圆角底板的顶面正等测,如图 5.12(b)所示;

(2)将圆心下移高度 h,画出底面圆角及其他可见部分,如图 5.12(c)所示;

(3)整理加深,完成全图,如图 5.12(d)所示;

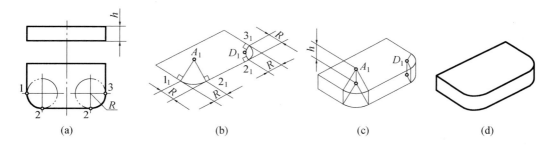

图 5.12　圆角正等测的画法

四、组合体的正等测的画法

【例 5.7】 绘制图 5.13(a)所示组合体的正等轴测图。

分析: 该组合体由带圆角和圆孔的底板和带圆孔的竖板两部分组成。

作图:

(1)确定坐标原点和坐标轴,如图 5.13(a)所示。

(2)作轴测轴;先画出底板的轮廓,再画竖板与它的交线 $1_1 2_1$、$3_1 4_1$。确定竖板后孔的圆心 B_1,由 B_1 定出前孔的圆心 A_1,画出竖板圆柱面顶部的正等轴测近似椭圆,如图5.13(b)所示。

(3)由 1_1、2_1、3_1 诸点做切线,再作出右上方两圆弧的公切线和竖板上的圆柱孔,完成竖板的正等轴测图。由 L_1、L_2 和 L 确定底板顶面上两个圆柱孔的圆心,作出这两个孔的正等轴测近似椭圆,如图 5.13(c)所示。

(4)从底板顶面上圆角的切点作切线的垂线,交得圆心 C_1、D_1,分别在切点作圆弧,得顶面圆角的正等轴测图。再作出底面圆角的正等轴测图。最后,作右边两圆弧的公切线,完成切割成带两个圆角的底板的正等轴测图,如图 5.13(d)所示;

(5)擦去多余线,加粗可见轮廓线,整理全图,得组合体的正等轴测图,如图 5.13(e)所示。

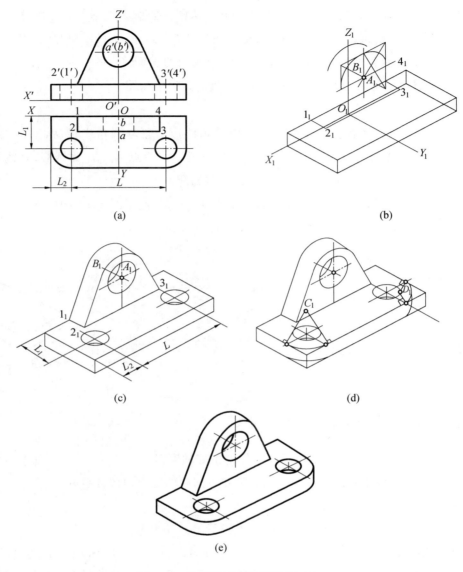

图 5.13 组合体正等轴测图的画法

第三节 斜二等轴测图

一、斜二等轴测图的形成及参数

如图 5.14(a),如果物体上的 XOY 坐标面平行于轴测投影面时,采用平行斜投影法,也能得到具有立体感的轴测投影图。当所选择的投影方向使 O_1Y_1 轴与 O_1X_1 轴之间的夹角为 135°轴,并使 $O_1Z_1 \perp O_1X_1$ 轴,O_1Y_1 的轴向伸缩系数为 0.5 时,这种轴测图就称为斜二等轴测图,简称斜二测。

斜二轴测图的轴测轴、轴间角及轴向伸缩系数如图 5.14(b)所示。

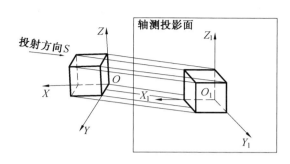 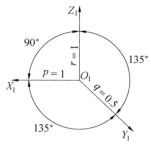

(a) 斜二轴测图的形成　　　　　(b) 斜二轴测图的参数

图 5.14　斜二等轴测图

二、斜二等轴测图的画法

1.平行坐标面的圆的画法

图 5.15 为平行坐标面的圆的斜二轴测图。平行于 $X_1O_1Z_1$ 面上的圆的斜二测投影还是圆。平行于 $X_1O_1Y_1$ 和 $Z_1O_1Y_1$ 面上的圆的斜二测投影都是椭圆，且形状相同。它们的长轴与圆所在坐标面上的一根轴测轴成约 7°的夹角。

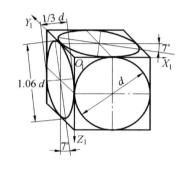

图 5.15　三坐标面上圆的斜二轴测图

2.斜二等轴测图的画法

斜二等轴测图在作图方法上与正等轴测图基本相同，也可采用坐标法、切割法等作图方法。由于斜二轴测图 Y 轴的轴向伸缩系数为 0.5，因此在画图时，沿 Y 轴只取实长的一半，沿 X 轴 Z 轴按实长量取。

在确定坐标轴和原点时，应将形状复杂的平面或圆等放在与 XOZ 面平行的位置上，同时，为减少不必要的作图线，应从前向后依次画出各部分结构，一些被挡住的线可省去不画。

【例 5.8】　绘制空心圆锥台的斜二轴测图如图 5.16(a)所示。

作图：

(1)在视图上确定坐标轴和坐标原点，如图 5.16(a)；

(2)画轴测轴，根据尺寸 L 在轴上截取 L/2 长度，确定圆锥台后端面的圆心位置，如图 5.16(b)；

(3)画出圆锥台前后两端面的圆，如图 5.16(c)，并画出两圆的公切线，然后画出内孔，如图 5.16(d)；

(4)擦去多余线，整理描深，得此立体的斜二轴测图，如图 5.16(e)。

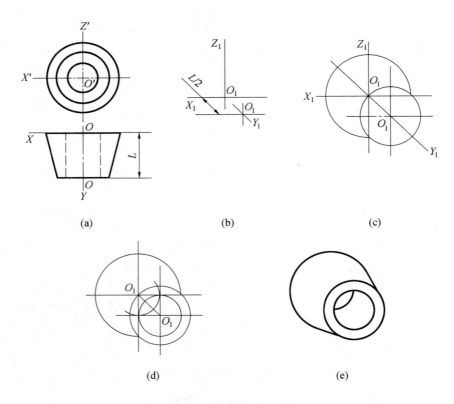

图 5.16 空心圆锥台的斜二轴测图

【例 5.9】 绘制图 5.17 所示组合体的斜二等轴测图。

作图：

(1) 在投影图上确定坐标轴和坐标原点，如图 5.17 所示。

(2) 画轴测轴，由三面投影图中所标注的尺寸 a、b、c 画出底板，由尺寸 e、f、g 画出底部的通槽，如图 5.18(a) 所示；

(3) 根据尺寸 d、h 和 R、j 在底板的后上方画出竖板，由尺寸 ϕ 画出竖板上的圆柱通孔，如图 5.18(b) 所示；

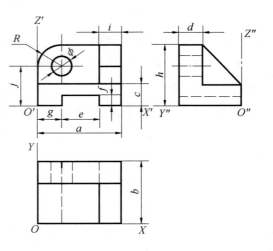

图 5.17 组合体的投影图

(4) 由尺寸 i 在竖板和底板的右端画出支撑三角板，如图 5.18(c) 所示；

(5) 擦去多余线，描深，得此立体的斜二轴测图，如图 5.18(d)。

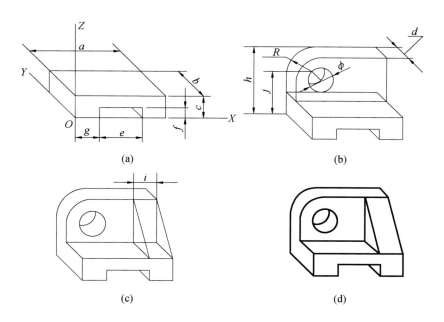

图 5.18 组合体的斜二等轴测图

第六章 组 合 体

任何机器零件,一般都可以看成是由若干个基本体所构成。由两个或两个以上基本体所组成的物体,称为组合体。本章着重研究组合体画图、看图和尺寸标注的原则及方法。它不仅是前面所学知识的总结和运用,也是零件图的重要基础。

第一节 组合体的形成及形体分析

一、组合体的类型

组合体的组合形式一般可分为叠加、切割和综合三种类型。
(1)叠加型。由各种基本形体按不同形式叠加而成,如图6.1所示。
(2)切割型。在一个基本体上切去一些基本体而形成的组合体,如图6.2所示。
(3)综合型。由若干个基本形体经叠加及切割而形成的形体,如图6.3所示。
实际形体中单纯叠加或切割的较少,大多数为综合型。

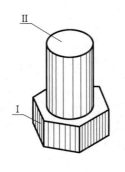

图6.1 叠加型

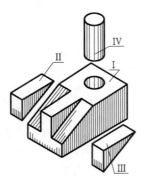

图6.2 切割型

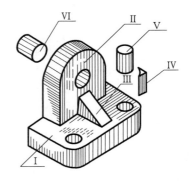

图6.3 综合型

二、组合体各形体表面连接关系及画法

组合体的各基本体之间表面的连接关系有平齐、相错、相切、相交四种情况。
(1)平齐。如图6.4所示,上下两形体的前表面平齐连成一个平面,结合处无界线。
(2)相错。如图6.5所示,上下两形体的前边两表面前、后相错,左边两表面左、右相错,则在主、左视图中应分别画出两表面的界线。
(3)相切。如图6.6所示,底板的前后平面分别与左、右圆柱相切,在主、左视图中箭头所指处不应画线。
(4)相交。如图6.7所示,底板的前后平面分别与右边的圆柱面相交,在主视图中应画出交线的投影。

在两圆柱面相切处,一般情况下不必画出切线,如图6.8(a)所示。如果它们的公切面垂于某一投影面,则应在该面上画出转向轮廓线的投影,如图6.8(b)所示。

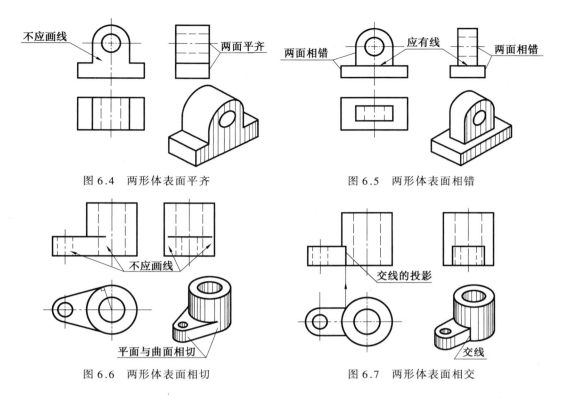

图6.4 两形体表面平齐　　　　图6.5 两形体表面相错

图6.6 两形体表面相切　　　　图6.7 两形体表面相交

三、组合体的形体分析法

在对组合体进行画图、读图和标注尺寸时,通常假想把组合体分解成若干个基本体,并弄清各个基本体的形状、相对位置、组合方式及其表面连接关系,从而达到了解整体的目的。这种分析方法称为形体分析法。

如图6.9所示的组合体,可看成由底板Ⅰ、立板Ⅱ、圆柱体Ⅲ、棱柱体Ⅳ和圆柱体Ⅴ、Ⅵ组成。它们之间的组合形式及相对位置为:形体Ⅰ、Ⅱ和Ⅲ叠加,其中Ⅰ、Ⅱ前后及右均平齐,并且形体Ⅱ、Ⅲ与Ⅰ的前后对称面都重合;形体Ⅳ、Ⅴ、Ⅵ分别是形体Ⅰ、Ⅱ及Ⅰ、Ⅲ组合的形体上切割掉的部分。

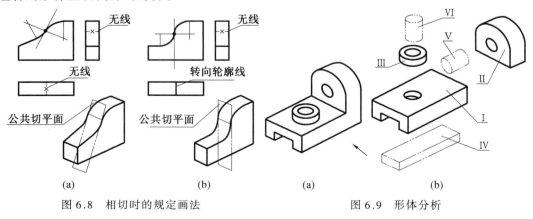

图6.8 相切时的规定画法　　　　图6.9 形体分析

第二节 组合体视图的画法

一、组合体的画图方法与步骤

画组合体的视图,应按一定的方法和步骤进行,下面举例说明。

【例6.1】 画出图6.10所示轴承座的视图。

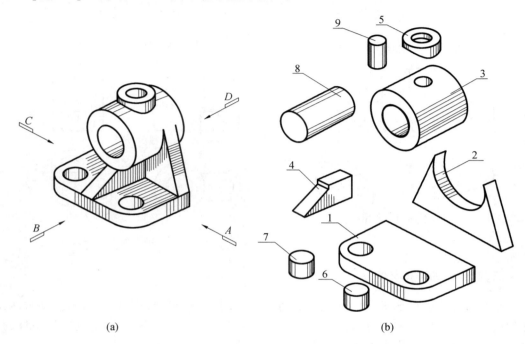

图6.10 轴承座的形体分析

1.形体分析

画视图之前,应对组合体进行形体分析,了解该组合体由哪些基本体组成,它们的相对位置、组合形式及表面间的连接关系等,为画好视图作准备。如图6.10(a)所示的轴承座,可假想地分解成九个部分,即五个实体(底板1、竖板2、圆筒3、肋板4、凸台5)和四个虚体(即6、7、8、9四个圆柱体)。其中底板1与竖板2的后表面平齐;竖板2的前后表面与圆筒3相切;肋板4与底板1、圆筒3为相交;凸台5与圆筒3相贯;圆柱体9与圆柱体8相贯,如图6.10(b)所示。

2.视图选择

(1)选择主视图。主视图一般应能明显反映出组合体形状的主要特征,即把能较多反映组合体形状和位置特征的某一方向作为主视图的投射方向,并尽可能使形体上的主要面平行于投影面,以便使投影能得到实形。同时考虑组合体的摆放位置符合自然安放位置。如图6.10(a)所示的A、B、C、D四个方向中B向作为主视图的投影方向最好。

(2)确定视图的数量。要完整地表达组合体各部分的结构形状和相对位置,除主视图外,还需画出俯视图和左视图,即用主、俯、左三个视图表达该组合体。

3.确定比例,选定图幅

视图确定后,要根据实物大小,按标准规定选择适当的比例和图幅。一般尽可能采用

1:1的原值比例,图幅则根据所绘制视图的面积大小来确定,并留足标注尺寸和画标题栏的位置。

4.布图打底稿

布置视图时,先以组合体的对称中心线、轴线和较大的平面作为基准线,确定好各视图的位置,如图6.11(a)所示。

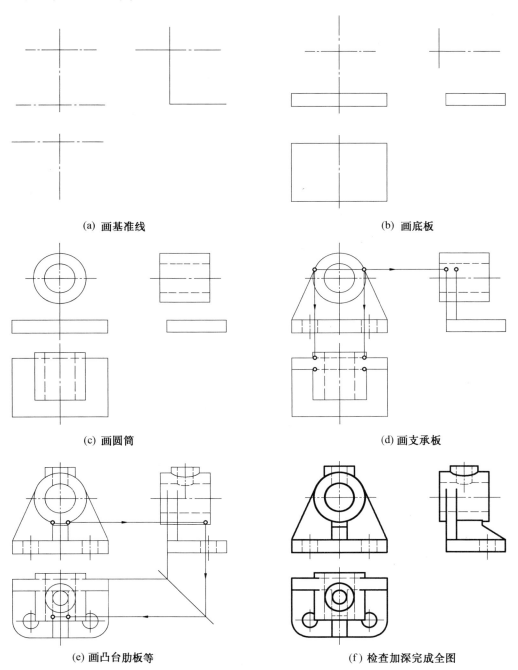

图6.11 组合体画图步骤

视图位置确定后,将各基本体用细实线逐个画出。画图顺序一般为:先画较大形体,后画较小形体;先画主要轮廓,后画细节部分;先画实线,后画虚线。可从主视图着手,各基本体的三个视图联系起来画,这样有利于保证投影关系的正确和图形的完整性。如图6.11(b)、(c)、(d)、(e)所示。

5. 检查、描深

底稿画完后,按形体逐个检查,改正错误,尤其注意用形体分析法检查画图过程中多画和漏画的图线。检查完后按照标准线型描深所有图线,如图6.11(f)所示。

描深图线时,一般先描深曲线粗实线,后描深直线粗实线,然后再描深其他图线。图形中当几种图线重合时,一般按"粗实线、虚线、细点画线、细实线"的顺序取舍。

【例6.2】 画出如图6.12(a)所示组合体的三视图。

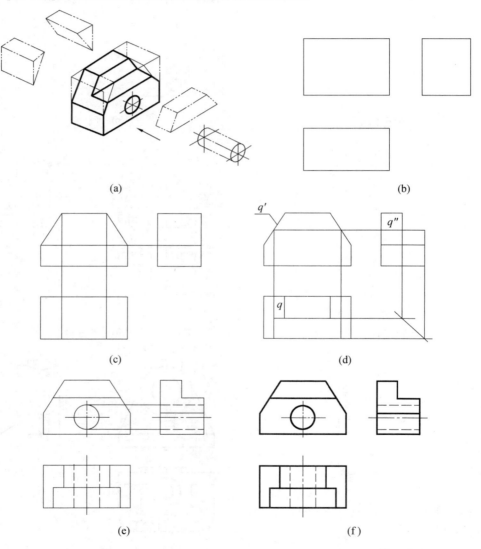

图6.12 组合体三视图的画法

(1)形体分析。该组合体为一切割型组合体,它可以看作是从一个四棱柱上切割去四个基本体而形成的,如图 6.12(a)所示。

(2)选择主视图。以图 6.12(a)中箭头所指方向作为主视图的投影方向。

(3)选择比例、确定图幅。

(4)布置视图打底稿。先确定三个视图的位置,接下来用细实线打底稿,打底稿时可从组合体的轮廓画起,即先画四棱柱的三个视图,再依次画出四个被切部分形体。如图 6.12(b)、(c)、(d)、(e)所示。

(5)检查后描深。图 6.12(f)为描深后的该组合体的三视图。

第三节　组合体的尺寸标注

组合体的三视图表达了组合体的形状,要表达它的大小则需要在视图上标注尺寸。

本节是在前面所介绍的尺寸标注标准及平面图形、基本体、相贯体尺寸标注的基础上,介绍组合体尺寸标注的基本要求和基本方法。

一、标注组合体尺寸的要求

(1)正确。尺寸标注应符合国家标准的有关规定。

(2)完整。尺寸必须标注齐全,既不遗漏也不重复。

(3)清晰。尺寸配置要整齐、清晰,便于查看。

(4)合理。尺寸标注要保证设计要求,便于加工和测量。

本节主要介绍如何使组合体的尺寸标注完整、清晰。

二、尺寸基准及其选择

标注和测量尺寸的起点,称为尺寸基准。组合体有长、宽、高三个方向的尺寸,每个方向至少应该有一个主要尺寸基准,用来确定基本体在该方向的相对位置。

选作基准的位置可以是一个点、一条线或一个面。一般情况下,以组合体的对称面、回转体的轴线或较大的平面等作为尺寸基准。如图 6.13(a)所示的组合体中,以前后对称面作为宽度方向的主要尺寸基准;底面作为高度方向的主尺寸基准;底板的右面作为长度方向的主要尺寸基准。

三、组合体尺寸标注的种类

(1)定形尺寸。用来确定组合体上各基本形体的形状和大小的尺寸。如图 6.13(b)中的 30、7、24、$R6$、8、19 等均为定形尺寸。在标注定形尺寸时,应按形体分析法,将组合体分解成若干个简单形体,并逐个注出各简单形体的定形尺寸。注意,两个以上具有相同结构的形体或两个以上有规律分布的相同结构只标注一次定形尺寸,如底板上的圆柱孔和圆角的定形尺寸。

(2)定位尺寸。确定组合体各基本形体之间相对位置的尺寸,即每一基本形体在三个方向上相对于基准的距离,如图 6.13(b)中的 4、25、13、20 等。

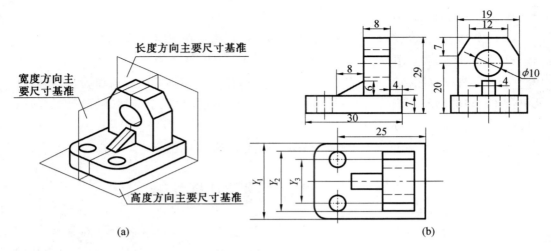

图 6.13 组合体尺寸分析

(3)总体尺寸。用来确定组合体的总长、总宽、总高的尺寸。如图6.13(b)中的30、24、29分别为总长、总宽、总高尺寸。注意:当标注总体尺寸时,可能与定形、定位尺寸相重复或冲突,则要对已注尺寸作调整。如图6.13(b)中的29为总高,则不要注竖板高22这个定位尺寸。

当组合体的某一方向为回转面时,该方向一般不标注总体尺寸,而是标注回转面轴线的定位尺寸和回转面的定形尺寸(半径或直径),如图6.14所示为不必标注总体尺寸的图例。

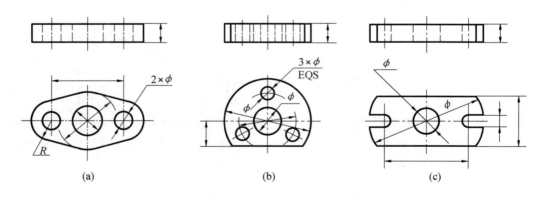

图 6.14 不标注总体尺寸的图例

四、标注组合体尺寸的方法

下面以轴承座为例说明组合体尺寸标注的方法,如图6.15所示。
(1)形体分析。分析构成组合体的各基本形体的形状和相对位置。
(2)选择尺寸基准。如图6.15(a)所示。
(3)标注定形、定位尺寸。用形体分析法逐个标出各基本形体的定形、定位尺寸,如图6.15(b)、(c)、(d)、(e)所示。

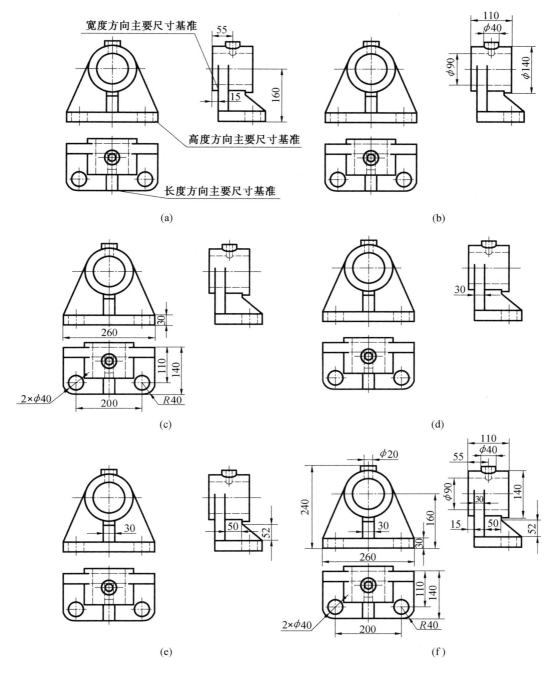

图 6.15 轴承座的尺寸标注

(4) 调整总体尺寸并完成全图。组合体的定形、定位尺寸是用形体分析法标注的,要注意轴承座仍是一个整体,标注其总体尺寸时避免出现多余尺寸,必须进行调整。如图 6.15 中,总长 260 与底板长度相同,已注出;总宽 155,但该向已注出了底板宽 140 和定位尺寸 15,且这两个尺寸不可缺少,故总宽尺寸不必再注,高度方向可加注总高尺寸 240。

五、组合体尺寸标注应注意的问题

为了便于看图,标注尺寸除了要求正确、完整以外,还要求清晰。

(1)尺寸应尽量标注在表示形体特征最明显的视图上。圆柱的尺寸最好标注在非圆视图上,如图 6.16 所示。

(2)同一形体的尺寸尽量集中标注,对两个视图都有作用的尺寸,尽量标注在两视图之间,如图 6.17 所示。

(3)串列尺寸的箭头尽量对齐,如图 6.18 所示,并列尺寸,小尺寸在内,大尺寸在外,避免出现多个尺寸的尺寸线、尺寸界线相交,如图 6.19 所示。

(4)截交线和相贯线不注定形尺寸,如图 6.20 所示。

(5)尽量不在虚线上标注尺寸。

在标注尺寸时,以上几点不一定能同时兼顾,但应注意根据具体情况合理布置、统筹兼顾、灵活运用。

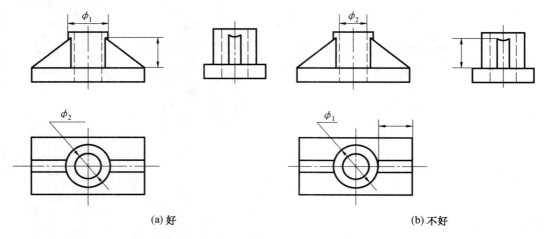

图 6.16 尺寸标注在形体特征明显的视图上

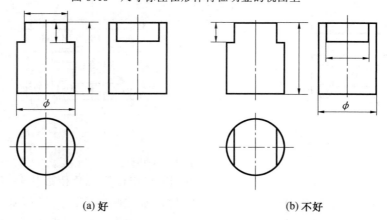

图 6.17 尺寸要集中标注

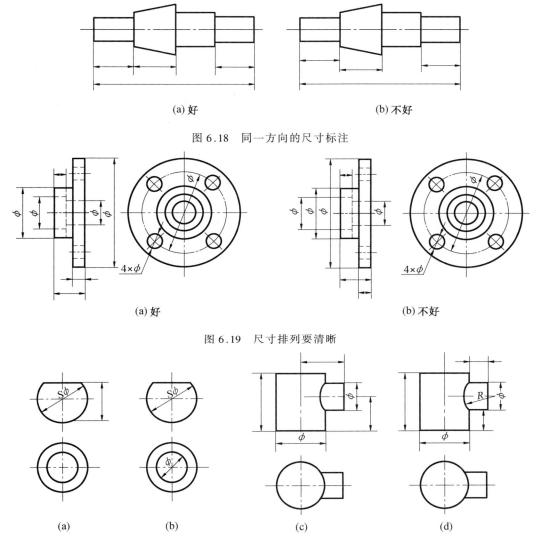

图 6.18　同一方向的尺寸标注

图 6.19　尺寸排列要清晰

图 6.20　交线上不应标注尺寸

第四节　看组合体的视图

看组合体的视图,是根据已知的视图,运用投影规律,想象出空间形体结构形状的过程。

一、看图的基本要领

1.几个视图联系起来看

一般情况下,一个视图不能确定物体的形状。如图 6.21 所示的五组图形的俯视图均相同,但主视图不同,它们所表示的物体形状就不同。有时,两个视图也不能惟一确定物体的形状,如图 6.22 中主、俯视图相同,但与这两个视图相符的立体有很多,如以图 6.22

· 93 ·

中的(a)、(b)、(c)、(d)、(e)的任一种作左视图均可构成一形体。因此,看图时,不能只看一个或两个视图,必须把所有已知的视图联系起来看,才能想象出物体的准确形状。

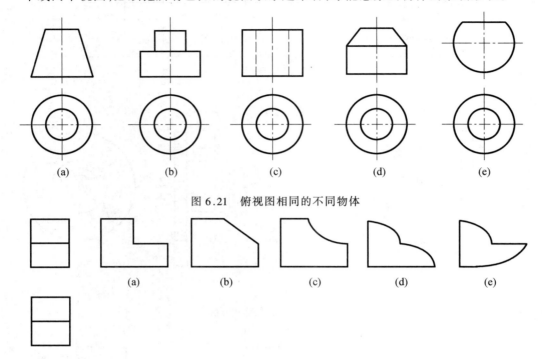

图 6.21　俯视图相同的不同物体

图 6.22　两个视图相同的不同物体

2.明确视图中线框和图线的含义

线框是指图上由图线围成的封闭图形,明确线框和图线的含义,对读图十分重要。

(1)线框的含义

①图形中一个封闭的线框必表示形体上的一个表面(平面、曲面或平面与曲面的结合面)的投影。如图 6.23(a)中的 P、6.23(b)中的 N 均为平面的投影;图 6.23(a)中的 G、Q 为曲面的投影;图 6.23(b)中的 T 亦为曲面的投影;图 6.23(b)中的 M 为平面与曲面的组合面的投影。

②相邻的两个封闭线框代表物体上两个不同的表面,表示形体表面发生了变化,如图 6.23(a)中的 Q 与 P 以及图 6.23(b)中的 N 与 M 均为这种情况。

③在同一个大封闭线框内所包含的小线框,表示大平面或曲面上凸出或凹下的小平面或曲面,如图 6.23(b)中的 T 为凹下的圆孔。

(2)图线的含义

①表示平面或曲面的积聚性投影,如图 6.24(a)中的 1 和图 6.24(b)中的 2。

②表示表面交线的投影,如图 6.24(c)中的 3。

③表示曲面的转向轮廓线,如图 6.24(c)中的 4。

3.善于抓特征视图

特征视图是指反映物体的"形状特征"或"位置特征"的视图。"形状特征"视图是指最

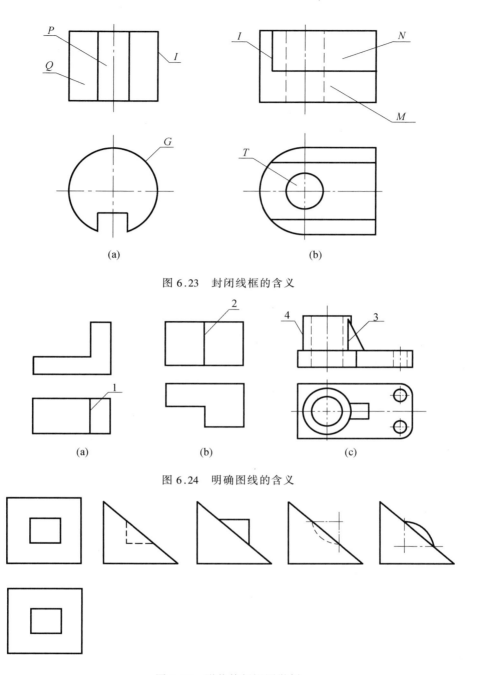

图 6.23 封闭线框的含义

图 6.24 明确图线的含义

图 6.25 形状特征视图举例

能反映形体形状特征的视图,如图 6.25 所示这一组视图中的左视图为形状特征视图。"位置特征"视图是指最能反映物体相互位置关系的视图,如图 6.26 所示这组图中形状特征已在主视图中表达出来了,但这组图中关键的在于表示位置特征的左视图。

形状特征和位置特征视图在许多组合体视图中为同一图,但在有些视图中不统一,若为后者,则需仔细分析后找出其最具有特征的特征视图。

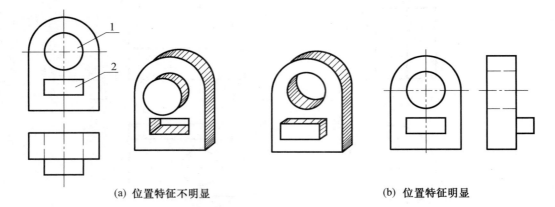

(a) 位置特征不明显　　　　　　(b) 位置特征明显

图 6.26　位置特征视图举例

二、看图的方法和步骤

1.形体分析法

用形体分析法看图,是指在看图时,根据形体视图的特点,把表达形状特征最明显的视图(一般为主视图)划分为若干封闭线框,利用投影规律逐个将每一部分的几个投影进行分析,想象出各部分的形状,然后再综合起来,想象出物体的整体结构形状。它是一种主要的看图方法。下面以图 6.27 为例说明用形体分析法看图的方法和步骤。

(1)分线框、找投影关系。图 6.27 中主视图为特征视图,将主视图划分为三个封闭的实线线框 1、2、3,并分别找出这些线框在另外两视图中的相应投影,如图 6.27(b)、(c)、(d)所示。

(2)根据投影关系、想形状。根据各种基本体的投影特点,确定各线框表示的是什么形状的物体。

从图 6.27(b)中可以看出,线框 1 的三个投影均为矩形,故为一长方体。

从图 6.27(c)中可以看出,线框 2 的三个投影所表示的是一个三棱柱。

从图 6.27(d)中可以看出,线框 3 为一个由几部分组合成的形体:左下方为半圆柱体,中间为带圆柱形通孔的直角弯板。

(3)综合起来想整体。弄清了各部分形状后,再分析它们之间的相对位置和表面间的连接关系,最后综合起来可想象出组合体的整体形状,如图 6.27(e)所示。

2.线面分析法

在看比较复杂的组合体视图时,对一些难以看懂的局部,尤其是切割类组合体的某些结构,应根据视图中的线框和图线的含义,分析它们所表达的结构形状,从而想象出整体,这种方法称为线面分析法。它是一种辅助的看图方法。

下面以图 6.28 为例,说明这种方法的具体运用。

(1)形体分析。图 6.28(a)给出了定位支架的三视图,分析其轮廓投影,可以看出该组合体是由 6.28(b)所示基本形体切割而成。主视图上有三个切口,可以看作是圆柱体的正中间切出一个矩形槽(图 6.28(c)),两边又各切去一块(图 6.28(d))。主视图中的虚线框,分别为两个光孔和两个阶梯孔,左视图中还可以看到切出的圆弧形表面(图 6.28

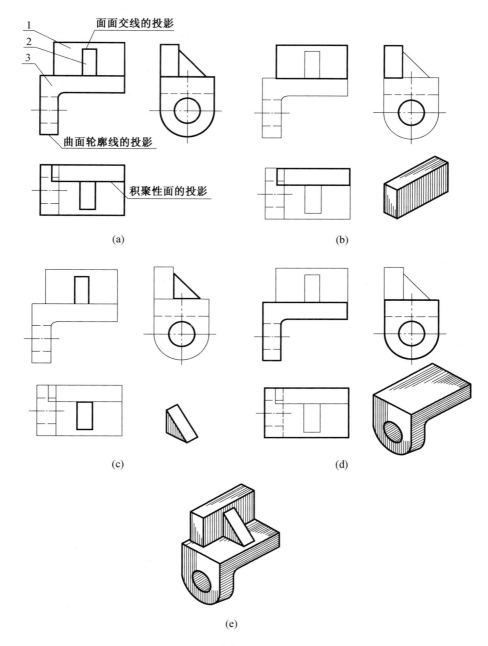

图 6.27 支架的看图方法

(e))。由以上分析,可想象出该组合体的形状如图 6.28(f)所示。

(2)线面分析。线面分析时,一般先从封闭线框开始,如图 6.28(a)中主视图上的外形轮廓线框 I,表示一个面的投影,它在俯视图上的投影是一条圆弧线,左视图上的对应投影是一个多边形,如图 6.28(g)所示。因此,线框 I 表示垂直于 H 面的部分圆柱面。进一步分析图中线段,直线段 $1''2''$ 为左右转向轮廓线的侧面投影,直线段 $3'5'$ 和 $3'4'$ 为截交线的投影,根据其投影关系,可分别找到它们的另两投影,从而可更清楚地理解定位支架的结构形状。

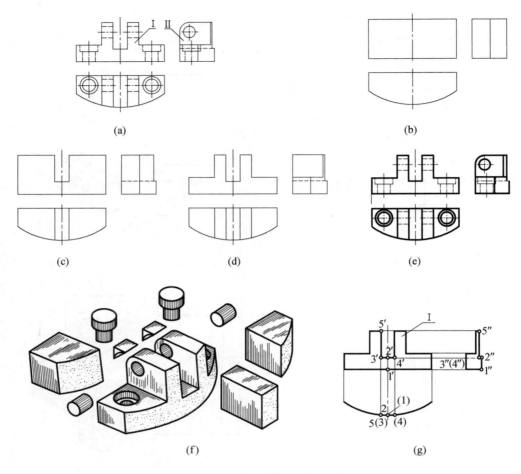

图 6.28 定位支架的看图方法

三、补视图、补漏线

由已知的两视图补画第三视图或由不完整的三视图补画视图中所缺的图线,是对看图和画图的一种综合训练。它是对加深投影概念的理解以及培养看图、绘图能力的一种行之有效的手段。

【例 6.3】 如图 6.29(a)所示,已知组合体的主、俯视图,补画左视图。

(1)分析形体的已知视图,想象其形状。将主视图分为Ⅰ、Ⅱ、Ⅲ、Ⅳ四个封闭的实线线框,其中Ⅲ、Ⅳ对称。利用投影关系将每一线框的主、俯视图联系起来分析,逐一想象出各板的形状和位置。可以看出,形体Ⅰ是一端为圆柱面的长方体板,上面有一圆孔;形体Ⅱ是一个半圆筒,上面开了一凹槽(底面为水平面),并且还带一圆柱孔,从而产生了截交线和相贯线;形体Ⅲ、Ⅳ都是长方体,上面带圆孔。形体Ⅰ与形体Ⅱ相交,Ⅲ、Ⅳ与Ⅱ也相交,四个部分的后表面平齐。综合起来,可想象出立体形状如图 6.29(b)所示。

(2)补画左视图。想象出物体形状后,用形体分析法依次作出各部分的左视图(注意与已知视图间的投影关系),最后进行整理、检查得到如图 6.29(c)所示的图形。

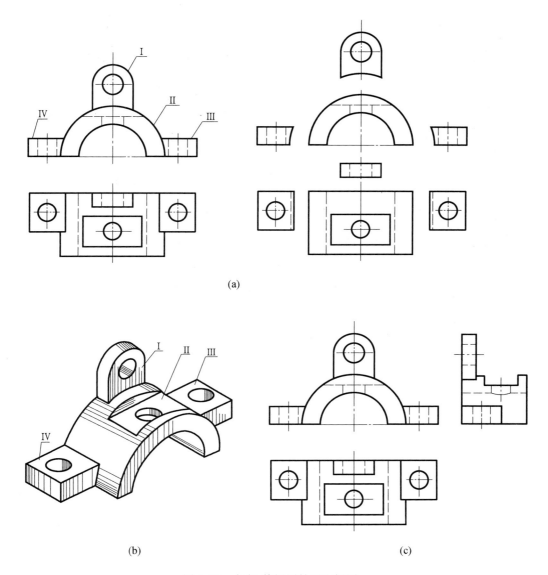

图 6.29 由主、俯视图补画左视图

【例 6.4】 试补全压块主、左视图中所缺的图线,如图 6.30(a)所示。

(1)首先看懂三个投影的已知图线,想象整体形状。该立体可看作由一长方体切割而成,用来切割的面分别是正垂面 P、铅垂面 Q(前后各一个)、由水平面 S 和正平面 R 组合的面(前后对称)以及圆柱形沉孔。然后用线面分析法分析每一截平面与立体表面产生交线的投影情况,查找有无漏线。经查找发现:P、Q 与立体产生的截交线缺侧面投影;圆柱形沉孔缺正面投影。把漏线考虑进去,综合起来可想象出压块的形状为图 6.30(b)所示。

(2)根据所想象出的立体形状,结合投影关系补全图形中所缺图线。作图过程如图 6.30(c)、(d)所示。

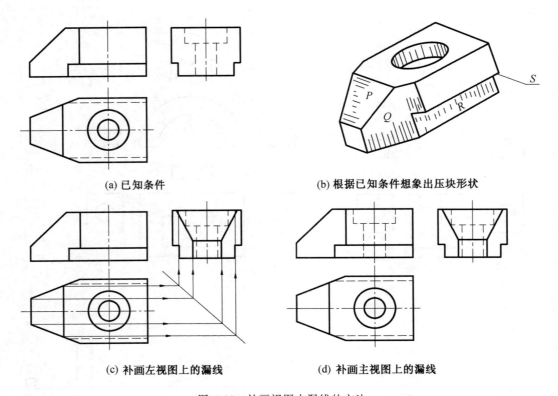

图 6.30 补画视图中漏线的方法

第七章　机件的表达方法

在生产实际中,机件的形状千变万化,其结构有简有繁。为了完整、清晰、简便、规范地将机件的内外形状结构表达出来,国家标准《技术制图》与《机械制图》中规定了各种画法,如视图、剖视、断面、局部放大图、简化画法等,本章将介绍其中的主要内容。

第一节　视　　图

视图(GB/T 17451—1998、GB/T 4458.1—2002)主要用来表达机件的外部结构和形状,一般只画出机件的可见部分,必要时才用虚线表达其不可见部分。

视图的种类通常有基本视图、向视图、局部视图和斜视图四种。

一、基本视图

在原有三个投影面的基础上,再增设三个投影面,构成一个正六面体,这六个面称为基本投影面。将机件放在正六面体内,分别向各基本投影面投射,所得的视图称为基本视图。除了前述的三视图外,还有从右向左投射所得的右视图,从下向上投射所得的仰视图,从后向前投射所得的后视图。

六个基本投影面的展开方法和各基本视图的配置关系如图 7.1(a)、(b)所示。

各基本视图按图 7.1(b)配置时,一律不标注视图的名称。

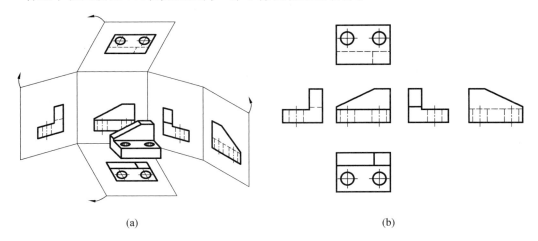

(a)　　　　　　　　　　　　　　　(b)

图 7.1　基本视图

实际画图时,机件一般不必画六个基本视图,而是根据机件形状的特点和复杂程度,按实际需要选择其中几个,既完整清晰又简明地表达出机件的结构形状。

二、向视图

向视图是可自由配置的视图。

在实际设计绘图过程中,往往不能同时将六个基本视图都放在同一张图纸上,或不能按图7.1(b)所示配置时,可按向视图配置。

向视图配置时,应在视图的上方用大写拉丁字母标出视图的名称"×",在相应视图附近画出指明投射方向的箭头,并注上相同大写字母"×",如图7.2所示。

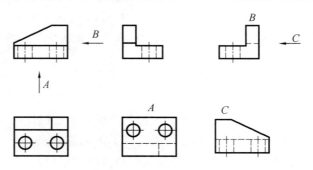

图7.2 向视图

(1)箭头、字母均比图中尺寸箭头和数字大一号,字母一律水平书写,视图名称均注在图的上方。

(2)表示投射方向的箭头应尽可能配置在主视图上;在绘制以向视图方式配置的后视图时,应将箭头配置在左视图或右视图上,以便所获视图与基本视图一致。

三、局部视图

将物体的某一部分向基本投影面投射所得的视图,称为局部视图。

如图7.3所示的机件,采用主、俯两个基本视图,其主要结构已表达清楚,但左、右两个凸台的形状不够明晰,若因此再画两个基本视图,则大部分属于重复表达。若只画出基本视图的一部分,即用两个局部视图来表达(如图7.3中的A和B),则可使图形重点更为突出,左、右凸台的形状更清晰。

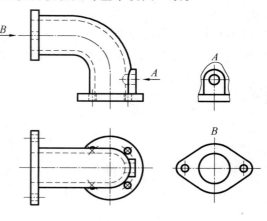

图7.3 局部视图

1.局部视图的配置和标注

局部视图可按以下两种形式配置,并进行必要的标注。

(1)按基本视图的配置形式配置,当与相应的另一视图之间没有其他图形隔开时,则不必标注,如图7.4(b)中左视图位置上的局部视图。

(2)按向视图的配置形式配置和标注,如图7.3中的局部视图A和B。

2. 局部视图的画法

局部视图的断裂边界以波浪线(或双折线)表示,如图 7.3 中的局部视图 A。若表示的局部结构是完整的,且外形轮廓成封闭状态时,波浪线可省略不画,如图 7.3 中的局部视图 B。

四、斜视图

机件向不平行于基本投影面的平面投射所得的视图,称为斜视图。

如图 7.4(a)所示,当机件某部分的倾斜结构不平行于任何基本投影面时,在基本视图中不能反映该部分的实形。这时,可选择一个新的辅助投影面(H_1),使它与机件上倾斜部分平行,且垂直于某一个基本投影面(V)。然后将机件上的倾斜部分向新的辅助投影面投射,再将新投影面按箭头所指方向,绕 H_1 与 V 的交线旋转到与其垂直的基本投影面重合的位置,就可得到该部分实形的视图,即斜视图,见图 7.4(b)中 A 视图(C 视图和另一图形均为局部视图)。

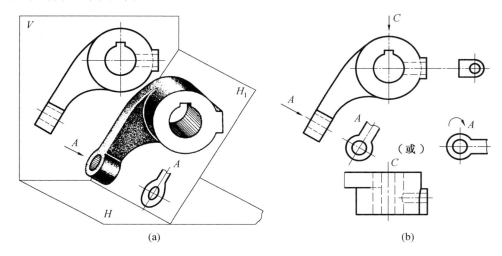

图 7.4 斜视图与局部视图

斜视图通常按向视图的配置形式配置并标注,其断裂边界可用波浪线(或双折线)表示,如图 7.4(b)中 A 视图所示。

必要时,允许将斜视图旋转配置,但需画出旋转符号(如图 7.4(b),表示该视图名称的字母应靠近旋转符号的箭头端,也允许将旋转角度标注在字母之后)。斜视图可顺时针旋转或逆时针旋转,但旋转符号的方向要与实际旋转方向一致,以便于看图者识别。

第二节 剖 视 图

一、剖视图(GB/T 17452—1998、GB/T 4458.6—2002)

假想用剖切面剖开机件,将处在观察者和剖切面之间的部分移去,而将其余部分向投影面投射所得的图形,称为剖视图,简称剖视(如图 7.5 所示)。

将视图与剖视图相比较,可以看出,由于主视图采用了剖视的画法(如图 7.6(b)所

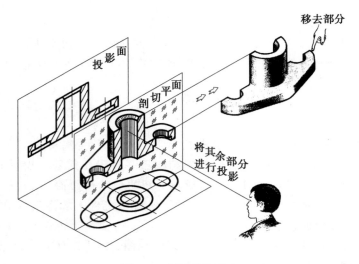

图 7.5 剖视图的形成

示),将机件上不可见的部分变成了可见的,图中原有的细虚线变成了粗实线,再加上剖面线的作用,所以使机件内部结构形状的表达既清晰,又有层次感。同时,画图、看图和标注尺寸也都更为简便。

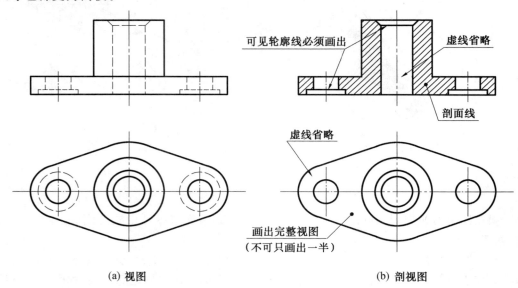

(a) 视图　　　　　　　　　　　　　(b) 剖视图

图 7.6 视图与剖视图的比较

画剖视图时,应注意以下几点(如图 7.6 所示):

(1)因为剖切是假想的,因此,当一个视图取剖视后,其余视图一般仍按完整机件画出。

(2)剖切面与机件的接触部分,应画上剖面符号(金属材料的剖面符号又称剖面线,最好与主要轮廓线或剖面区域的对称线成 45°角。当图形的主要轮廓线与水平成 45°时,该图形的剖面线应画成与水平成 30°或 60°角。如图 7.11 所示)。应注意同一机件在各个剖视图中,其剖面线的画法一致(间距相等,方向相同)。各种材料的剖面符号见表 7.1。

表 7.1 剖面符号

材料	符号	材料	符号
金属材料（已有规定剖面符号者除外）	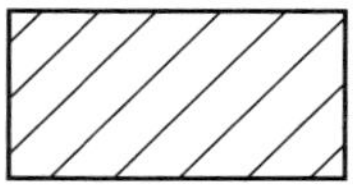	木材 纵断面	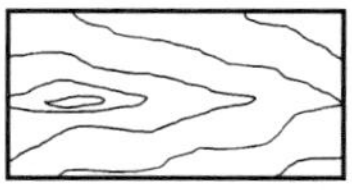
线圈绕组元件	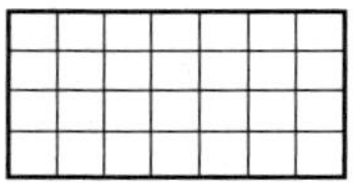	木材 横断面	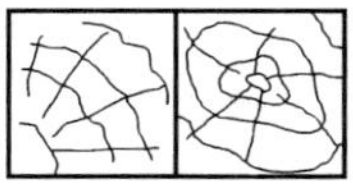
转子、电枢、变压器和电抗器等的叠钢片		液体	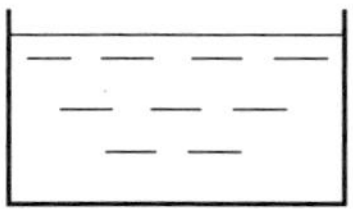
非金属材料（已有规定剖面符号者除外）	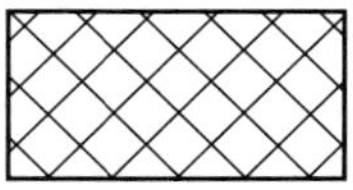	木质胶合板（不分层数）	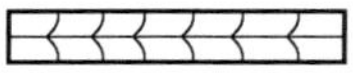
玻璃及供观察用的其他透明材料	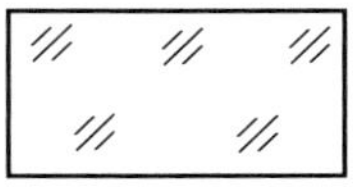	格网（筛网、过滤网等）	

二、剖视图的种类

剖视图分为以下三种。

1. 全剖视图

全剖视图是用剖切面完全地剖开机件所得的剖视图。全剖视图主要用于表达内部形状复杂的不对称机件，或外形简单的对称机件（如图 7.6(b)所示）。不论是用哪一种剖切方法，只要是"完全剖开，全部移去"所得的剖视图，都是全剖视图。

2. 半剖视图

当机件具有对称平面时，向垂直于对称平面的投影面上投射所得图形，可以以对称中心线为界，一半画成剖视图，另一半画成视图，这种组合的图形称为半剖视图（如图 7.7 所示）。

半剖视图的优点在于，一半（剖视图）能够表达机件的内部结构，而另一半（视图）可以表达外形，由于机件是对称的，所以很容易据此想象出整个机件的内、外结构形状，（如图 7.8 所示）。

画半剖视图时，应强调以下两点：

(1)半个视图与半个剖视图以细点画线为界。

(2)半个视图中，一般不画表达机件内部结构的虚线。

3. 局部剖视图

用剖切面局部地剖开机件所得的剖视图，称为局部剖视图（如图 7.9 所示）。

局部剖视图具有同时表达机件内、外结构的优点，且不受机件是否对称的限制，在什么位置剖切、剖切范围多大，均可根据需要而定，所以应用比较广泛。

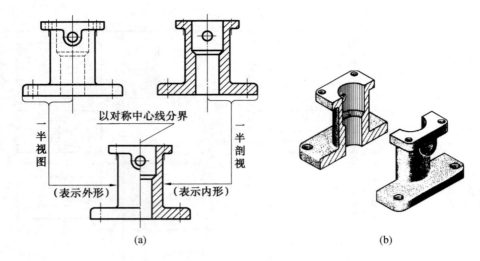

图 7.7 半剖视图的概念

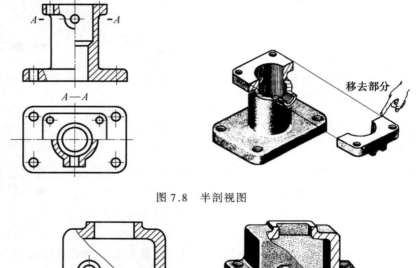

图 7.8 半剖视图

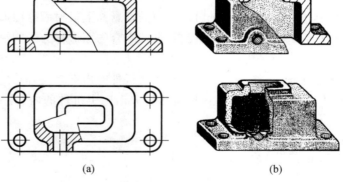

图 7.9 局剖剖视图

画局部剖视图时,应注意以下两点:

(1)在一个视图中,局部剖切的次数不宜过多,否则就会显得零乱甚至影响图形的清晰度。

（2）视图与剖视图的分界线（波浪线）不能超出视图的轮廓线，不应与轮廓线重合或画在其他轮廓线的延长位置上，也不可穿空（孔、槽等）而过，其正误对比图例见图7.10。

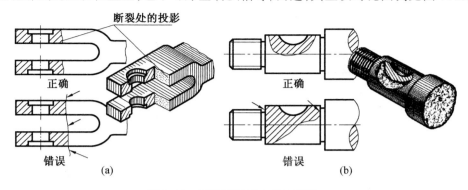

图7.10 局部剖视图中的波浪线

三、剖切面的种类

常见的剖切面有三种，即单一剖切面、几个平行的剖切平面和几个相交的剖切面（交线垂直于某一投影面）。

1．单一剖切面

（1）单一剖切平面。单一剖切平面（平行于基本投影面）是最常用的一种。前面的全剖视图、半剖视图或局部剖视图都是采用单一剖切平面获得的。

（2）单一斜剖切平面。单一斜剖切平面的特征是不平行于任何基本投影面，用它来表达机件上倾斜部分的内部结构形状。如图7.11所示即为用单一斜剖切平面获得的全剖视图。

这种剖视图通常按向视图或斜视图的形式配置并标注。一般按投影关系配置在与剖切符号相对应的位置上。在不致引起误解的情况下，也允许将图形旋转，如图7.11所示。

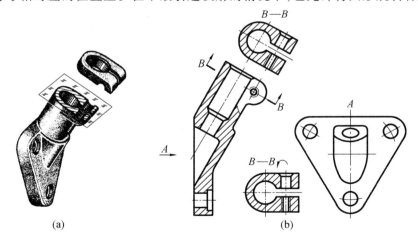

图7.11 单一斜剖切平面获得的全剖视图

2．几个平行的剖切平面

当机件上的几个欲剖部位不处在同一个平面上时，可采用这种剖切方法。几个平行的剖切平面可能是两个或两个以上,各剖切平面的转折处必须是直角,如图7.12(a)、(b)所示。这种剖切方法又称"阶梯剖"。

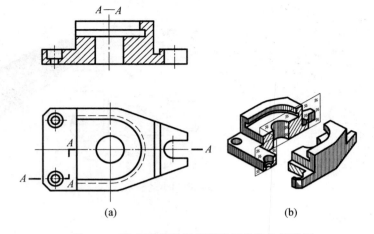

图7.12 几个平行的剖切平面获得的全剖视图

用这种方法画剖视图时应注意以下几点:
(1)剖切符号转折处不应和图中的任何轮廓线重合。
(2)在剖视图上剖切平面转折处不应画出其分界线的投影,如图7.13所示。
(3)不要剖出不完整的要素,如图7.14所示的剖出半个孔是错误的。

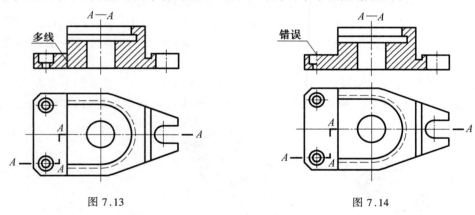

图7.13　　　　　　　　　　图7.14

3.几个相交的剖切面(交线垂直于某一投影面)

画这种剖视图,是先假想按剖切位置剖开机件,然后将被剖切面剖开的结构及其有关部分旋转到与选定的投影面平行后再进行投射,如图7.15及图7.16所示(两平面交线垂直于正面)。这种剖切方法又称"旋转剖。"

画图时应注意:在剖切平面后的其他结构,应按原来的位置投射,如图7.15中的油孔。

又如图7.15(a)及图7.16所示的剖视图,它是由一个与投影面平行和一个与投影面倾斜的剖切平面剖切的,此时,由倾斜剖切平面剖切到的结构,应旋转到与投影面平行后再进行投射。

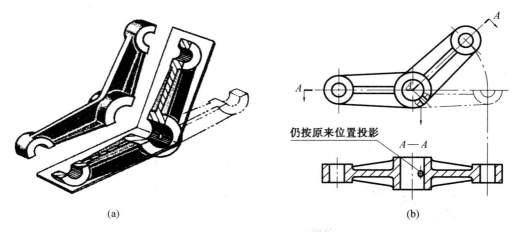

图 7.15 两个相交的剖切平面获得的全剖视图

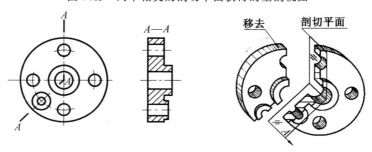

图 7.16 圆盘类零件剖视图画法

四、剖视图的标注

绘制剖视图时,一般应在剖视图的上方,用大写拉丁字母标出剖视图的名称"×—×",在相应的视图上用剖切符号表示剖切位置和投射方向(用箭头表示),并注上同样的字母,如图 7.11、图 7.15 所示。

以下一些情况可省略标注:

(1)当剖视图按投影关系配置,中间又没有其他图形隔开时,可省略箭头,如图 7.8、图 7.12 及图 7.16 所示。

(2)当单一剖切平面通过机件的对称平面或基本对称平面,且剖视图按投影关系配置,中间又没有其他图形隔开时,则不必标注,如图 7.6、图 7.8 中的主视图。

(3)当单一剖切平面的剖切位置明显时,局部剖视图的标注可省略,如图 7.9、图 7.10 所示。

第三节 断 面 图

一、断面图(GB/T 17452—1998、GB/T 4458.6—2002)

假想用剖切面将物体的某处切断,仅画出该剖切面与物体接触部分的图形,称为断面图,可简称断面(如图 7.17 所示)。

断面图实际上就是使剖切平面垂直于结构要素的中心线(轴线或主要轮廓线)进行剖切,然后将断面图形旋转 90°,使其与纸面重合而得到的,如图 7.17 所示。该图中的轴,主视图上表明了键槽的形状和位置,键槽的深度虽然可用视图或剖视图来表达,但通过比较不难发现,用断面表达,图形更清晰、简明,同时也便于标注尺寸。

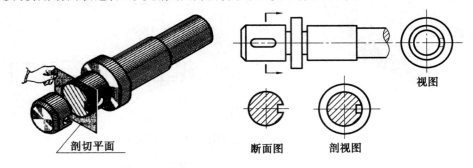

图 7.17　断面图的形成及其与视图、剖视图的比较

二、断面图的种类

1.移出断面

画在视图轮廓之外的断面,称为移出断面。移出断面的轮廓线用粗实线绘制(如图 7.17 所示)。

移出断面通常按以下原则绘制和配置:

(1)移出断面可配置在剖切符号的延长线上(如图 7.17 所示),或剖切线的延长线上(如图 7.19 所示)。

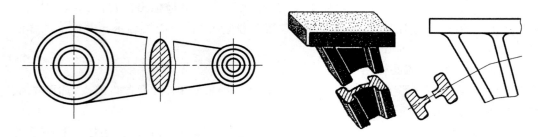

图 7.18　移出断面图的配置示例(一)　　图 7.19　移出断面图的配置示例(二)

(2)断面图形对称时,移出断面可配置在视图的中断处(如图 7.18 所示)。

(3)由两个或多个相交的剖切平面剖切所得到的断面图一般应断开,(如图 7.19 所示)。

画移出断面图时,应注意以下两点:

(1)当剖切面通过回转面形成的孔或凹坑的轴线时,这些结构应按剖视图绘制,如图 7.20 所示。

(2)当剖切面通过非圆孔,会导致出现完全分离的两个断面时,则这些结构应按剖视图绘制,如图 7.21 所示。

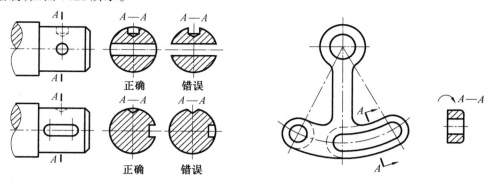

图 7.20 配有孔或凹坑的断面图　　图 7.21 按剖视图绘制的非圆孔的断面图示例

2.重合断面

画在视图轮廓线内的断面,称为重合断面(如图 7.22 所示)。

重合断面的轮廓线用细实线绘制。当视图中的轮廓线与重合断面的图形重叠时,视图中的轮廓线仍应连续画出,不可间断(如图 7.22(b)所示)。

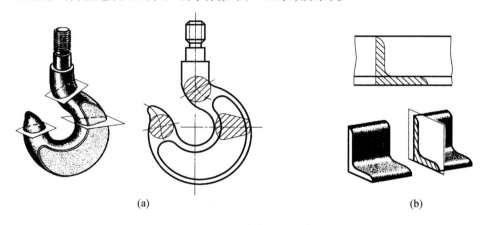

图 7.22 重合断面图示例

三、断面图的标注

(1)移出断面一般应用剖切符号表示剖切位置和投射方向(用箭头表示),并注上大写拉丁字母,在断面图的上方,用同样的字母标出相应的名称,如图 7.23 中的 $B—B$。

(2)画在剖切符号延长线上的不对称移出断面,要画出剖切符号和箭头,不必注写字母,如图 7.17 所示。

(3)对称的重合断面,及画在剖切平面延长线上的对称移出断面,均不必标注,如图 7.22(a)、图 7.23(a)所示。不对称的重合断面可省略标注,如图 7.22(b)所示。

(4)不配置在剖切符号延长线上的对称移出断面(如图 7.23(b)所示),以及按投影关系配置的移出断面(如图 7.23 中(d)所示),均可省略箭头。

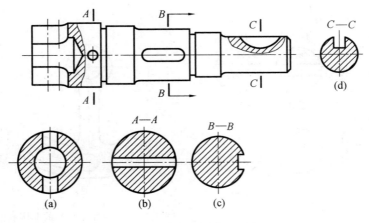

图 7.23 断面图的标注示例

第四节 局部放大图和简化画法

为了减少绘图量、提高绘图效率,国标 GB/T 16675.1—1996 规定了技术制图中的一些简化画法,现择要介绍如下。

一、局部放大图

机件上某些细小结构,按原图采用的比例表达不够清楚,或不便于标注尺寸时,可将这部分结构用大于原图所采用的比例画出,这种图形称为局部放大图。

局部放大图可画成视图、剖视图、断面图,它与被放大部分原来的表达方式无关,如图 7.24 所示。

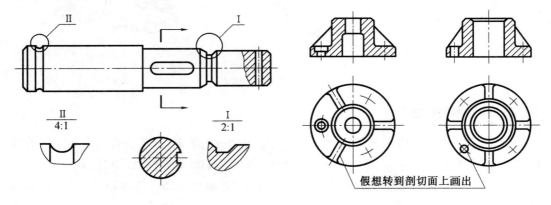

图 7.24 局部放大图　　　　图 7.25 回转体机件上肋、孔画法

局部放大图应尽量配置在被放大部位的附近。

绘制局部放大图时,除螺纹牙型、齿轮及链轮的齿形外,其余应在图上用细实线圈出被放大的部位。

当机件上有多于一个的局部放大图时,必须用罗马数字依次标明被放大的部位,并在局部放大图上方注出相应的罗马数字和所采用的比例,如图 7.24 所示。机件上只有一处放大时,在局部放大图上方只需注出比例。

二、简化画法

(1)当机件具有若干相同且成规律分布的孔(圆孔、螺孔、沉孔等)时,可以只画出一个或几个,其余用细点画线表示其中心位置,如图 7.25 中的孔。

(2)机件上具有相同结构(齿、槽、孔等)若干个,并按一定规律分布时,只需画出几个完整的结构,其余用细实线连接(如图 7.26)或用点画线表示其中心位置(如图 7.27),在图中注明该结构的总数即可,如图 7.26、7.27 所示。

(3)机件上的肋、轮辐及薄壁等,如按纵向剖切,这些结构不画剖面符号,而用粗实线将它与其邻接部分分开,如图 7.28 所示的左视图和图 7.29 所示的主视图。但当剖切平面垂直于它们剖切时,仍应画剖面符号,如图 7.28 所示的俯视图。

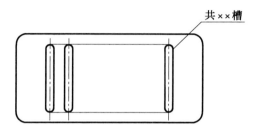

图 7.26 相同结构的简化画法一

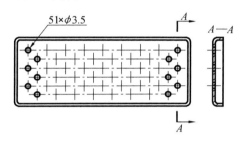

图 7.27 相同结构的简化画法二

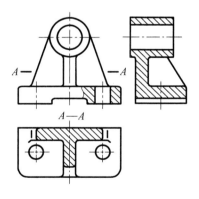

图 7.28 剖视图中肋板的画法

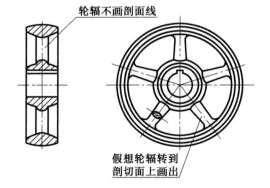

图 7.29 剖视图中轮辐的画法

(4)回转体零件上均匀分布的肋、轮辐、孔等结构不处于剖切平面上时,可将这些结构旋转到剖切平面上画出,即采用旋转剖但不需标注,如图 7.25 所示。

(5)当图形不能充分表达平面时,可用平面符号——相交两细实线表示,如图 7.30 所示。

(6)机件上斜度不大的结构,如在一个图形中已表达清楚,其他图形可只画小端的投影,如图 7.31 所示。

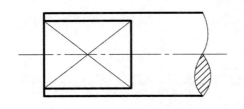

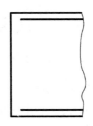

图 7.30 平面的表示法　　　　　　　图 7.31 斜度的简化画法

(7)较长的机件且长度方向的形状一致或按规律变化时,可以断开后缩短绘制,折断线一般采用波浪线或双折线,如图 7.32 所示。

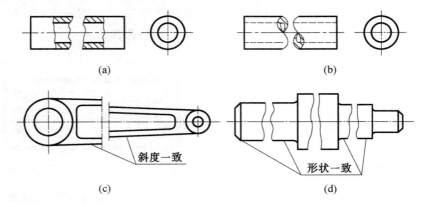

图 7.32 断开画法

(8)相贯线、截交线、过渡线在不致引起误解时,允许画成圆弧或直线,代替非圆曲线,如图 7.33(d)所示,当两圆柱轴线垂直相交时,相贯线可用圆规直接画出,其半径为相交两圆柱中大圆柱的半径,如图 7.33(a), $R_1 = D_1/2$, $R_2 = D_2/2$。

(9)零件上对称结构的局部视图可按图 7.33(b)的方法绘制。圆柱形法兰盘和类似的机件上均匀分布的孔,可按图 7.33(d)的方法表达。

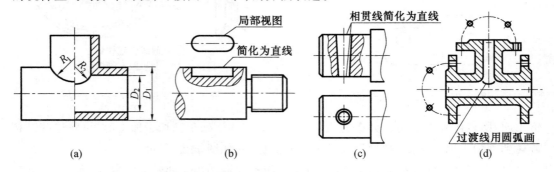

图 7.33 相贯线、截交线、过渡线的简化画法

(10)在不致引起误解时,对称机件的视图可只画一半或四分之一,并在对称中心线的两端画出两条与其垂直的平行细实线,表示对称,如图 7.34 所示。

(11)网状物、编织物或机件上的滚花部分,可在轮廓线附近用细实线示意画出,并在

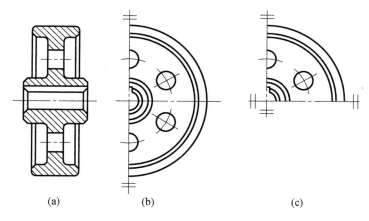

图 7.34 对称机件的简化画法

零件图上或技术要求中注明这些结构的具体要求,如图 7.35 所示。

(12)在不致引起误解时,零件图中的小圆角、锐边的小倒角或 45°小倒角可以省略,但必须注明尺寸或在技术要求中加以说明,如图 7.36 所示。

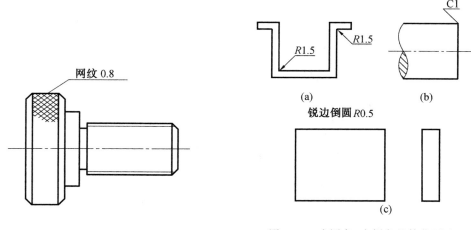

图 7.35 网纹滚花的简化画法 　　图 7.36 小圆角、小倒角的简化画法

第五节　表达方法应用举例

前述的机件各种表达方法,在实际应用中,应根据机件的结构特点加以分析选择,以恰当的表达方案把机件内外结构形状完整、清晰地表达出来。选择视图时要使每个视图、剖视图或断面图等表达内容明确,又要注意它们之间的联系,以便读图。同时避免过多地重复表达,力求简化绘图。下面以支架为例说明它们的应用。

图 7.37 为一支架的立体图,为能正确选用表达方法,确定好的表达方案,为此做如下选择。

1.分析机件结构形状

支架是由下面倾斜底板,上面空心圆柱和中间的十字形肋板三部分组成。倾斜板上有四个通孔,整个支架前后对称。

2.选择主视图

应选择能反映机件信息量最多的视图作为主视图,通常是机件的工作、安装或加工位置。为了便于画图,应使机件的主要轴线或主要平面,尽可能地平行于基本投影面。根据支架的结构特点,应选用箭头 A 所指的方向作为主视图的投射方向,并把支架的主要轴线——空心圆柱的轴线水平放置,作为主视图,同时根据支架结构形状,应采用局部剖视图,这样在视图上,既能表达出其内部结构又保留了肋板的外形。

3.选择其他视图

由于支架上的倾斜板与空心圆柱轴线相交成一角度,这样,在选用其他基本视图表达时,支架的倾斜部分就产生了变形,不方便画图和标注尺寸。因此不宜采用三个基本视图的表达方案。

根据支架的特点,除主视图采用局部剖视图表达空心圆柱内部和倾斜板上的小通孔外,左视图可采用局部视图(将倾斜板略去)表达。倾斜板的实形可采用"B"斜视图表达,而十字肋板可用移出断面表达。

这样的表达方案比较清晰简练,便于看图和画图。如图 7.38 所示为支架的表达方案。

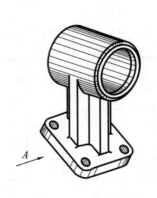

图 7.37　支架立体图

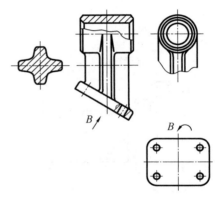

图 7.38　支架的表达

第六节　第三角画法简介

在 GB/T 17451—1998 中规定:"技术图样应采用正投影法绘制,并优先采用第一角画法。必要时才允许使用第三角画法"。但国际上有些国家(如美国、日本等)采用第三角画法,为了进行国际间的技术交流和协作,应对第三角画法有所了解。

三个相互垂直的平面将空间划分为八个分角,分别称为第一角、第二角、第三角……,如图 7.39 所示,第一角画法是将物体置于第一角内,使其处于观察者与投影面之间(即保持人—物—面的位置关系)而得到正投影的方法。

第三角画法是将物体置于第三角内,使投影面处于观察者与物体之间(假设投影面是透明的,并保持人—面—物的位置关系)而得到正投影的方法,如图 7.40(b)所示。

相应视图之间仍保持"长对正、高平齐、宽相等"的对应关系。第一角投影与第三角投影的区别是：

（1）视图的配置不同。由于两种画法投影面的展开方向不同(正好相反)，所以视图的配置关系也不同。除主、后视图外，其他视图的配置一一对应相反，即上、下对调，左、右颠倒。

（2）视图与物体的方位关系不同。由于视图的配置关系不同，所以第三角画法中的俯视图、仰视图、左视图、右视图靠近主视图的一侧，均表示物体的前面，远离主视图的一侧，均表示物体的后面。这与第一角画法正好相反。

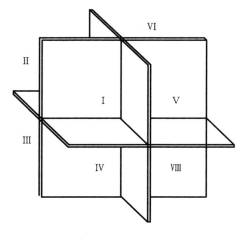

图 7.39　八个分角

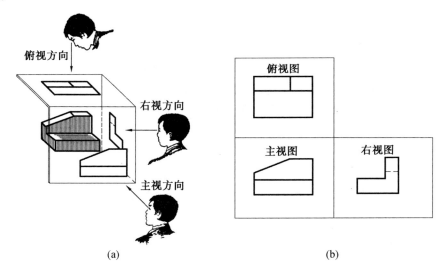

图 7.40　第三角画法及展开

在国际标准(ISO)中规定，当采用第一角或第三角画法时，必须在标题栏中专设的格内画出相应的识别符号(如图 7.41 所示)。由于我国仍采用第一角画法，所以无需画出识别符号。当采用第三角画法时，则必须画出识别符号。

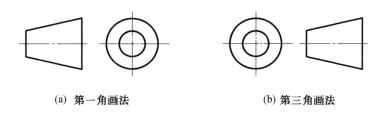

(a) 第一角画法　　　　　　　　　　(b) 第三角画法

图 7.41　一、三角画法的识别符号

第八章 标准件及常用件

各种机器设备上大量使用螺栓、螺钉、螺母、垫圈、键、销和滚动轴承等,为了提高产品的质量,缩短产品设计周期和降低成本,这些零件和部件的结构、尺寸、表面质量和表示方法已全部标准化,称这些零件和部件为标准零件和标准部件,简称标准件,并由专门工厂生产。

还有一些零件,在机器设备中也常使用,如齿轮、蜗轮、蜗杆等。这些零件的结构也基本定型,零件上的某些尺寸也有统一标准,习惯上称这些零件为常用件。

第一节 螺纹及螺纹紧固件

一、螺纹的基本知识

1. 螺纹的形成

螺纹就是在圆柱或圆锥内、外表面上沿着螺旋线所形成的、具有相同轴向断面的连续凸起和沟槽,其断面形状有三角形、锯齿形和梯形等。圆柱外表面上的螺纹称为外螺纹;圆孔内表面上的螺纹称为内螺纹。图8.1(a)和(b)为在车床上加工外螺纹和内螺纹的情况;图8.1(c)为大量生产螺纹紧固件时,碾压螺纹的原理图;图8.1(d)为手工加工螺纹用的丝锥和板牙,丝锥用于加工内螺纹,板牙用于加工外螺纹。

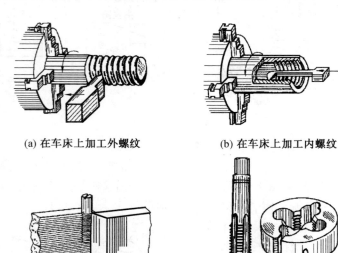

(a) 在车床上加工外螺纹　　(b) 在车床上加工内螺纹

(c) 辗压螺纹　　(d) 手工加工螺纹工具

图 8.1　螺纹的加工

2. 螺纹的要素

螺纹的结构和尺寸是由牙型、大径、中径和小径、螺距和导程、线数、旋向等要素确定的。当内外螺纹相互旋合时,两者的要素必须相同。

(1)螺纹牙型

在通过螺纹轴线的剖面上,螺纹的轮廓形状称为螺纹牙型。不同的螺纹牙型,有不同的用途,并由不同的代号表示。常用的螺纹牙型有三角形、梯形和锯齿形等,见表8.1。

表 8.1 常见螺纹的特征代号和标注示例

螺纹分类		牙型图	特征代号	标注示例	图 例	注 释
连接螺纹	粗牙普通螺纹	60°	M	M10-5g6g-S 短旋合长度 顶径公差带 中径公差带 大径 特征代号	M10-5g6g-S	1.粗牙螺纹不标注螺距 2.左旋螺纹标注"LH",右旋不标注
	细牙普通螺纹			M10×1LH 左旋 螺距 大径 特征代号	M10×1LH	
	非螺纹密封的圆柱管螺纹	55°	G	G1 尺寸代号 特征代号 G1/2A-LH 左旋 等级代号 尺寸代号 特征代号	G1 G1/2A-LH	1.左旋螺纹标注"-LH",右旋不标注 2.外螺纹中径公差分为A、B两级。内螺纹不标注公差等级
	用螺纹密封的圆柱管螺纹		R R_C R_p	R3/8 尺寸代号 特征代号	R3/8	内螺纹均只有一种公差带,故不标注公差带代号 R—圆锥外螺纹 R_C—圆锥内螺纹 R_p—圆柱内螺纹
传动螺纹	梯形螺纹	30°	Tr	Tr40×14(P7)LH 左旋 螺距 导程 公称直径 特征代号	Tr40×14(P7)LH	左旋螺纹标注"LH"右旋不标注
	锯齿形螺纹	3° 30°	B	B40×14(P7)LH 左旋 螺距 导程 公称直径 特征代号	B40×14(P7)LH	左旋螺纹标注"LH"右旋不标注

(2)公称直径

螺纹的直径有大径(d、D)、小径(d_1、D_1)和中径(d_2、D_2)。与外螺纹牙顶或内螺纹牙底相重合的假想圆柱面的直径称为大径。与外螺纹牙底或内螺纹牙顶相重合的假想圆柱面的直径称为小径。在大径与小径之间,即螺纹牙型的中部,可以找一个凸起和沟槽轴向宽度相等的位置,该位置对应的螺纹直径称为中径。

外螺纹的大径、小径和中径用符号 d、d_1、d_2 表示;内螺纹的大径、小径和中径用符号 D、D_1、D_2 表示。螺纹公称直径通常是指螺纹的大径,它代表了螺纹的直径尺寸,如图8.2所示。

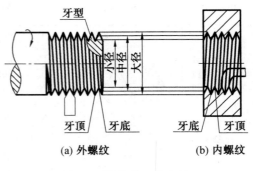

图 8.2　螺纹的三个直径

(3)线数

螺纹有单线螺纹和多线螺纹之分。沿一条螺旋线形成的螺纹称为单线螺纹,沿两条或两条以上在轴向等距分布的螺旋线所形成的螺纹称为多线螺纹,用 n 表示螺纹的线数,如图8.3所示。

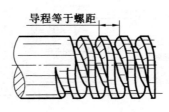 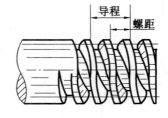

图 8.3　螺纹的线数、螺距与导程

(4)螺距和导程

螺距　相邻两牙在中径线上对应两点间的轴向距离,用 P 表示。

导程　同一条螺旋线上的相邻两牙在中径线上对应两点间的轴向距离,用 P_n 表示,如图8.3所示。

螺距与导程的关系为:螺距 = 导程/线数,即:$P = P_n/n$。

(5)旋向

螺纹按旋进的方向分为右旋螺纹和左旋螺纹。符合右手定则的螺纹称为右旋螺纹;符合左手定则的螺纹称为左旋螺纹,如图8.4所示。

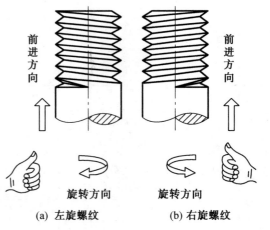

图 8.4　螺纹的旋向

3.螺纹的种类

螺纹的牙型、公称直径和螺距等符合标准规定的称为标准螺纹,只有牙型符合标准的称为特殊螺纹、牙型不符合标准的称为非标准螺纹。

螺纹按用途可分为连接螺纹和传动螺纹,见表8.1。

(1)连接螺纹

连接螺纹用于两个零件之间的连接,有以下几种:

①粗牙普通螺纹。牙型为三角型,牙顶和牙底稍许削平,牙型角为60°,特征代号为M。

②细牙普通螺纹。它与粗牙普通螺纹的区别是在相同的大径条件下螺距较小,特征代号也是M。

③管螺纹。牙型为三角形,牙顶和牙底成圆弧形,牙型角为55°,主要用于管件的连接,非螺纹密封的圆柱管螺纹特征代号为G,用螺纹密封的圆柱管螺纹特征代号为R_p。

(2)传动螺纹

传动螺纹用于传递运动和动力,常用的传动螺纹有:

①梯形螺纹。牙型为梯形,牙型角为30°,特征代号为T_r。

②锯齿形螺纹。牙型为不等腰三角形,牙型两侧面与轴线垂直线夹角分别为3°和30°,特征代号为B。

③矩形螺纹。牙型为矩形,矩形螺纹为非标准螺纹,无特征代号,各部分的尺寸根据设计确定,如图8.5所示。

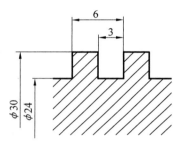

图8.5 矩形螺纹的标注

4.螺纹的结构

为了便于内、外螺纹的装配,通常在螺纹的起始端加工成90°的锥面,称为倒角。在车削螺纹时,在螺纹的尾部由于刀具逐渐离开工件,使螺纹收尾部分牙型不完整,这一段牙型不完整的收尾部分称为螺尾。有时为了避免出现螺尾,在螺纹末端预先制出退刀槽,如图8.6所示。

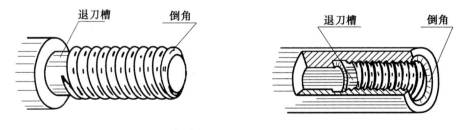

图8.6 内、外螺纹倒角及退刀槽

二、螺纹的规定画法

1.外螺纹画法

外螺纹不论牙型如何,螺纹的大径d(牙顶)和螺纹终止线用粗实线表示,螺纹的小径d_1(牙底)用细实线表示。在投影为圆的视图上,大径画粗实线圆,小径画约3/4的细实线圆,由倒角形成的粗实线圆省略不画。一般小径尺寸可按大径的0.85倍画出,如图8.7所示。

2.内螺纹画法

内螺纹不论牙型如何,在剖视图上,螺纹小径 D(牙顶)和螺纹终止线用粗实线表示,螺纹大径 D_1(牙底)用细实线表示。在剖视或断面图中剖面线都必须画到粗实线。在不剖的视图上,全用虚线表示。在投影为圆的视图上,大径画约 3/4 细实线圆,小径画粗实线圆,由倒角形成的圆不画,如图 8.8 所示。

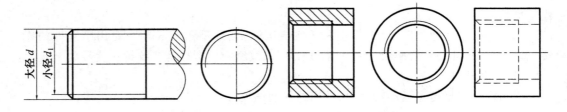

图 8.7 外螺纹的画法　　　　图 8.8 内螺纹的画法

对于不通孔的内螺纹,钻孔深度要大于螺纹部分的深度,如图 8.9 所示。钻孔底端锥顶角画成 120°。图 8.12 表示螺孔中有相贯线的画法。

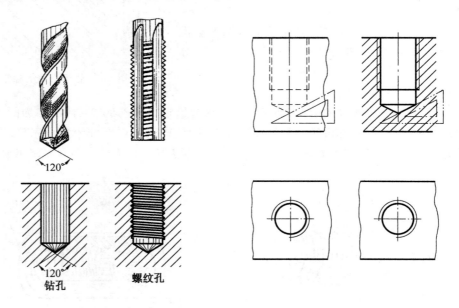

图 8.9 不通孔的内螺纹的画法

3.内、外螺纹旋合画法

在剖视图中,内、外螺纹旋合部分应按外螺纹的规定画法绘制,其余部分仍按各自的规定画法表示,如图 8.10 所示。

4.螺纹牙型表示法

标准螺纹牙型一般不作表示,对于非标准螺纹(如矩形螺纹),一般需要用局部剖视图画出几个牙型或用局部放大图表示,如图 8.11 所示。

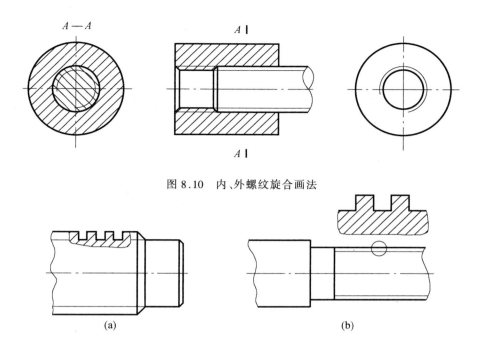

图 8.10 内、外螺纹旋合画法

图 8.11 非标准螺纹的牙型表示法

三、螺纹的标注

由于各种螺纹画法是相同的,为了区别不同种类的螺纹,必须按规定格式在图样上对螺纹进行标注,见表 8.1。

螺纹的完整标注格式

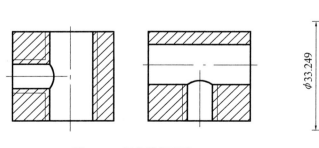

单线螺纹导程与螺距相同 导程(P 螺距)一项改为 螺距。

(1)特征代号。粗牙普通螺纹和细牙普通螺纹均用"M"作为特征代号;梯形螺纹用"Tr"作为特征代号;锯齿形螺纹用"B"作为特征代号;管螺纹用"G"或"R_p"作为特征代号。

(2)公称直径。除管螺纹的公称直径为管子的内径,其余螺纹均为大径。管螺纹的尺寸是以英寸为单位,标注时使用指引线,从大径引出,并水平标注,如图 8.13 示。

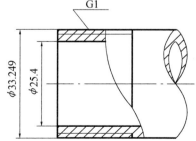

图 8.12 相贯线的画法　　　　图 8.13 管螺纹的标注

(3)导程(P 螺距)。单线螺纹只标注螺距;多线螺纹导程、螺距均需要标注。粗牙普通螺纹螺距已完全标准化,查表即可,不标注。

(4)旋向。当旋向为右旋时,不标注;当左旋时要标注"LH"两个大写字母。

(5)公差带代号。由表示公差带等级的数字和表示基本偏差的字母(外螺纹用小写字母,内螺纹用大写字母)组成。公差等级在前,基本偏差代号在后。螺纹公差带代号标注时应先标注中径公差带代号,后标注顶径公差带代号,如 5H6H、5g6g 等。当中径和顶径公差带代号完全一致时,可只标注一项。当对螺纹公差无要求时可省略不标。非螺纹密封的管螺纹的外螺纹分为 A、B 两级标记,对内螺纹不标记,例如 G1A、G1B。

(6)旋合长度代号。分别用 S、N、L 来表示短、中、长三种不同旋合长度,其中 N 省略不标。常见标准螺纹的规定标注示例见表 8.1。

第二节 螺纹紧固件及其画法与标记

常见的螺纹紧固件有螺栓、螺柱、螺钉、螺母、垫圈等,如图 8.14 所示。螺纹紧固件连接有螺栓连接、螺柱连接和螺钉连接等。

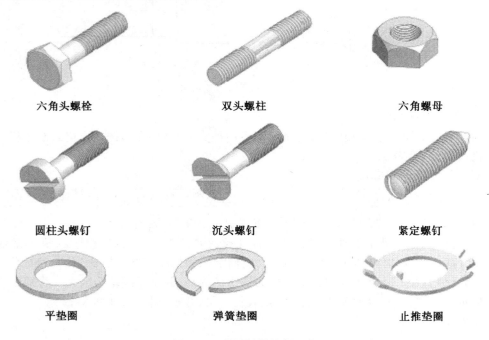

图 8.14 常见的螺纹紧固件

一、螺纹紧固件的画法及标记

1. 按标准规定数值画图

按国标规定的数据画图,先由附录二查出螺纹紧固件各部分的尺寸,按尺寸画出螺纹紧固件。

2. 比例画法

为了提高绘图速度,可将螺纹紧固件各部分的尺寸(公称长度除外)都与螺纹规格 d(D)建立一定的比例关系,并按此比例画图,这种画法称为比例画法,如图 8.15、8.16、8.17、8.18 所示。

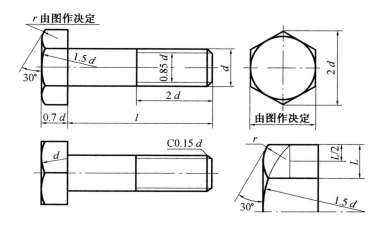

图 8.15 螺栓比例画法

3. 紧固件的标记方法（GB/T 1237—2000）

螺纹紧固件都是标准件，种类繁多，附录二给出了常用的螺纹紧固件。螺纹紧固件有完整标记和简化标记两种标记方法。完整标记形式如下：

如六角头螺栓公称直径 d = M10，公称长度 70，性能等级 10.9，产品等级为 A 级，表面氧化。其完整标记为：螺栓 GB/T 5782—2000—M10×70—1—A—O

在一般情况下，紧固件采用简化标记。标记示例：

螺栓 GB/T 5782 M10×70 表示六角头螺栓，粗牙普通螺纹，公称直径 d = 10，公称长度 l = 70，半螺纹，A 级。

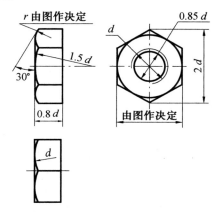

图 8.16 螺母比例画法

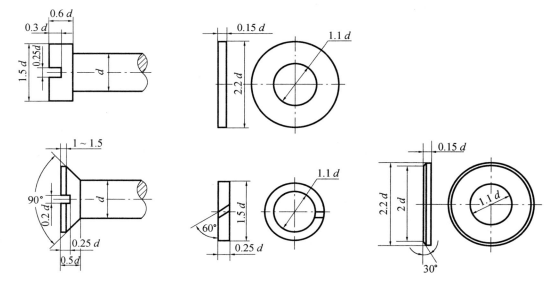

图 8.17 螺钉头及垫圈比例画法

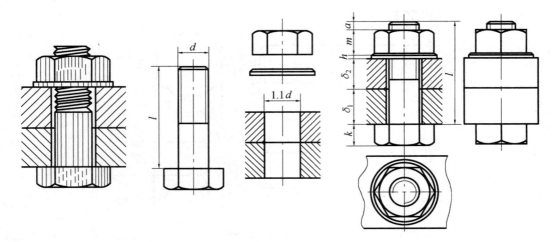

图 8.18 螺栓连接比例画法

螺栓 GB/T 5786　M16×1.5×80 表示六角头螺栓,细牙普通螺纹,螺纹规格 $d=$ M16×1.5,公称长度 $l=80$,全螺纹,A 级。

螺柱 GB/T 897　M10×50 表示两端均为粗牙普通螺纹的螺柱,螺纹规格 $d=$ M10,公称长度 $l=50$,旋入机体端长度 $b_m=1d$。

螺钉 GB/T 65　M5×20 表示开槽圆柱头螺钉,螺纹规格 $d=$ M5,公称长度 $l=20$。

螺母 GB/T 6170　M12 表示粗牙普通螺纹的六角螺母,螺纹 $D=$ M12,A 级。

垫圈 CB/T 97.1　10 表示规格 10 的平垫圈。

常见紧固件的标记示例可查阅本书附录及有关产品标准。

二、螺纹紧固件装配的画法

1. 螺纹紧固件装配图画法的规定

(1) 两零件的接触面画一条粗实线,不接触面画两条粗实线。

(2) 被连接的两相邻零件剖面线方向相反或改变剖面线的间距,但同一零件在各剖视图中剖面线方向和间距要相同。

(3) 当剖切平面通过螺杆的轴线时,对于螺柱、螺栓、螺钉、螺母及垫圈等均按未剖切绘制。

2. 螺栓连接

在两个被紧固的零件上钻出通孔,用螺栓、螺母、垫圈把它们紧固在一起,称为螺栓连接,如图 8.18 所示。装配时,在被紧固的零件一端装入螺栓,将螺栓杆部穿过被连接两零件的通孔,而另一端用垫圈、螺母紧固,将两零件固定在一起。装配后的螺栓、螺母、垫圈和被紧固零件的装配图,应遵守装配图的规定画法,并按规定对标准件进行标记。

螺栓公称长度 l 的确定,可按公式 $l=\delta_1+\delta_2+h+m+a$ 计算,其中 $a=p+c$（p—螺距,c—倒角宽）。再从附表中选取相近的标准值。

3. 螺柱连接

在被连接零件之一较厚或不允许钻成通孔的情况下,用两端都有螺纹的双头螺柱,一端旋入被连接零件的螺孔内,另一端穿过另一零件的通孔后,套上垫圈,拧紧螺母,这样的连接称为螺柱连接。图 8.19 为螺柱连接的画法,可以采用简化画法或比例画法。

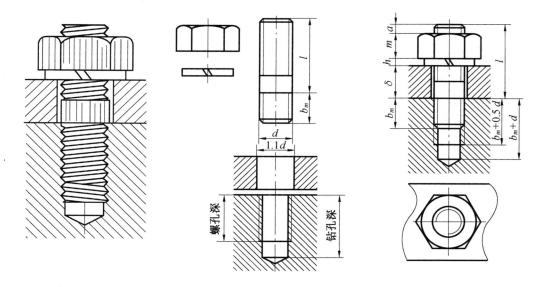

图 8.19 螺柱连接比例画法

双头螺柱旋入被连接零件的螺孔中螺纹长度 b_m 与被旋入零件的材料有关:

旋入钢或青铜中取 $b_m = d$

旋入铸铁中取 $b_m = 1.25d$

旋入材料的强度在铸铁和铝之间取 $b_m = 1.5d$

旋入铝合金中取 $b_m = 2d$

螺柱公称长度 l 的确定,可按公式 $l = \delta + h + m + a$ 计算,再从附表中选取相近的标准值。

在装配图中,螺栓连接和螺柱连接提倡采用图 8.20 所示的简化画法,将螺杆端部及螺母、螺栓六角头部因倒角而产生的截交线省略不画;弹簧垫圈的开口可画成一条加粗线。未钻通的螺孔可不画钻孔深度,仅按螺纹部分深度画出。

4.螺钉连接

在被连接零件之一较厚或不允许钻成通孔,且受力较小,又不经常拆卸的情况下,使用螺钉连接。按其用途可分为连接螺钉和紧定螺钉,其尺寸规格可查附表。

图 8.21 为圆柱头螺钉连接画法,图 8.22 为沉头螺钉连接画法。公称长度 l 的确定可以按公式 $l \geq \delta + b_m$ 计算(b_m 取值可参考螺柱连接),再从附

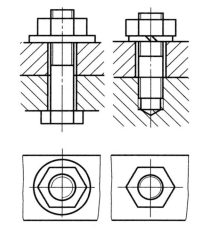

图 8.20 螺栓连接及螺柱连接简化画法

表中选取相近的标准值。螺钉头部的槽在投影为圆的视图上画成与水平成 45°角。当槽宽小于等于 2 mm 时,槽的投影可涂黑表示。螺钉旋入深度与双头螺柱旋入金属端的螺

纹长度 b_m 相同,但不能将螺纹长度全部旋入到螺孔中,旋入的长度一般为 $(1.5~2)d$,而螺孔的深度一般可取 $(2~2.5)d$。图 8.23 为紧定螺钉连接画法。

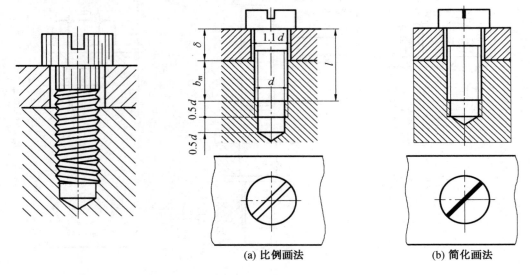

(a) 比例画法　　　　(b) 简化画法

图 8.21　圆柱头螺钉连接画法

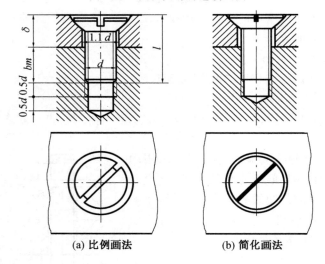

(a) 比例画法　　　　(b) 简化画法

图 8.22　沉头螺钉连接画法

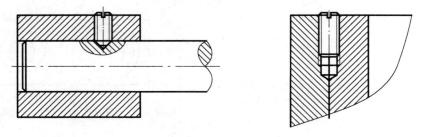

图 8.23　紧定螺钉连接比例画法

· 128 ·

第三节 键、销和滚动轴承

一、键连接

1.键的作用、种类和标记

为了使轮和轴连在一起转动,常在轴上和轮孔内加工一个键槽,将键装入,这种连接称为键连接。这样就可以使轮和轴一起转动。这里应强调轮孔中键槽是穿通的。常用的键有普通平键、半月键和钩头楔键,如图8.24所示。

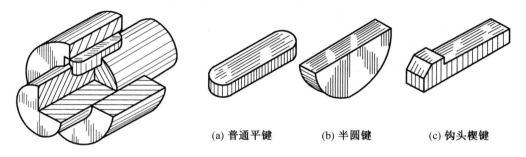

(a) 普通平键　　(b) 半圆键　　(c) 钩头楔键

图8.24 键的作用和种类

普通平键又有 A 型(圆头)、B 型(方头)和 C 型(单圆头)三种类型,如图8.25所示。

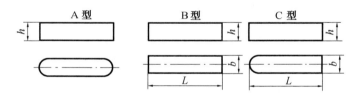

图8.25 普通平键

键的标记格式为: 键 标准编号 $b \times h \times L$

其中: b 为键的宽度, h 为键的高度, L 为键的公称长度。

根据被连接轴的直径尺寸由附表2.6可查得键和键槽的尺寸。

标记示例:键 GB/T 1096—2003 $12 \times 8 \times 50$ 表示 A 型普通平键,宽 $b = 12$ mm,高 $h = 8$ mm, $L = 50$ mm。其中 A 型 A 字省略不注,而 B 型、C 型分别标注 B、C。

键 GB/T 1099.1 - 2003 6×25 表示半圆键,宽 $b = 6$ mm,高 $h = 10$ mm,直径 $d_1 = 25$ mm, $L = 24.5$ mm。

键 GB/T1565—2003 $18 \times 11 \times 100$ 表示钩头楔键,宽 $b = 18$ mm,高 $h = 11$ mm, $L = 100$ mm。

2.键连接的画法

(1)普通平键连接。普通平键的两侧面与键槽的两侧面相接触,键的底面与轴键槽底面相接触,均画一条粗实线。键的顶面与轮孔键槽底面不接触,要画两条粗实线,如图8.27所示。其中主视图剖切平面沿轴线方向,键为实心零件按不剖绘制,左视图剖切平面垂直轴线方向,键要画剖面线。如图8.26表示轴上键槽和轮孔内键槽的画法及尺寸标注。

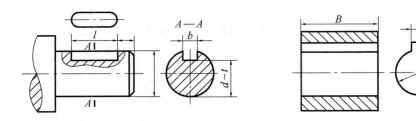

图 8.26　键槽的画法及尺寸标注

(2)半圆键的连接。半圆键常用于载荷不大的传动轴上,连接情况与普通平键相似,即两侧面与键槽侧面接触,画一条线,上底面留有间隙画两条线,见图 8.28 所示。

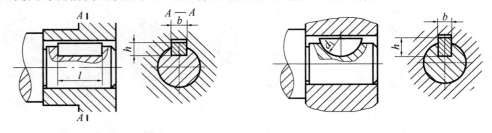

图 8.27　平键的连接　　　　　　　　图 8.28　半圆键的连接

(3)钩头楔键连接。它的顶面有 1∶100 的斜度,连接时沿轴向把键打入键槽内。依靠键的顶面和底面在轴和孔之间挤压的摩擦力而连接,故上下面为工作面,画一条线,而侧面为非工作面,但有配合要求也应画一条线,如图 8.29 所示。

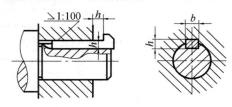

图 8.29　钩头楔键连接

二、销

销主要用作装配定位,也可用作连接零件,还可作为安全装置中的过载剪断元件。常用的销有圆柱销、圆锥销和开口销,如图 8.30 所示。销的结构形状和尺寸已标准化,见附表 2.7.1、2.7.2、2.7.3。圆柱销常用于两零件的连接或定位,圆锥销常用于两零件的定位,而开口销一般与开槽螺母配合使用,它穿过螺母上的槽和螺杆上的孔,以防止螺母松脱。销的连接画法如图 8.31 所示。

销的标记示例

销 GB/T 119.2—2000　A8×30　表示 A 圆柱销,公称直径 $d=8$ mm,公称长度 $l=30$ mm。

销 GB/T 117—1986　A10×60　表示 A 型圆锥销,公称直径 $d=10$ mm,公称长度 $l=60$ mm。

销 GB/T 91—2000　5×50　表示开口销,公称直径 $d=5$ mm,公称长度 $l=50$ mm。

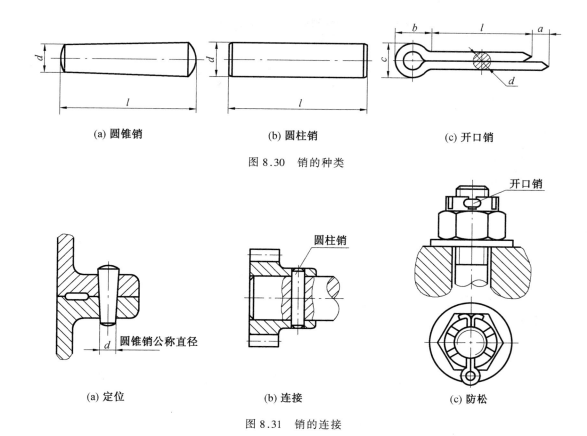

(a) 圆锥销　　　　(b) 圆柱销　　　　(c) 开口销

图 8.30　销的种类

(a) 定位　　　　(b) 连接　　　　(c) 防松

图 8.31　销的连接

三、滚动轴承

滚动轴承用于支承轴的旋转,因为它结构紧凑、摩擦阻力小、效率高,因而被广泛地使用在机器中。滚动轴承是标准部件,种类很多,它可以承受径向载荷,也可以承受轴向载荷或同时承受两种载荷。它由下列零件构成:

内圈——装在轴上;

外圈——装在轴承座孔中;

滚动体——可以作成钢球或滚子形状装在内外圈之间的滚道中;

保持架——用以把滚动体相互隔开,使其均匀分布在内外圈之间。

在装配图中根据外径、内径和宽度等几个主要尺寸用规定画法或特征画法画出,轴承的型号和尺寸可根据轴承手册选取,见表 8.2。

滚动轴承的标记示例:

(1)深沟球轴承——主要承受径向负荷。

标记为:滚动轴承 6208 GB/T276—1994

滚动轴承 6210 GB/T276—1994

6—类型代号,表示深沟球轴承;

2—尺寸系列代号,表示 00 系列;

10—内径代号,表示公称内径 $d = 10 \times 5 = 50$ mm。

表 8.2 常用滚动轴承的规定画法和特征画法

	类别名称和标准代号	由标准中查出数据	规定画法	特征画法
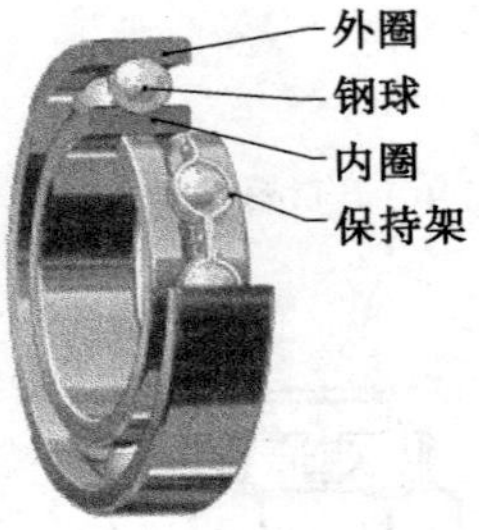 外圈／钢球／内圈／保持架	深沟球轴承（60000 型）GB/T 276—1994	D d B	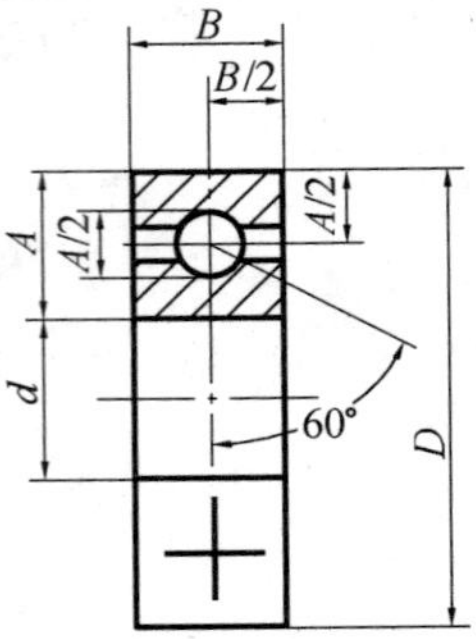	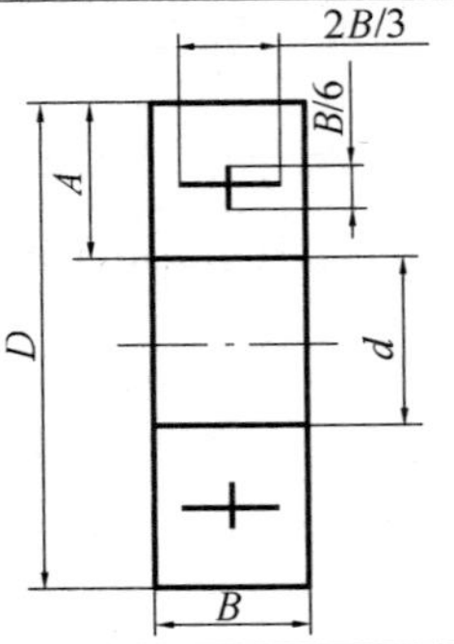
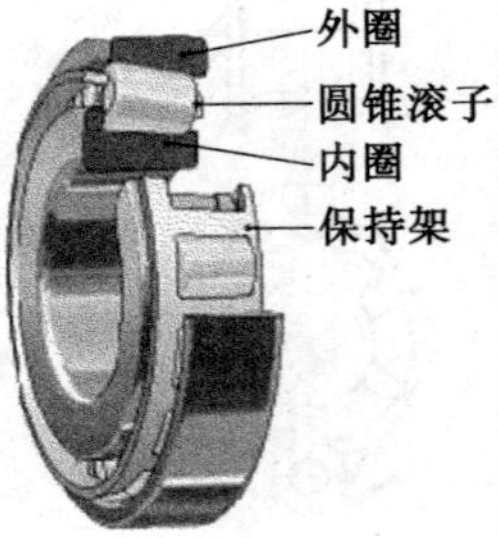 外圈／圆锥滚子／内圈／保持架	圆锥滚子轴承（30000 型）GB/T 297—1994	D d T B C	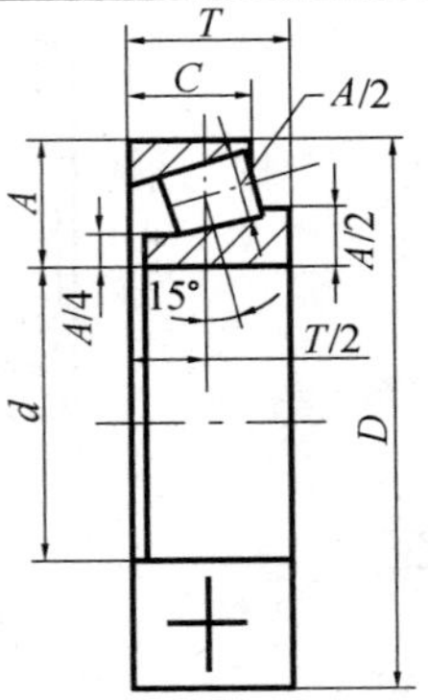	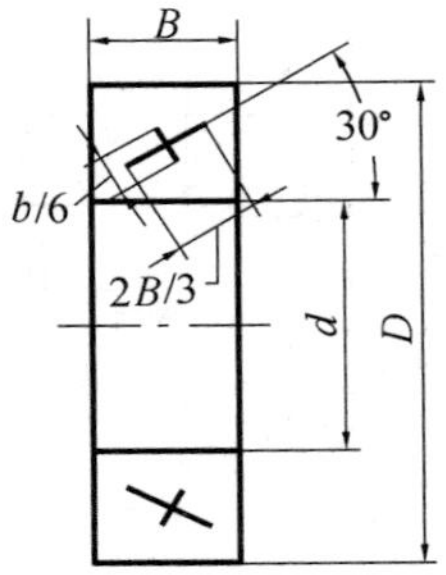
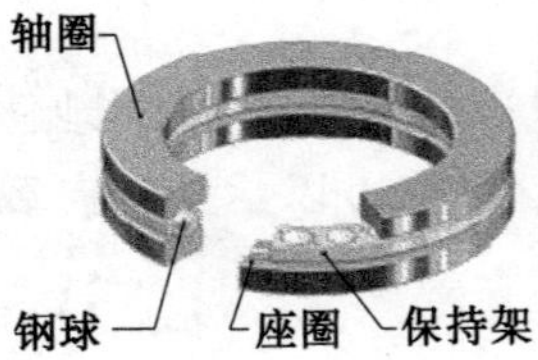 轴圈／钢球／座圈／保持架	推力球轴承（51000 型）GB/T 301—1995	D T d	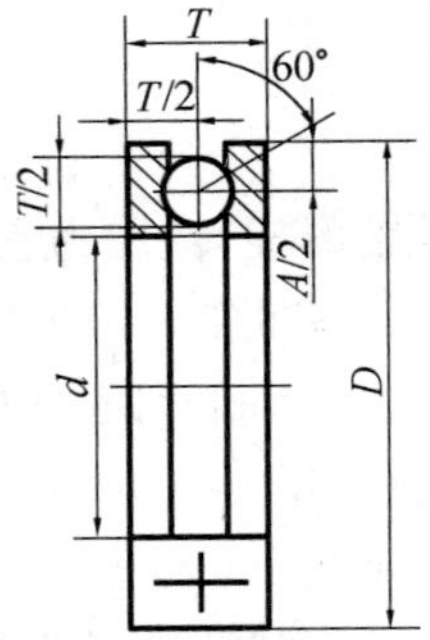	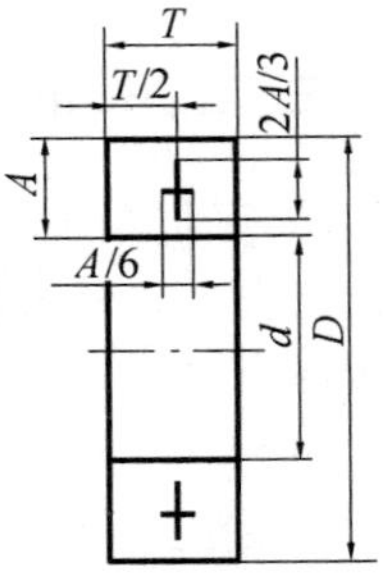

(2)圆锥滚子轴承——主要承受径向和轴向载荷。

标记为:滚动轴承 30310 GB/T297—1994

滚动轴承 30312 GB/T297—1994

3—类型代号,表示圆锥滚子轴承;

03—尺寸系列代号,表示 03 系列;

12—内径代号,表示内径 $d = 12 \times 5 = 60$ mm。

内径代号表示轴承的内径尺寸。其中:

00—内径代号,表示内径 $d = 10$ mm;01—内径代号,表示内径 $d = 12$ mm;

02—内径代号,表示内径 $d = 15$ mm;03—内径代号,表示内径 $d = 17$ mm。

当轴承内径在 20~495 mm 范围内时,内径代号乘以 5 即为轴承的内径尺寸。

第四节 齿 轮

一、齿轮的基本知识

齿轮被大量地使用在各种机器设备中,齿轮传动用于传递动力或改变运动方向、运动速度、运动方式等。

常见的齿轮传动有:

圆柱齿轮传动。一般用于两平行轴之间的传动,如图 8.32(a)所示。

圆锥齿轮传动。一般用于两相交轴之间的传动,如图 8.32(b)所示。

蜗轮蜗杆传动。用于两交叉轴之间的传动,如图 8.32(c)所示。

齿轮齿条传动。用于直线运动和旋转运动的相互转换,如图 8.32(d)所示。

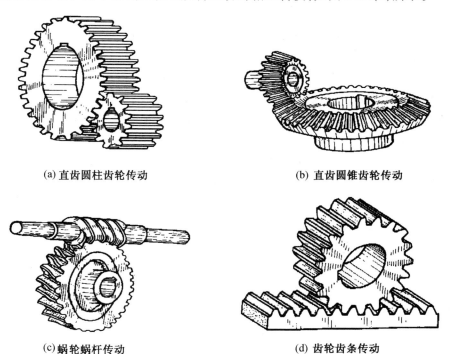

(a) 直齿圆柱齿轮传动　　　　　　(b) 直齿圆锥齿轮传动

(c) 蜗轮蜗杆传动　　　　　　　　(d) 齿轮齿条传动

图 8.32　常见的齿轮传动

齿轮按齿的方向分为直齿、斜齿、人字齿及螺旋齿齿轮,按齿廓曲线可分为渐开线、摆线及圆弧齿轮等,一般机器中常用的为渐开线齿轮。

二、直齿圆柱齿轮的基本参数及尺寸

图 8.33(a)表示相互啮合的一对齿轮的一部分,如果主动齿轮的齿数为 z_1,转速为 n_1,从动齿轮的齿数为 z_2,转速为 n_2,它们转速的比值为传动比:

$$i = \frac{n_1}{n_2} = \frac{z_2}{z_1}$$

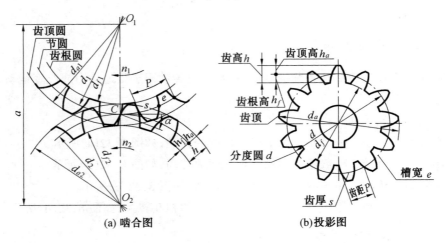

(a) 啮合图　　　　　　(b) 投影图

图 8.33　直齿圆柱齿轮各部分名称

齿轮各部分的名称如下：

(1)齿顶圆直径 d_a。通过齿顶的假想圆柱的直径称为齿顶圆直径。

(2)齿根圆直径 d_f。通过齿根部的假想圆柱的直径称为齿根圆直径。

(3)分度圆直径 d。在齿轮上存在一个齿厚弧长 s，和槽宽弧长 e 相等的圆，称为分度圆，其直径称为分度圆直径。

(4)齿顶高 h_a。分度圆到齿顶圆的径向距离称为齿顶高。

(5)齿根高 h_f。分度圆到齿根圆的径向距离称为齿根高。

(6)全齿高 h。齿顶圆到齿根圆的径向距离。

(7)齿距 P。分度圆上相邻两齿对应点的弧长。

(8)模数 m。因为分度圆的周长为：$\pi d = Pz$，则分度圆的直径：

$$d = \frac{P}{\pi} z$$

式中　P/π 称为齿轮的模数，用 m 表示，单位为毫米。因 $m = P/\pi$，所以 $d = mz$。

由上式看出模数愈大，齿轮的轮齿愈大，模数愈小，齿轮的轮齿愈小。

齿轮加工使用专门的齿轮加工机床和专用的齿轮刀具，为了减少齿轮刀具的数量，国家标准对模数作了统一规定，见表 8.3。

表 8.3　标准模数（GB1357—87）

第一系列	1　1.25　1.5　2　2.5　3　4　5　6　7　8　10 12　16　20　25　32　40　50
第二系列	1.75　2.25　2.75　(3.25)　3.5　(3.75)　4.5 5.5　(6.5)　7　9　(11)　14　18　22　28　36　45

注：在选用模数时，应优先采用第一系列，其次第二系列，括号内的模数尽量不用。

模数是齿轮的重要参数，已知齿轮的模数和齿数就可以算出各部分的尺寸，计算公式见表 8.4。

表 8.4 标准直齿圆柱齿轮的计算公式及举例

基本参数:模数 m,齿数 z			计算举例
名 称	符 号	计算公式	已知:$m=2, z=40$
齿顶高	h_a	$h_a = m$	$h_a = 2$
齿根高	h_f	$h_f = 1.25m$	$h_f = 2.5$
全齿高	h	$h = 2.25m$	$h = 4.5$
分度圆直径	d	$d = mz$	$d = 80$
齿顶圆直径	d_a	$d_a = m(z+2)$	$d_a = 84$
齿根圆直径	d_f	$d_f = m(z-2.5)$	$d_f = 75$
齿距	P	$P = \pi m$	
中心距	a	$a = 1/2(z_1 + z_2)m$	

三、直齿圆柱齿轮的画法

1.单个齿轮的画法

表达单个齿轮通常用两个视图,轴线取水平方向。在反映圆的视图上,用粗实线画齿顶圆,用点画线画分度圆,用细实线画齿根圆,齿根圆也可省略不画。在非圆视图上,一般画成剖视图,齿顶线和齿根线用粗实线表示,分度线用细点画线表示,且细点画线要超出轮廓线,规定轮齿部分不画剖面符号。如果非圆视图不作剖视时,齿顶线用粗实线画,分度线用点画线画,齿根线用细实线画或省略不画,如图 8.34 所示。

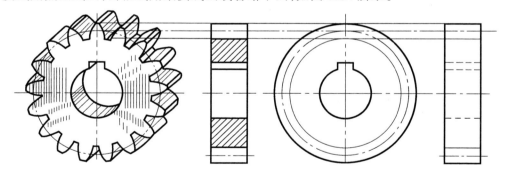

图 8.34 直齿圆柱齿轮画法

一张齿轮零件图除图形之外,还要标注尺寸、有关参数和技术要求,如图 8.35 所示为一直齿圆柱齿轮的工作图。

2.齿轮啮合画法

两齿轮啮合时,啮合条件是它们的模数 m 相等,它们的分度圆相切,这相当于两个摩擦轮作无滑动的滚动,切点称为节点用 P 表示,见图 8.33(a)。过节点的圆称为节圆,对于标准轮齿,齿轮的节圆直径等于分度圆直径。齿轮啮合一般画两个视图,在反映圆的视图上,齿顶圆用粗实线,齿根圆用细实线(可以省略不画),节圆用细点画线,注意两节圆要相切,啮合区部分的齿顶圆也可以不画,如图 8.36 所示。非圆视图一般画成剖视图,线型

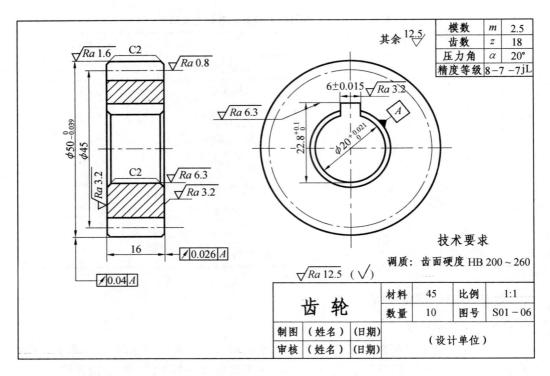

图 8.35 直齿圆柱齿轮工作图

与单个齿轮的规定一样。要注意在两个齿轮的啮合区部分,一个齿轮的齿顶圆(或齿顶线)与另一个齿轮的齿根圆(或齿根线)之间要有 $0.25m$ 的间隙。在剖视图的啮合区部分应画出一条细点画线、三条粗实线和一条虚线,该虚线为一个齿轮的齿顶线,被另一个齿轮的轮齿挡住。非圆视图不剖画法如图 8.36 所示。

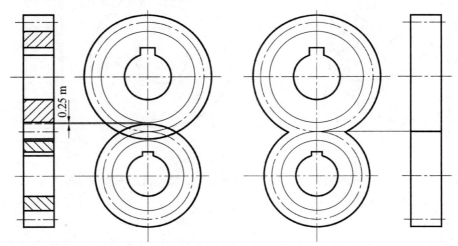

图 8.36 直齿圆柱齿轮啮合画法

四、齿轮测绘

齿轮测绘就是根据实际的齿轮,确定齿轮各部分的尺寸和参数,画出齿轮零件工作图。

齿轮测绘是一个较复杂的问题,这里只简单地介绍确定直齿圆柱齿轮的尺寸的方法:

(1)数出被测绘的一对啮合齿轮的齿数。

(2)使两齿轮相啮合,测出中心距,根据公式 $a = m/2(z_1 + z_2)$ 计算出齿轮的模数 m。

(3)根据齿轮的模数 m 和齿数 z_1 和 z_2,按表 8.4 所给出的计算公式算出两个齿轮各部分尺寸。

(4)如果测绘单个齿轮,先测量出齿轮齿顶圆直径,再根据齿数就可以计算出模数 m。

第五节 弹 簧

一、弹簧的种类和作用

弹簧是机器中常见的一种零件,具有缓冲、吸振、储能、测力和控制机构运动的功能。弹簧的种类很多,按形状不同可分为螺旋弹簧、碟形弹簧、环形弹簧、盘簧和板弹簧等,如图 8.37 所示为圆柱螺旋弹簧。

(a) 扭力弹簧　　　　(b) 压缩弹簧　　　　(c) 拉伸弹簧

图 8.37　圆柱螺旋弹簧

二、圆柱螺旋压缩弹簧各部分的名称和尺寸计算

(1)簧丝直径 d。制造弹簧的钢丝直径。

(2)弹簧外径 D。弹簧的最大直径。

(3)弹簧内径 D_1。弹簧的最小直径。

(4)弹簧中径 D_2。弹簧的平均直径。

(5)节距 t。除两端的支承圈外,相邻两圈对应点的轴向距离。

(6)旋向。弹簧分为右旋和左旋两种。

(7)支承圈数 n_2、有效圈数 n 和总圈数 n_1。

支承圈数 n_2:为使弹簧平稳,弹簧两端要磨平,紧靠磨平的几圈起支承作用,称为支承圈数,可取 1.5 圈、2 圈或 2.5 圈。

有效圈数 n:除支承圈之外的各圈都参与工作,各圈保持相同的节距,这些圈数称为有效圈数。

总圈数 n_1：支承圈数和有效圈数之和，$n_1 = n + n_2$。

(8) 自由高度 H_0。弹簧在无外力作用时的高度，可用下式计算

$$H_0 = nt + (n_2 - 0.5)d$$

(9) 弹簧丝展开长度

$$L \approx n_1 \sqrt{(\pi D_2)^2 + t^2}$$

三、圆柱螺旋压缩弹簧的规定画法

螺旋弹簧可以画成剖视图，也可以画成视图。在平行于螺旋弹簧轴线的视图上，螺旋弹簧各圈的轮廓应画成直线。螺旋弹簧均可画成右旋，但左旋弹簧无论画成左旋或右旋，一定要注明"LH"字。有效圈数在四圈以上的螺旋弹簧，可以只画出两端一、二圈（支承圈除外），中间部分可以省略不画，用通过簧丝剖面中心的两条细点画线表示，如图 8.38 所示。在装配图中，除弹簧挡住的结构一般不画，可见部分画到弹簧丝剖面的中心线为止。对于簧丝直径等于或小于 2 mm 的螺旋弹簧，簧丝剖面可用涂黑表示，也可按示意图形式绘制，如图 8.39 所示。

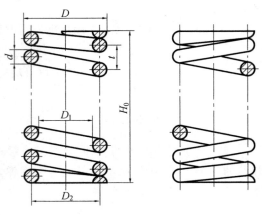

图 8.38 圆柱螺旋旋压弹簧

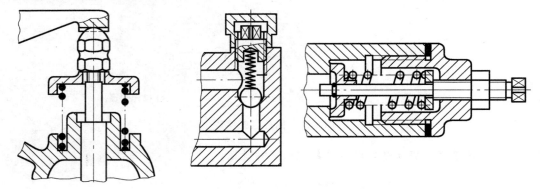

图 8.39 弹簧在装配图中的画法

四、圆柱螺旋压缩弹簧的画图步骤

绘制圆柱螺旋压缩弹簧时，要已知弹簧的自由高度 H_0、簧丝直径 d、弹簧外径 D 和有效圈数 n（或总圈数 n_1）。再根据公式计算出节距，作图步骤如图 8.40 所示。

(1) 画弹簧轴线，根据弹簧中径 D_2 和自由高度 H_0，画出矩形 $ABCD$。

(2) 画支承圈，在长方形的两端，按簧丝直径 d 在 AB 边画两整圆，CD 边画两半圆，与它相切再画两整圆。

(3) 画有效圈，在 CD 边按节距 t 画出有效圈簧丝的圆，再取 $t/2$，作轴线的垂线，确定 AB 边簧丝中心，画圆，再取 t 画出有效圈簧丝的圆。

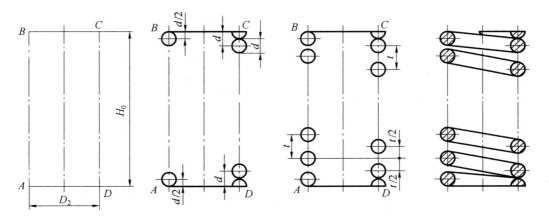

图 8.40 圆柱螺旋压缩弹簧的画法步骤

(4)按螺旋线的方向作相应圆的公切线,在圆内画剖面线,即成剖视图。也可画成视图。

图 8.41 为一张圆柱螺旋压缩弹簧工作图,图中应注明相应的参数和机械性能曲线。当弹簧只需给定刚度要求时,可不画机械性能曲线,而在技术要求中说明刚度的要求。

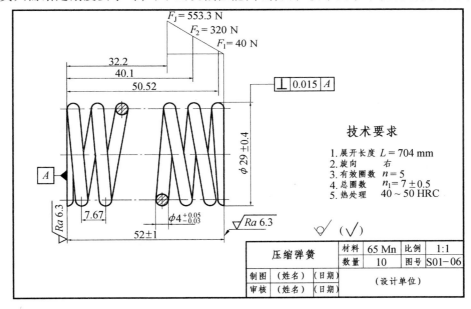

图 8.41 圆柱螺旋压缩弹簧工作图

第九章 零件图

　　一台机器或部件,都是由若干零件按一定的装配关系和技术要求组装起来的。零件是组成机器或部件的基本单位。表示单个零件结构、形状大小及技术要求的图样称为零件图。它是设计部门提交给生产部门的重要技术文件,是制造和检验零件的依据。因此,零件图必须清楚地表示零件的结构形状,标注应有的尺寸,给出必要的技术要求。画好一张零件图是与设计及工艺知识有密切关系的。本章主要讨论零件图的内容和画法,同时也涉及到一些绘制零件图时应了解的基本设计知识和工艺知识。

第一节　零件图的内容

　　零件图是制造和检验零件的重要技术文件。一张完整的零件图应包括下列基本内容(如图9.1):

　　(1)一组图形。用视图、剖视、断面及其他规定画法来正确、完整、清晰地表达零件的各部分形状和结构。

　　(2)尺寸。正确、完整、清晰、合理地标注零件的全部尺寸。

　　(3)技术要求。用符号或文字来说明零件在制造、检验等过程中应达到的一些技术要求,如表面粗糙度、尺寸公差、形状和位置公差、热处理要求等。技术要求的文字一般注写在标题栏上方图纸空白处。

　　(4)标题栏。标题栏位于图纸的右下角,应填写零件的名称、材料、数量、图的比例以及设计、描图、审核人的签字、日期等各项内容。

第二节　零件的表达方法

　　零件图必须适当地选用基本视图、剖视图、断面图和其他各种表达方法把零件的全部结构形状表达清楚,并且要力求绘图简单、读图方便。为达到这个要求,就要对零件进行结构形状分析,根据零件的结构特点,选择一组视图,关键是选择好主视图。

一、视图选择的一般原则

　　主视图是表达零件最主要的一个视图。主视图选的是否合理,直接关系到画图和读图的简便与否。主视图的选择具体包括确定零件的安放位置和选择主视图的投影方向。

　　1.零件的安放位置

　　零件的安放位置应符合加工位置原则或工作位置原则。即投影时零件在投影体系中的位置,应尽量符合零件在机床上加工时所处的主要位置或零件在机器中的工作(安装)位置。

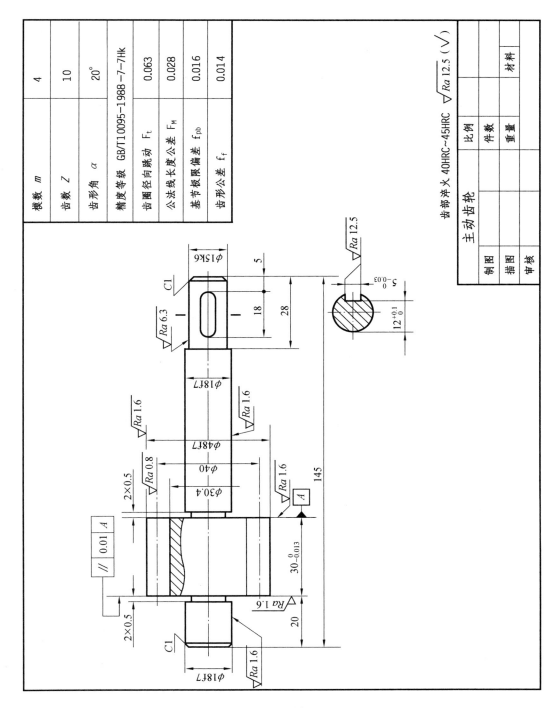

图 9.1 零件图

零件的加工位置是指零件被加工时在机床上的装夹位置。主视图与加工位置一致，可以图物对照，便于加工和测量。

零件的工作位置是指零件在机器或部件中工作时所处的位置。主视图与工作位置一致，便于读图和装配。

2．主视图的投影方向

选择主视图的投影方向应遵循形状特征原则，即选择最能明显地反映零件形状和结构特征以及各组成形体之间相对位置的方向作为主视图的投影方向。

主视图选定之后，对其他视图的选择应考虑以下几点：

(1)要有足够的视图，以便能充分表达零件的各部分形状和结构，但又不要重复。在表达清楚的前提下，视图的数量应尽可能少。

(2)照顾到零件内部和外部形状的完整，在一般情况下尽量取基本视图和在基本视图上取剖视，只是对那些在基本视图上仍表示不清楚的个别部分，才选用辅助视图或局部视图。

(3)合理地布置所选用的各视图，即要充分利用图纸幅面，又要按照投影关系使有关视图尽量靠近。

二、典型零件的视图选择

零件的种类很多，零件的结构形状又是千变万化、各不相同的，因而零件的表达方法也不可能相同。我们从结构形状和表达方法上将零件归纳为四大类。

1．轴套类零件

图9.2所示的齿轮油泵主动轴即属于轴套类零件。其形状大多是同轴回转体，轴向尺寸大于径向尺寸。

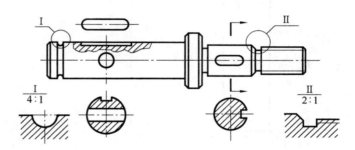

图9.2　齿轮油泵主动轴

轴套类零件一般在车床上加工，通常按加工位置确定主视图，轴线水平放置，键槽和孔结构可以朝前。轴套类零件主要结构形状是回转体，因此一般只画一个主视图。对于零件上的键槽、孔等，可作出移出断面。砂轮越程槽、退刀槽、中心孔等可用局部放大图表达。

2．轮盘类零件

图9.3所示的轴承盖以及各种轮子、法

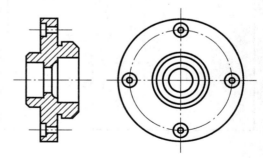

图9.3　轴承盖零件图

兰盘、端盖等属于此类零件。其主要形体是回转体，径向尺寸一般大于轴向尺寸。

这类零件的毛坯有铸件或锻件，机械加工以车削为主，主视图一般按加工位置水平放置并作适当剖视，再选一个左视图。其他结构形状如轮辐和肋板等可用移出断面或重合断面,也可用简化画法。

3.叉架类零件

图9.4所示的托架以及各种杠杆、连杆、支架等属于此类零件。

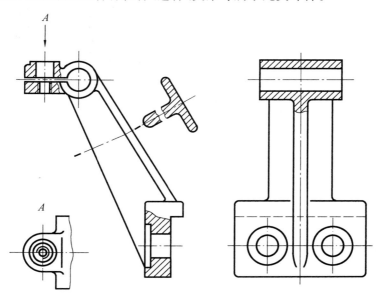

图9.4 托架零件图

这类零件结构较复杂,需经多种加工,主视图主要由形状特征和工作位置来确定。一般需要两个以上基本视图,并用斜视图、局部视图,以及剖视、断面等表达内外形状和细部结构。

4.箱体类零件

图9.5所示壳体以及减速器箱体、泵体、阀座等属于这类零件,大多为铸件,一般起支

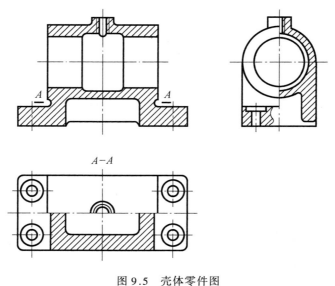

图9.5 壳体零件图

承、容纳、定位和密封等作用,内外形状较为复杂。

这类零件一般经多种工序加工而成,因而主视图主要根据形状特征和工作位置确定,图 9.5 的主视图就是根据工作位置选定的。由于结构较复杂,箱体类零件常需三个以上的图形,并广泛地应用各种方法来表达。

第三节　零件图上的尺寸标注

一、零件图尺寸标注的要求

在零件图上标注尺寸,除满足完整、正确、清晰的要求外,还要求注得合理,即所注尺寸能满足设计和加工要求,使零件有满意的工作性能又便于加工、测量和检验。

尺寸注得合理,需要较多的机械设计与加工方面的知识,这里只能作一些简要的分析。

二、尺寸基准的选择

要做到合理标注尺寸,首先必须选择好尺寸基准。尺寸基准是指零件在设计、制造和检验时,计量尺寸的起点。在零件上选择尺寸基准时,必须根据零件在机器或部件中的作用、装配关系和零件的加工、测量方法等情况来确定。既要考虑设计要求,又要考虑加工工艺的要求。从设计和工艺的不同角度来确定基准。一般把基准分成设计基准和工艺基准两大类。

1. 设计基准

在设计时,确定零件在机器或部件中位置的一些面、线或点。

2. 工艺基准

在加工或测量时,确定零件位置的一些面、线或点。

选择尺寸基准的原则:

(1)要使所注尺寸合理,应尽可能使设计基准与工艺基准一致。这样即能满足设计要求,又便于加工和测量。

(2)当设计基准与工艺基准不一致时,一般将零件的重要设计尺寸,从设计基准出发来标注,以满足设计要求。一些不重要的设计尺寸,则可从工艺基准出发标注,以便于加工和测量。

每个零件都有长、宽、高三个方向,因此,每个方向至少有一个尺寸基准。决定零件主要尺寸的基准称为主要基准。根据设计、加工测量上的要求,一般还要附加一些基准,把附加的基准称为辅助基准。但辅助基准必须与主要基准保持直接的尺寸联系。

在具体考虑零件图的尺寸基准时,通常选取零件的主要加工面、对称平面、安装底面、端面、主要轴线等作为尺寸基准。

图 9.6 所示是零件上常见的尺寸基准。

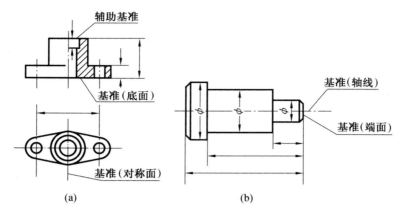

图 9.6 常见尺寸基准

三、合理标注尺寸的原则

1. 满足设计要求

(1)主要尺寸应由设计基准直接注出。主要尺寸是指零件上对机器(或部件)的使用性能和装配质量有直接影响的尺寸,这些尺寸必须在图样上直接注出。一般指以下几种尺寸:

① 直接影响机器传动精度的尺寸,如齿轮的中心距等;
② 直接影响机器性能的尺寸,如齿轮油泵主动轴的中心高等;
③ 零件相互配合的尺寸,如轴与孔的配合尺寸等;
④ 决定零件安装位置的尺寸,如螺栓孔的中心距、孔的分布圆直径等。

如图 9.7 所示,标注支座的尺寸时,支座上部轴孔(轴套装在其内)的尺寸 $\phi30H8$,轴线到底面的距离(中心高)36,底板安装孔之间的距离 82 及 22 等都是主要尺寸,必须在零件图上直接标注。

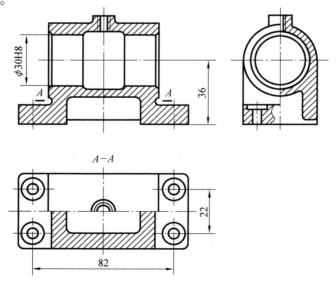

图 9.7 零件上的主要尺寸直接标注

(2) 不要注成封闭尺寸链。在图样中每一个度量方向上,按一定的顺序依次连接起来的尺寸标注形式称为尺寸链,尺寸链中的每一部分称为环。若所有的环都标注尺寸,就形成了封闭尺寸链。这种尺寸标注会出现误差积累,而且可能恰好积累在某一重要的尺寸上,从而导致零件成次品或废品。因此,实际标注尺寸时,应在尺寸链中选一个不重要的环不注尺寸,将其他各环尺寸误差积累到该环中,如图9.8所示。

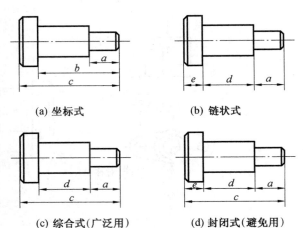

(a) 坐标式　　(b) 链状式
(c) 综合式(广泛用)　　(d) 封闭式(避免用)

图9.8　尺寸标注形式

2. 满足工艺要求

(1) 按加工顺序标注尺寸。轴套类零件或阶梯孔按加工顺序标注尺寸,便于加工测量,如图9.9所示轴的尺寸标注。

(2) 同一种加工方法的尺寸应尽量集中标注。如图9.9,轴上的键槽尺寸在铣床上加工,长度尺寸标注在主视图上,而槽宽和槽深的尺寸集中标注在断面图上。

(3) 标注尺寸应尽量考虑测量方便,如图9.10所示。

3. 常见结构要素的尺寸标注

零件上常见结构要素要按一定的标注方式进行尺寸标注,如表9.1所示。

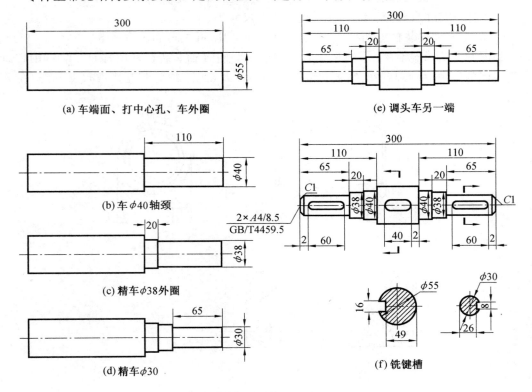

图9.9　轴的加工顺序

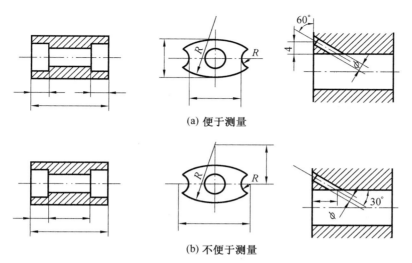

(a) 便于测量

(b) 不便于测量

图 9.10 标注尺寸应便于测量

表 9.1

零件结构类型		标 注 图 例			说 明
光孔	一般孔	4×ϕ5▼10	4×ϕ5▼10	4×ϕ5	4×ϕ5 表示直径为 5、有规律分布的四个圆孔。孔深可以与孔径连注,也可分开注出
	精加工孔	4×ϕ5$^{+0.012}_{0}$▼10 钻孔▼12	4×ϕ5$^{+0.012}_{0}$▼10 钻孔▼12	4×ϕ5$^{+0.012}_{0}$	光孔深为 12,钻孔后需精加工至 ϕ5$^{+0.012}_{0}$,深度为 10
	锥销孔	锥销孔ϕ5 装配时作	锥销孔ϕ5 装配时作	锥销孔ϕ5 装配时作	ϕ5 为与锥销孔相配的圆锥销小头直径。锥销孔通常是相邻两零件装配后一起加工的
沉孔	锥形沉孔	6×ϕ7 ∨ϕ13×90°	6×ϕ13×90°	ϕ13 90° 6×ϕ7	6×ϕ7 表示直径为 7,有规律分布的 6 个孔。锥形部分尺寸可以旁注,也可以直接注出
	柱形沉孔	4×ϕ6 ⊔ϕ10▼3.5	4×ϕ6 ⊔ϕ10▼3.5	ϕ10 3.5 4×ϕ6	4×ϕ6 的意义同上,柱形沉孔的直径为 10,深度为 3.5,均需注出

续表 9.1

零件结构类型		标注图例	说明
沉孔	锪平孔	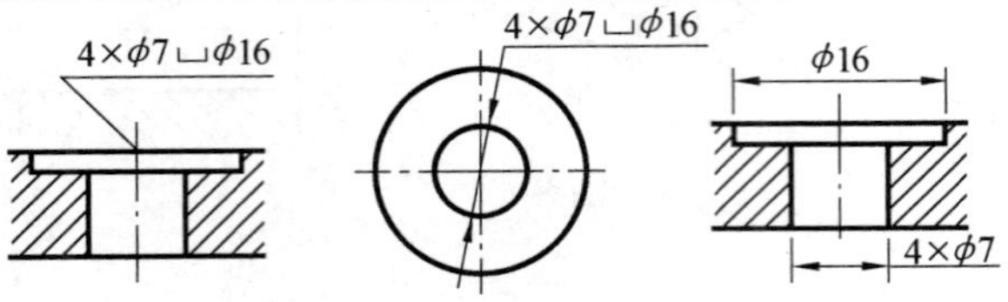	锪平面 φ16 的深度不需标注,一般锪平到不出现毛面为止
螺孔	通孔	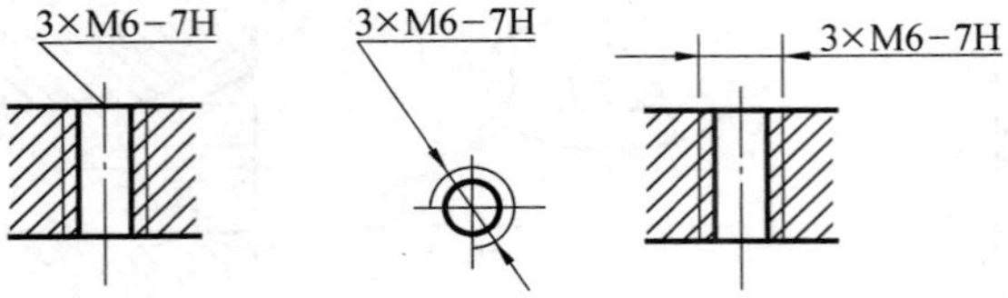	3×M6 表示大径为 6,有规律分布的三个螺孔,可以旁注,也可直接注出
	不通孔	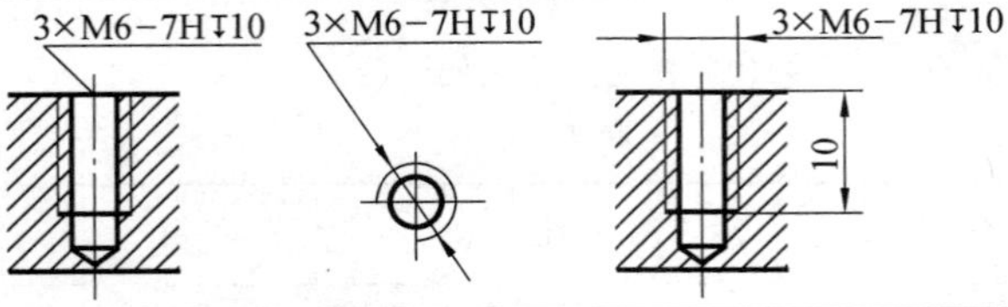	螺孔深度可与螺孔直径连注,也可分开注出
	不通孔	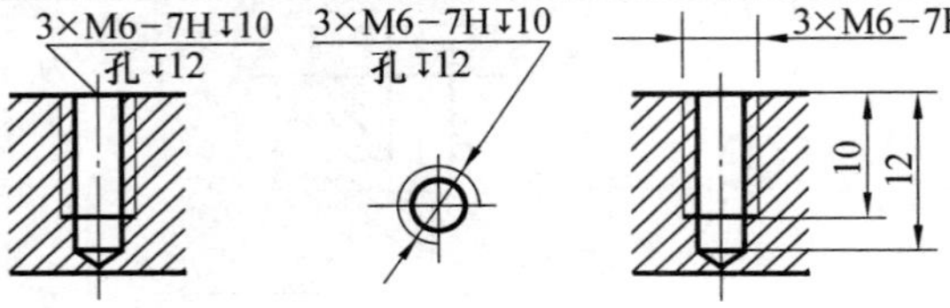	需要注出孔深时,应明确标注孔深尺寸
倒角		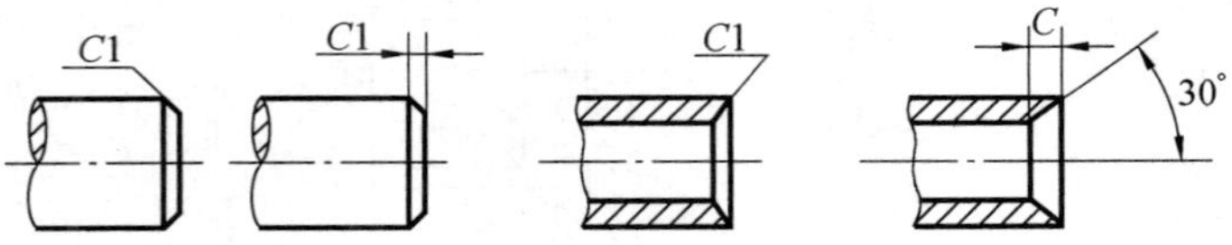	
退刀槽		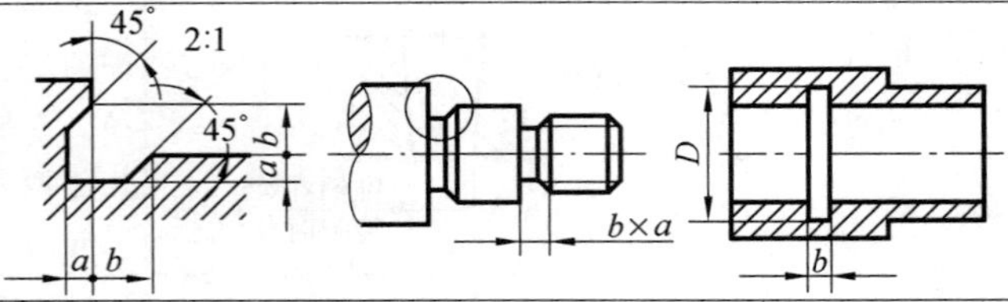	退刀槽可按"槽宽×直径"或"槽宽×槽深"形式标注
键槽	平键键槽	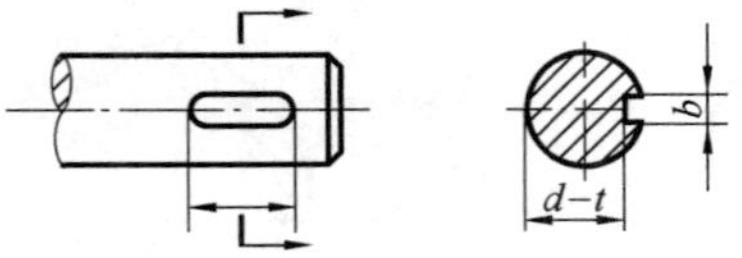	
	半圆键键槽	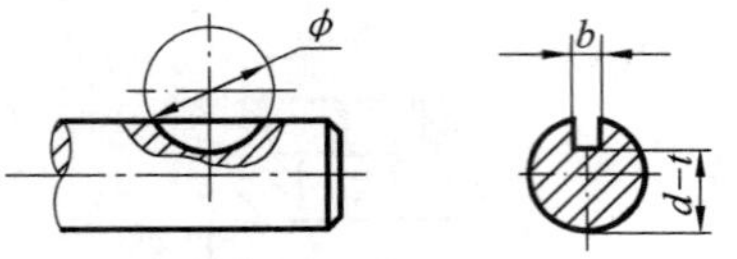	半圆键如图所示标注便于测量和选择铣刀直径

第四节　零件上的常见结构

零件的结构形状,主要是根据它在部件或机器中的作用决定的。但是制造工艺对零件的结构也有某些要求。因此,为了正确绘制图样,必须对一些常见的结构有所了解,下面介绍它们的基本知识和表示方法。

一、铸造零件的工艺结构

1. 拔模斜度

用铸造方法制造零件的毛坯时,为了便于将木模从砂型中取出,一般沿木模拔模的方向作成约 1∶20 的斜度,叫做拔模斜度。因而铸件上也有相应的斜度,如图 9.11(a)所示。这种斜度在图上可以不标注,也可不画出,如图 9.11(b)所示。必要时,可在技术要求中注明。

2. 铸造圆角

在铸件毛坯各表面的相交处,都有铸造圆角(图 9.12)。这样既便于起模,又能防止在浇铸时铁水将砂型转角处冲坏,还可避免铸件在冷却时产生裂纹或缩孔。铸造圆角半径在图上一般不注出,而写在技术要求中。

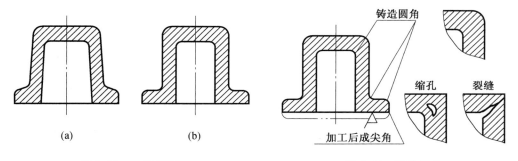

图 9.11　拔模斜度　　　　　图 9.12　铸造圆角

铸件表面由于圆角的存在,使铸件表面的交线变得不很明显,这种不明显的交线称为过渡线。过渡线的画法与相贯线画法基本相同,只是过渡线的两端与圆角轮廓线之间应留有空隙,如图 9.13。

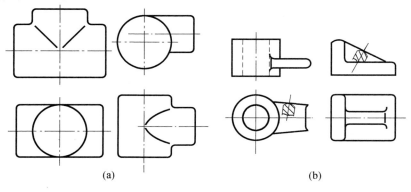

图 9.13　过渡线及其画法

3. 铸件壁厚

在浇铸零件时,为了避免各部分因冷却速度不同而产生缩孔或裂纹,铸件的壁厚应保持大致均匀,或采用渐变的方法,并尽量保持壁厚均匀,见图 9.14。

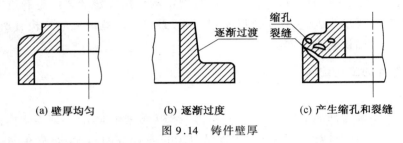

图 9.14 铸件壁厚

二、零件加工的工艺结构

1. 倒角与倒圆

为了便于零件的装配并消除毛刺或锐边,在轴和孔的端部都作出倒角。为减少应力集中,有轴肩处往往制成圆角过渡形式,称为倒圆。两者的画法和标注方法见图 9.15。

2. 退刀槽和砂轮越程槽

在切削加工,特别是在车螺纹和磨削时,为便于退出刀具或使砂轮可稍微越过加工面,常在待加工面的末端先车出退刀槽或砂轮越程槽,见图 9.16 和 9.17。

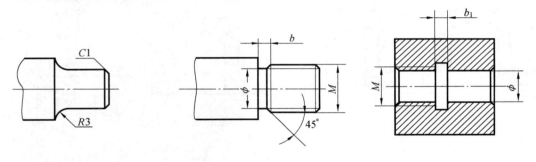

图 9.15 倒角与倒圆　　　　图 9.16 螺纹退刀槽

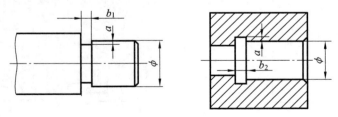

图 9.17 砂轮越程槽

3. 钻孔结构

用钻头钻出的盲孔,底部有 1 个 120°的锥顶角。圆柱部分的深度称为钻孔深度,见图 9.18(a)。在阶梯形钻孔中,有锥顶角为 120°的圆锥台,见图 9.18(b)。

用钻头钻孔时,要求钻头轴线尽量垂直于被钻孔的端面,以避免钻头折断。图 9.19 表示三种钻孔端面的正确结构。

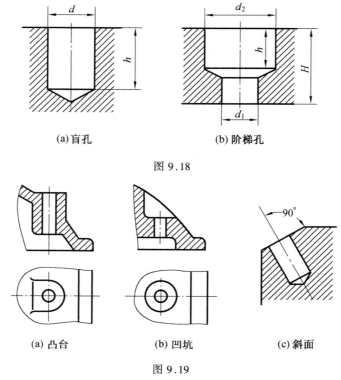

(a) 盲孔　　　　　(b) 阶梯孔

图 9.18

(a) 凸台　　(b) 凹坑　　(c) 斜面

图 9.19

4.凸台和凹坑

零件上与其他零件的接触面,一般都要进行加工。为减少加工面积并保证零件表面之间有良好的接触,常在铸件上设计出凸台和凹坑。图 9.20(a)、(b)表示螺栓连接的支承面做成凸台和凹坑形式,图 9.20(c)、(d)表示为减少加工面积而做成凹槽和凹腔结构。

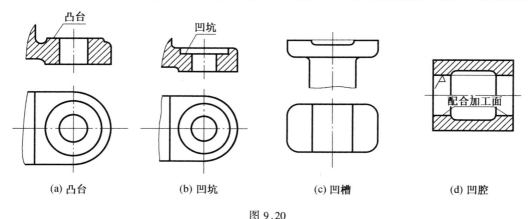

(a) 凸台　　(b) 凹坑　　(c) 凹槽　　(d) 凹腔

图 9.20

第五节　零件图中的技术要求

零件图上除了有表达零件形状的图形和表达零件大小的尺寸外,还必须有制造该零件时应达到的一些技术要求。技术要求主要包括:表面粗糙度、尺寸公差、形状和位置公差,材料热处理和表面处理,零件的特殊加工要求、检验和试验说明等。

零件图上的技术要求如尺寸公差、形位公差、表面粗糙度应按国家标准规定的各种代(符)号标注在图形上,无法标注在图形上的内容,可用文字分条注写在图纸下方空白处。

本节主要介绍表面粗糙度和尺寸公差与配合。

一、表面粗糙度

1.概述

加工零件时,由于刀具在零件表面上留下刀痕和切削时表面金属的塑性变形等影响,使零件表面存在着间距较小的轮廓峰谷,如图9.21所示。这种表面上具有较小间距的峰谷所组成的微观几何形状特性,称为表面粗糙度。表面粗糙度是衡量零件质量的标志之一,它对零件的配合性质、耐磨性、抗腐蚀性、密封性、外观要求等都有影响。机器设备对零件各个表面的要求不一样,因

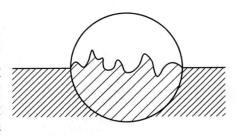

图9.21 零件表面的微观情况

此,对零件表面粗糙度的要求也各有不同。一般说来,凡零件上有配合要求或有相对运动的表面,表面粗糙度参数值小。因此,应在满足零件表面功能的前提下,合理选用表面粗糙度参数。

2.评定表面结构常用的轮廓参数

国家标准规定了评定表面结构的各种参数,其中轮廓参数是目前工程图样中最常用的评定参数,从粗糙度轮廓、波纹度轮廓、原始轮廓上计算得到的参数分别为 R 参数、W 参数、P 参数。零件的表面粗糙度一般采用 R 参数,包括 Ra 和 Rz,通常优先采用轮廓算术平均偏差 Ra 来评定。

①轮廓算术平均偏差 Ra　它是在取样长度 lr 内,纵坐标 $Z(x)$(被测轮廓上的各点至基准线 x 的距离)绝对值的算术平均值,如图9.22所示。可用下式表示

$$Ra = \frac{1}{lr}\int_0^{lr} |Z(x)| \, dx$$

②轮廓最大高度 Rz　它是在一个取样长度内,最大轮廓峰高与最大轮廓谷深之和,如图9.22所示。

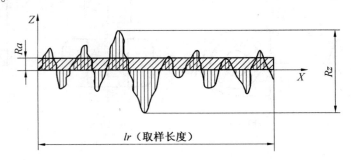

图9.22　Ra、Rz 参数示意图

Ra 和 Rz 系列值如表9.2所示。

3.表面粗糙度的选用

零件表面粗糙度数值的选用,应该既要满足零件表面的功用要求,又要考虑经济合理性。具体选用时,可参照生产中的实例,用类比法确定,同时注意以下问题:

表 9.2　Ra 和 Rz 系列值　（单位：μm）

0.012		6.3	6.3
0.025	0.025	12.5	12.5
0.05	0.05	25	25
0.1	0.1	50	50
0.2	0.2	100	100
0.4	0.4		200
0.8	0.8		400
1.6	1.6		800
3.2	3.2		1 600

(1)在满足功用的前提下,尽量选用较大的 Ra 值,以降低生产成本;
(2)在同一零件上,工作面比非工作面 Ra 值小;
(3)配合性质相同时,零件尺寸大的比零件尺寸小的表面 Ra 值大。同一公差等级,小尺寸比大尺寸、轴比孔的 Ra 值要小;
(4)受循环载荷的表面及容易产生应力集中的表面的 Ra 值要小;
(5)运动速度高、单位压力大的摩擦表面,比运动速度低、单位压力小的摩擦表面 Ra 值小;
(6)一般说来,尺寸、表面形状要求精度高的表面 Ra 值小,不同的加工方法可以得到不同的 Ra 值,参照表 9.3。

表 9.3　表面粗糙度的表面特征、经济加工方法及应用示例

表面微观特征		$Ra/\mu m$	加工方法	应用举例
粗糙表面	明显见刀痕	≤20	粗车、粗刨、粗铣、钻、毛锉、锯断	半成品粗加工的表面,非配合的加工表面,如轴端面、倒角、钻孔、齿轮和带轮侧面、键槽底面、垫圈接触面等
半光表面	微见加工痕迹	≤10	车、刨、铣、镗、钻、粗铰	轴上不安装轴承、齿轮的非配合表面,紧固件的自由装配表面,轴和孔的退刀槽等
	微见加工痕迹	≤5	车、刨、铣、镗、拉、粗刮、滚压	半精加工表面,箱体、支架、端面和套筒等和其他零件结合而无配合要求的表面,需要发蓝的表面等
	看不清加工痕迹	≤2.5	车、刨、铣、镗、磨、拉、刮、压、铣齿	近于精加工表面,箱体上安装轴承的镗孔表面,齿轮的工作面等
光表面	可辨加工痕迹方向	≤1.25	车、镗、磨、拉、刮、精铰、磨齿、滚压	圆柱销、圆锥销、与滚动轴承配合的表面,普通车床导轨面,内、外花键定心表面等
	微辨加工痕迹方向	≤0.63	精铰、精镗、磨、刮、滚压	要求配合性质稳定的配合表面,工作时受交变应力的重要零件,较高精度车床的导轨面等
	不可辨加工痕迹方向	≤0.32	精磨、珩磨、研磨、超精加工	精密机床主轴锥孔、顶尖圆锥面,发动机曲轴,凸轮轴工作表面,高精度齿轮齿面
极光表面	暗光泽面	≤0.16	精磨、研磨、普通抛光	精密机床主轴颈表面,一般量规工作表面,汽缸套内表面,活销表面等
	亮光泽面	≤0.08	超精磨、精抛光、镜面磨削	精密机床主轴颈表面,滚动轴承的滚珠,高压油泵中柱塞和柱塞孔配合的表面等
	镜状光泽面	≤0.04	镜面磨削	
	镜面	≤0.01	镜面磨削、超精磨	高精度量仪、量块的工作表面,光学仪器中的金属镜面等

4. 表面粗糙度符号及其参数值的标注方法

(1) 表面粗糙度符号的画法见图 9.23

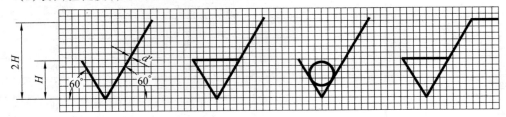

$H = 1.4h \quad d' = 1/10h \quad h = 字体高度$

图 9.23 表面粗糙度符号的画法

(2) 表面粗糙度的符号及其意义见表 9.4。

表 9.4 表面结构图形符号及其含义

符号名称	符号样式	含义及说明
基本图形符号	✓	未指定工艺方法的表面;基本图形符号仅用于简化代号标注,当通过一个注释解释时可单独使用,没有补充说明时不能单独使用
扩展图形符号	✓	用去除材料的方法获得表面,如通过车、铣、刨、磨等机械加工的表面;仅当其含义是"被加工表面"时可单独使用
	✓	用不去除材料的方法获得表面,如铸、锻等;也可用于保持上道工序形成的表面,不管这种状况是通过去除材料或不去除材料形成的
完整图形符号	✓ ✓ ✓	在基本图形符号或扩展图形符号的长边上加一横线,用于标注表面粗糙度的补充信息
工件轮廓各表面图形符号	✓ ✓ ✓	当在某个视图上组成封闭轮廓的各表面有相同的表面粗糙度要求时,应在完整图形符号上加一圆圈,标注在图样中工件的封闭轮廓线上

(3) 表面粗糙度 Ra 值的标注

表面粗糙度参数值 Ra 的标注见表 9.5。

标注表面粗糙度参数时应使用完整图形符号;在完整图形符号中注写了参数代号、极限值等要求后,称为表面粗糙度代号。表面结构代号示例见表 9.5。

表 9.5 表面粗糙度代号示例

代 号	含义/说明
✓Ra 1.6	表示去除材料,粗糙度算术平均偏差 1.6 μm
✓Rz ma×0.2	表示不允许去除材料,粗糙度最大高度的最大值 0.2 μm
✓U Ra ma×3.2 L Ra 0.8	表示不允许去除材料,双向极限值,上限值:算术平均偏差 3.2 μm,下限值:算术平均偏差 0.8 μm
✓铣 -0.8/Ra 3 6.3 ⊥	表示去除材料,取样长度 0.8 mm,算术平均偏差极限值 6.3 μm,评定长度包含 3 个取样长度,加工方法:铣削,纹理垂直于视图所在的投影面

(4) 表面粗糙度要求在图样中的标注

表面粗糙度在图样中的标注实例如表 9.6 所示。

表9.6 表面粗糙度在图形中的标注实例

说 明	实 例
表面粗糙度要求对每一表面一般只标注一次,并尽可能注在相应的尺寸及其公差的同一视图上。表面粗糙度要求的注写和读取方向与尺寸的注写和读取方向一致	
表面粗糙度要求可标注在轮廓线或其延长线上,其符号应从材料外指向并接触表面。必要时表面结构符号也可用带箭头和黑点的指引线引出标注	
在不致引起误解时,表面粗糙度要求可以标注在给定的尺寸线上	
表面粗糙度要求可以标注在几何公差框格的上方	
如果在工件在多数表面有相同的表面粗糙度要求,则其表面粗糙度要求可统一标注在图样的标题栏附近,此时,表面粗糙度要求的代号后应有以下两种情况:①在圆括号内给出无任何其他标注的基本符号(图(a));②在圆括号内给出不同的表面粗糙度要求(图(b))	
当多个表面有相同的表面粗糙度要求或图纸空间有限时,可以采用简化注法。①用带字母的完整图形符号,以等式的形式,在图形或标题栏附近,对有相同表面粗糙度要求的表面进行简化标注(图(a))②用基本图形符号或扩展图形符号,以等式的形式给出对多个表面共同的表面粗糙度要求(图(b))	

二、极限与配合

1. 零件的互换性

在日常生活中,自行车或汽车的零件坏了,可买个新的换上,并能很好地满足使用要求。其所以能这样方便,就因为这些零件具有互换性。

所谓零件的互换性是指同一规格的任一零件在装配时不经选择或修配,就达到预期的配合性质,满足使用要求。要满足零件的互换性,就要求有配合关系的尺寸在一个允许的范围内变动,并且在制造上又是经济合理的。零件具有互换性,不但给装配、维修带来方便,还可用专用设备生产,提高产品数量和质量,同时降低产品的成本。

2. 有关术语

在加工过程中,不可能把零件的尺寸做得绝对准确。为了保证互换性,必须将零件尺寸的加工误差限制在一定的范围内,规定出加工尺寸的可变动量。下面用图 9.24 来说明公差的有关术语。

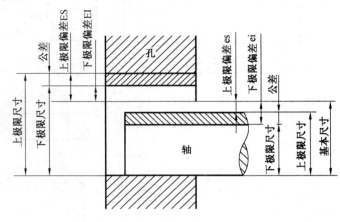

图 9.24

(1)基本尺寸。根据零件强度、结构和工艺性要求,设计确定的尺寸。

(2)实际尺寸。通过测量所得到的尺寸。

(3)极限尺寸。允许尺寸变化的两个界限值。它以基本尺寸为基数来确定。两个界限值中较大的一个称为上极限尺寸;较小的一个称为下极限尺寸。

(4)尺寸偏差(简称极限偏差)。某一尺寸减其相应的基本尺寸所得的代数差。尺寸偏差有:

$$上极限偏差 = 上极限尺寸 - 基本尺寸$$
$$下极限偏差 = 下极限尺寸 - 基本尺寸$$

上、下极限偏差统称极限偏差。上、下极限偏差可以是正值、负值或零。

国家标准规定:孔的上极限偏差代号为 ES,孔的下极限偏差代号为 EI;轴的上极限偏差代号为 es,轴的下极限偏差代号为 ei。

(5)尺寸公差(简称公差)。允许实际尺寸的变动量

$$尺寸公差 = 上极限尺寸 - 下极限尺寸 = 上极限偏差 - 下极限偏差$$

因为上极限尺寸总是大于下极限尺寸,所以尺寸公差一定为正值。

(6)公差带和公差带图。公差带表示公差大小和相对于零线位置的一个区域。零线是确定偏差的一条基准线,通常以零线表示基本尺寸。为了便于分析,一般将尺寸公差与基本尺寸的关系,按放大比例画成简图,称为公差带图。在公差带图中,上、下极限偏差的距离应成比例,公差带方框的左右长度根据需要任意确定,如图9.25。

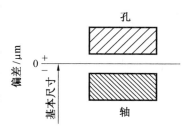

图9.25 公差带图

(7)公差等级。确定尺寸精确程度的等级。国家标准将公差等级分为20级:IT01、IT0、IT1~IT18。"IT"表示标准公差,公差等级的代号用阿拉伯数字表示。IT01~IT18,精度等级依次降低。

(8)标准公差。用以确定公差带大小的任一公差。对于一定的基本尺寸,公差等级愈高,标准公差值愈小,尺寸的精确程度愈高。基本尺寸和公差等级相同的孔与轴,它们的标准公差值相等。国家标准把小于等于500 mm的基本尺寸范围分成13段,按不同的公差等级列出了各段基本尺寸的公差值,为标准公差,详见附表3.3。

(9)基本偏差。用以确定公差带相对于零线位置的上极限偏差或下极限偏差。一般是指靠近零线的那个极限偏差,如图9.26。

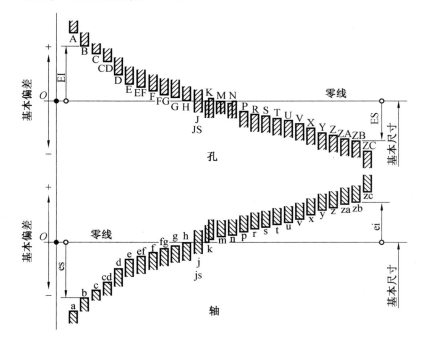

图9.26 基本偏差系列图

根据实际需要,国家标准分别对孔和轴各规定了28个不同的基本偏差(如图9.26)。轴和孔的基本偏差数值见附表3.1和附表3.2。

从图9.26可知:

基本偏差用拉丁字母表示,大写字母代表孔,小写字母代表轴。

轴的基本偏差从 a~h 为上极限偏差,从 j~zc 为下极限偏差,js 的上、下极限偏差分别为 $+\frac{IT}{2}$ 和 $-\frac{IT}{2}$。

孔的基本偏差从 A~H 为下极限偏差,从 J~ZC 为上极限偏差。JS 的上、下极限偏差分别为 $+\frac{IT}{2}$ 和 $-\frac{IT}{2}$。

轴和孔的另一偏差可根据轴和孔的基本偏差和标准公差,按以下代数式计算。

轴的上极限偏差(或下极限偏差):es = ei + IT 或 ei = es – IT;

孔的上极限偏差(或下极限偏差):ES = EI + IT 或 EI = ES – IT。

(10)孔、轴的公差带代号。由基本偏差与公差等级代号组成,并且要用同一号字母书写。例如 $\phi 50H8$ 的含义是:

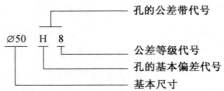

此公差带的全称是:基本尺寸为 $\phi 50$,公差等级为 8 级,基本偏差为 H 的孔的公差带。又如 $\phi 50f7$ 的含义是:

此公差带的全称是:基本尺寸为 $\phi 50$,公差等级为 8 级,基本偏差为 f 的轴的公差带。

3.配合的有关术语

在机器装配中,将基本尺寸相同的、相互结合的孔和轴公差带之间的关系,称为配合。

(1)配合种类。根据机器的设计要求和生产实际的需要,国家标准将配合分为三类:

①间隙配合:孔的公差带完全在轴的公差带之上,任取其中一对轴和孔相配都成为具有间隙的配合(包括最小间隙为零),如图9.27(a)。

②过盈配合:孔的公差带完全在轴的公差带之下,任取其中一对轴和孔相配都成为具有过盈的配合(包括最小过盈为零),如图9.27(b)。

③过渡配合:孔和轴的公差带相互交叠,任取其中一对孔和轴相配合,可能具有间隙,也可能具有过盈的配合,如图9.27(c)。

(2)配合的基准制。国家标准规定了两种基准制:

①基孔制:基本偏差为一定的孔的公差带,与不同基本偏差的轴的公差带构成各种配合的一种制度称为基孔制。这种制度在同一基本尺寸的配合中,是将孔的公差带位置固定,通过变动轴的公差带位置,得到各种不同的配合,如图9.28(a)所示。

基孔制的孔称为基准孔。国家标准规定基准孔的下偏差为零,"H"为基准孔的基本偏差。

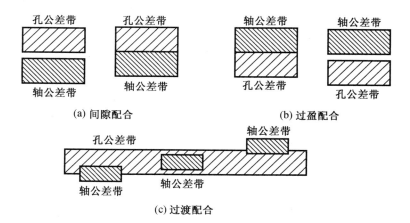

图9.27 配合的种类

②基轴制:基本偏差为一定的轴的公差带与不同基本偏差的孔的公差带构成各种配合的一种制度称为基轴制。这种制度在同一基本尺寸的配合中,是将轴的公差带位置固定,通过变动孔的公差带位置,得到各种不同的配合,如图9.28(b)。

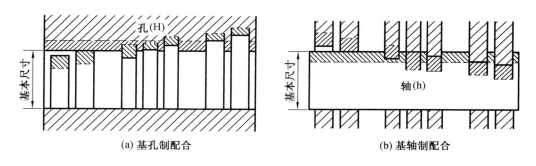

图9.28 配合的基准制

基轴制的轴称为基准轴。国家标准规定基准轴的上偏差为零,"h"为基轴制的基本偏差。

从图9.26中不难看出:基孔制(基轴制)中,a~h(A~H)用于间隙配合;j~zc(J~ZC)用于过渡配合和过盈配合。

4.公差与配合的选用

(1)选用优先公差带和优先配合。国家标准根据机械工业产品生产使用的需要,考虑到定值刀具、量具的统一,规定了一般用途孔公差带105种,轴公差带119种以及优先选用的孔、轴公差带。国标还规定轴、孔公差带中组合成基孔制常用配合59种,优先配合13种;基轴制常用配合47种,优先配合13种见表9.6和表9.7。应尽量选用优先配合和常用配合。

(2)选用基孔制。一般情况下优先采用基孔制。这样可以限制定值刀具、量具的规格和数量。基轴制通常仅用于有明显经济效果和结构设计要求不适合采用基孔制的场合。一些标准滚动轴承的外环与孔的配合,也采用基轴制。

(3)选用孔比轴低一级的公差等级。由于加工孔较困难,一般在配合中选用孔比轴低一级的公差等级,如 H8/h7。

5.公差与配合的标注

(1)在装配图中的标注方法。配合的代号由两个相互结合的孔和轴的公差带的代号组成,用分数形式表示,分子为孔的公差带代号,分母为轴的公差带代号,标注的通用形式如图 9.29。

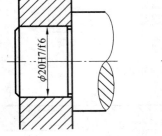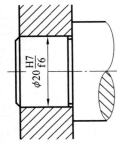

图 9.29 装配图中配合的标注方法

(2)在零件图中的标注方法:

① 标注公差带的代号,如图 9.30(a)。这种注法可以和采用专用量具检验零件统一起来,以适应大批量生产的要求。它不需要标注极限偏差数值。

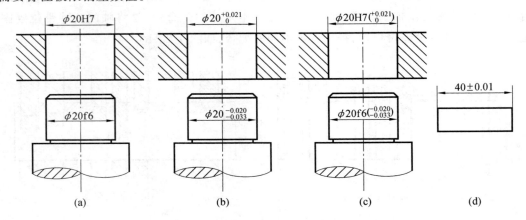

图 9.30 零件图中公差的标注方法

② 标注极限偏差数值,如图 9.30(b)。上(下)极限偏差注在基本尺寸的右上(下)方,偏差数字应比基本尺寸数字小 1 号。当上(下)极限偏差数值为零时,可简写为"0",另一极限偏差仍标在原来的位置上,如图 9.30(b)。如果上、下极限偏差的数值相同,则在基本尺寸数字后标注"±"符号,再写上极限偏差数值。这时数值的字体与基本尺寸字体同高,如图 9.30(d)。这种注法主要用于小量或单件生产,以便加工和检验时减少辅助时间。

③ 公差带代号和偏差数值一起标注,如图 9.30(c)。

6.查表方法

基本尺寸、基本偏差和标准公差等级确定以后,公差的极限偏差数值就可以从相应的表中查得。

【例 9.1】 说明 $\phi 60 \dfrac{H7}{n6}$ 的含义并查表写出其偏差值。

说明:由表 9.6 可知,$\phi 60 \dfrac{H7}{n6}$ 为基孔制优先过渡配合。$\phi 60$ 为基本尺寸;H7 是孔的公差带代号;H 为基准孔的基本偏差;7 是孔的公差等级;n6 是轴的公差带代号;n 为轴的基本偏差;6 为轴的公差等级。

表 9.6 基孔制优先配合、常用配合(摘自 GB/T 1801—1999)

基准孔	轴																				
	a	b	c	d	e	f	g	h	js	k	m	n	p	r	s	t	u	v	x	y	z
	间隙配合								过渡配合				过盈配合								
H6						$\frac{H6}{f5}$	$\frac{H6}{g5}$	$\frac{H6}{h5}$	$\frac{H6}{js5}$	$\frac{H6}{k5}$	$\frac{H6}{m5}$	$\frac{H6}{n5}$	$\frac{H6}{p5}$	$\frac{H6}{r5}$	$\frac{H6}{s5}$	$\frac{H6}{t5}$					
H7						$\frac{H7}{f6}$	$\frac{H7}{g6}$	$\frac{H7}{h6}$	$\frac{H7}{js6}$	$\frac{H7}{k6}$	$\frac{H7}{m6}$	$\frac{H7}{n6}$	$\frac{H7}{p6}$	$\frac{H7}{r6}$	$\frac{H7}{s6}$	$\frac{H7}{t6}$	$\frac{H7}{u6}$	$\frac{H7}{v6}$	$\frac{H7}{x6}$	$\frac{H7}{y6}$	$\frac{H7}{z6}$
H8					$\frac{H8}{e7}$	$\frac{H8}{f7}$	$\frac{H8}{g7}$	$\frac{H8}{h7}$	$\frac{H8}{js7}$	$\frac{H8}{k7}$	$\frac{H8}{m7}$	$\frac{H8}{n7}$	$\frac{H8}{p7}$	$\frac{H8}{r7}$	$\frac{H8}{s7}$	$\frac{H8}{t7}$	$\frac{H8}{u7}$				
				$\frac{H8}{d8}$	$\frac{H8}{e8}$	$\frac{H8}{f8}$		$\frac{H8}{h8}$													
H9			$\frac{H9}{c9}$	$\frac{H9}{d9}$	$\frac{H9}{e9}$	$\frac{H9}{f9}$		$\frac{H9}{h9}$													
H10			$\frac{H10}{c10}$	$\frac{H10}{d10}$				$\frac{H10}{h10}$													
H11	$\frac{H11}{a11}$	$\frac{H11}{b11}$	$\frac{H11}{c11}$	$\frac{H11}{d11}$				$\frac{H11}{h11}$													
H12		$\frac{H12}{b12}$						$\frac{H12}{h12}$													

注:1. $\frac{H6}{n6}$、$\frac{H6}{p6}$ 在基本尺寸小于或等于 3 mm 和 $\frac{H8}{r7}$ 在小于或等于 100 mm 时,为过渡配合。

2. 标注 ▼ 的配合为优选配合。

表 9.7 基轴制优先配合、常用配合(摘自 GB/T 1801—1999)

基准孔	轴																				
	A	B	C	D	E	F	G	H	JS	K	M	N	P	R	S	T	U	V	X	Y	Z
	间 隙 配 合							过渡配合				过 盈 配 合									
h5						$\frac{F6}{h5}$	$\frac{G6}{h5}$	$\frac{H6}{h5}$	$\frac{JS6}{h5}$	$\frac{K6}{h5}$	$\frac{M6}{h5}$	$\frac{N6}{h5}$	$\frac{P6}{h5}$	$\frac{R6}{h5}$	$\frac{S6}{h5}$	$\frac{T6}{h5}$					
h6						$\frac{F7}{h6}$	$\frac{G7}{h6}$	▼$\frac{H7}{h6}$	$\frac{JS7}{h6}$	▼$\frac{K7}{h6}$	$\frac{M7}{h6}$	$\frac{N7}{h6}$	▼$\frac{P7}{h6}$	$\frac{R7}{h6}$	$\frac{S7}{h6}$	$\frac{T7}{h6}$	▼$\frac{U7}{h6}$				
h7					$\frac{E8}{h7}$	▼$\frac{F8}{h7}$		▼$\frac{H8}{h7}$	$\frac{JS8}{h7}$	$\frac{K8}{h7}$	$\frac{M8}{h7}$	$\frac{N8}{h7}$									
h8				$\frac{D8}{h8}$	$\frac{E8}{h8}$	$\frac{F8}{h8}$		$\frac{H8}{h8}$													
h9				▼$\frac{D9}{h9}$	$\frac{E9}{h9}$	$\frac{F9}{h9}$		▼$\frac{H9}{h9}$													
h10				$\frac{D10}{h10}$				$\frac{H10}{h10}$													
h11	$\frac{A11}{h11}$	$\frac{B11}{h11}$	▼$\frac{C11}{h11}$	$\frac{D11}{h11}$				▼$\frac{H11}{h11}$													
h12		$\frac{B12}{h12}$						$\frac{H12}{h12}$													

注:标注 ▼ 的配合为优选配合。

ϕ60H7 基准孔的极限偏差可由附表 3.2 查得。在该表中由基本尺寸 >50~65 的行和公差带代号 H7 的列相交处查得 $^{+30}_{\ 0}(\mu m)$ 即 $^{+0.030}_{\ \ \ 0}(mm)$。由此 ϕ60H7 可写成 $\phi 60^{+0.030}_{\ \ \ 0}$。

ϕ60n6 为轴的极限偏差，可由附表 3.1 查得。在该表中由基本尺寸 >50~65 的行和公差带代号 n6 的列相交处查得 $^{+39}_{+20}(\mu m)$ 即 $^{+0.039}_{+0.020}(mm)$。由此 ϕ60n6 可写成 $\phi 60^{+0.039}_{+0.020}$。

查表应该注意的问题是：

（1）处于尺寸段边界的尺寸应属于前一段，如基本尺寸为 30 mm，应在 >18~30 尺寸段，而不能查 >30~50 mm 尺寸段。

（2）表中查出的公差或偏差值单位均为微米，而图中标注的尺寸单位是毫米，因此应进行单位换算。

标注极限偏差时应注意事项：

（1）零偏差不得省略，正号不能省略。

（2）上极限偏差和下极限偏差小数点对齐，下极限偏差与基本尺寸在同一底线上，如 $\phi 40^{+0.005}_{+0.034}$。

第六节　零件的测绘

零件的测绘就是根据实际零件画出它的图形，测量出它的尺寸并制订出技术要求。测绘时，首先以徒手画出零件草图，然后根据该草图画出零件工作图。

一、画零件草图的方法和步骤

1．了解和分析测绘对象

首先应了解零件的名称、用途、材料以及它在机器（或部件）中的位置和作用；然后对该零件进行结构分析和制造方法的大致分析。

2．确定视图表达方案

根据零线的形状特征，按加工位置或工作位置确定其主视图；再按零件的内外结构特点选用必要的其他视图、剖视、断面等表达方法。

3．绘制零件草图

以绘制齿轮油泵泵盖草图为例，步骤如下，可参阅图 9.31。

（1）布图。在图纸上定出各视图的位置。画出各视图的基准线、中心线，如图 9.31（a）。安排各视图的位置时，要考虑到各视图间应有标注尺寸的地方，右下角留有标题栏的位置。

（2）画图。详细地画出零件外部和内部的结构形状，各视图之间要符合投影规律，如图 9.31（b）。

（3）尺寸标注。选择基准和画尺寸线、尺寸界线及箭头。经过仔细校核后，描深轮廓线，画好剖面线，如图 9.31（c）。

（4）测量尺寸。注出零件各表面粗糙度符号，定出技术要求，并将尺寸数字、技术要求记入图中，如图 9.31（d）。

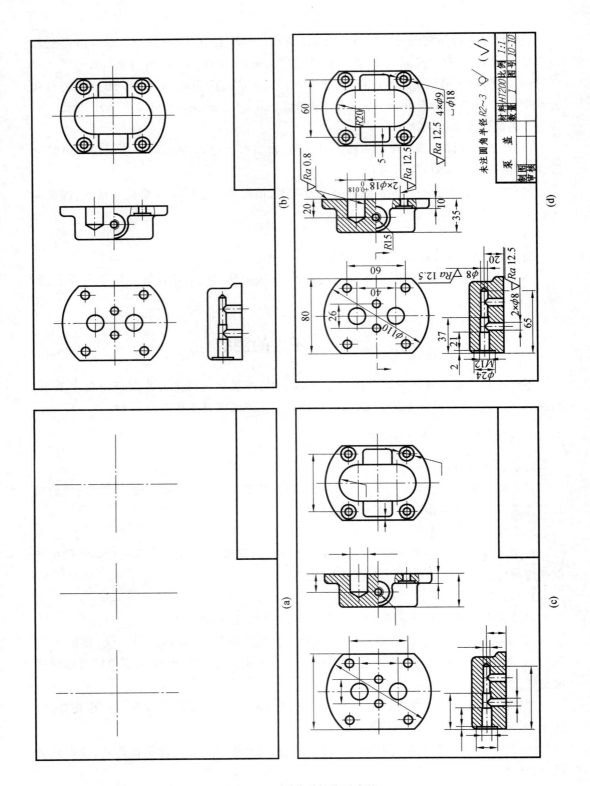

图 9.31 画泵盖零件草图步骤

二、画零件工作图的方法和步骤

零件草图是现场测绘的,所考虑的问题不一定是最完善的。因此,在画零件工作图时,需要对草图再进行审核。有些要设计、计算和选用,如表面粗糙度、尺寸公差、形位公差、材料及表面处理等;有些问题也需要重新加以考虑,如表达方案的选择、尺寸的标注等,经过复查、补充、修改后,方可画零件图。画零件图的方法和步骤如下:

(1)选好比例。根据零件的复杂程度选择比例,尽量选用 1:1;
(2)选择幅面。根据表达方案、比例、选择标准图幅;
(3)画底图。①定出各视图的基准线;②画出图形;③标出尺寸;④注写技术要求,填写标题栏;
(4)校核;
(5)描深;
(6)审核。

三、零件测绘时的注意事项

(1)零件的制造缺陷,如砂眼、气孔、刀痕、磨损等,都不应画出。
(2)零件上因制造、装配需要而形成的工艺结构,如铸造圆角、倒角等必须画出。
(3)有配合关系的尺寸(如配合的孔与轴的直径),一般只要测出它的基本尺寸。其配合性质和相应的公差值,应在分析考虑后,再查阅有关手册确定。
(4)没有配合关系的尺寸或不重要的尺寸,允许将测量所得尺寸作适当调整。
(5)对螺纹、键槽、轮齿等标准结构的尺寸,应把测量的结果与标准值对照,一般均采用标准的结构尺寸,以利制造。

第七节　看零件图的方法

一、看零件图的要求

看零件图时,应达到如下要求:
(1)了解零件的名称、材料和用途;
(2)了解组成零件各部分结构形状的特点、功用,以及它们之间的相对位置;
(3)了解零件的制造方法和技术要求。

二、看零件图的方法

现以图 9.32 为例来说明看零件图的方法和步骤。

首先,通过标题栏可以了解该零件为泵体,材料为灰口铸铁,比例为 1:1。
该零件图采用了四个基本视图,其中主视图为全剖视图,剖切位置为泵体的前后对称面,其余三个视图采用局部剖视来表达内部结构,如安装孔、螺纹孔等。

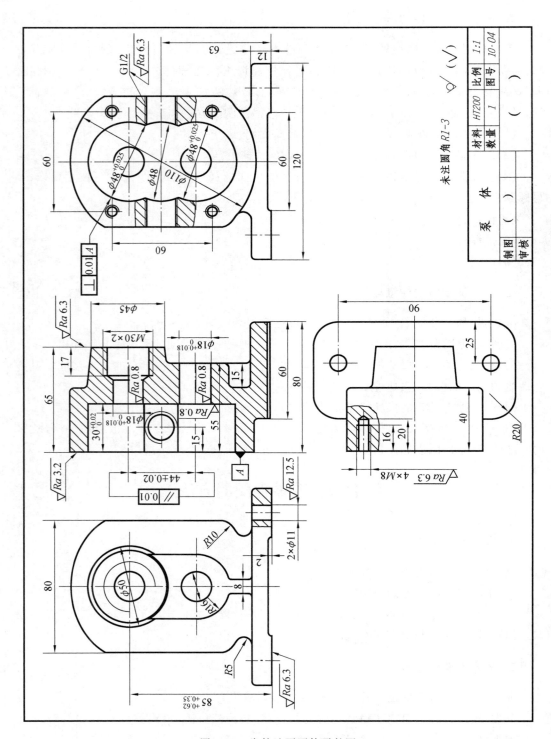

图 9.32 齿轮油泵泵体零件图

由主、俯视图可想象出它的外部形状,主要由安装板、凸缘、主体和筋板组成,如图9.33所示。安装板为带圆角的长方体,其上有两个 $\phi 11$ 的安装孔,底部有一凹槽,以减少加工面积和增加安装时的稳定度。筋板由主、右视图可知其形状,其作用是增加强度和刚度。凸缘用来支承主动轴和从动轴,凸缘4的内部有一台阶孔,其 $\phi 18^{+0.018}_{0}$ 是与主动轴配合的圆柱孔径部分,而 M30×2 螺孔内要填充填料,并用螺母拧紧后防止漏油;凸缘3的内部为 $\phi 18^{+0.018}_{0}$ 孔。孔径是与从动轴配合的,主体由主、俯、左、右视图可知其外形为长圆形;它的内部是一个大空腔,由四段内圆柱面($\phi 48$,深 $30^{+0.02}_{0}$)构成,用来容纳一对齿

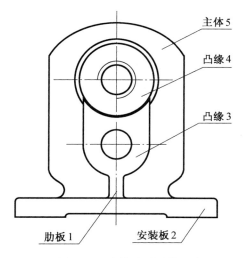

图 9.33　齿轮油泵泵体组成

轮并留有进出油的空间(由主、左视图看出),前后两侧分别由密封用螺孔(G1/2)与大空腔相通,用来连接进出油管。为了与泵盖连接,由左视图可以看出,主体左端面有四个螺纹孔。通过上述分析,就可综合想象出齿轮油泵体的整体形状。

　　接下来,分析泵体零件图中的尺寸。首先要找出主要尺寸基准,由图9.32可以看出泵体高度方向主要尺寸基准为安装板底面,辅助基准为主动轴轴孔的轴线,以此轴线为基准保证主动轴轴孔与从动轴轴孔的孔距及其相互位置。这种标注法即能保证设计要求又便于加工。长度方向的基准为左端面;宽度方向的基准为前、后对称面。主要尺寸一般都注有尺寸公差,如与轴相配合的孔的尺寸 $\phi 18^{+0.018}_{0}$,放置齿轮的内腔 $30^{+0.02}_{0}$,主动轴孔位置尺寸 $85^{+0.42}_{+0.35}$,螺纹孔、安装孔等的定形和定位尺寸及其他一般尺寸。

　　在图9.32中重要的配合面及其基准面(轴孔、底面、左端面、容纳齿轮的空腔)等均有较高的表面粗糙度要求(图中为 $\sqrt{Ra\,0.8}$ ~ $\sqrt{Ra\,3.2}$),而不重要的接触面和光孔、螺孔等表面粗糙度要求较低,为 $\sqrt{Ra\,6.3}$ ~ $\sqrt{Ra\,12.5}$,非加工面的表面粗糙度则注为 $\sqrt{}$ 。

　　最后,综合上述分析,对该泵体有了一个全面的认识,达到了读图的目的。

第十章 装 配 图

完成一定功用的若干零件的组合称为一个部件。一台机器由若干个零件和部件装配而成。表达一台机器或一个部件的图样称为装配图。

第一节 装配图的作用和内容

一、装配图的作用

装配图表示装配体的基本结构、各零件相对位置、装配关系和工作原理。在设计过程中,首先要画出装配图,然后按照装配图设计并拆画出零件图。在装配时,根据装配图中的技术要求,把单个零件先组装成部件,然后再由部件装配成机器。在使用产品时,装配图又是了解产品结构和进行调试、维修的主要依据。此外,装配图也是进行科学研究和技术交流的工具。因此,装配图是生产中的重要技术文件。

二、装配图的内容

从图 10.1 所示滑动轴承的装配图中,可见装配图的内容一般包括以下四个方面。

(1)一组视图。用来表示装配体的结构特点、各零件的装配关系和主要零件的重要结构形状。

(2)必要的尺寸。装配图不是直接指导零件加工生产的图样。因此,尺寸不必标全。一般只需标出说明部件或机器的性能、规格以及指导装配、检验及安装的几种必要尺寸。如图中 $\phi 50H8$ 为特征尺寸;240、160、80 为外形尺寸;180 和 $\phi 17$ 为安装尺寸等。

(3)技术要求。在装配图的空白处(一般在标题栏、明细栏的上方或左面),用文字、符号等说明对装配体的工作性能、装配要求、试验或使用等方面的有关条件或要求。

(4)标题栏、零件序号和明细栏。装配图涉及若干零件,因此在装配图中除用标题栏说明部件或机器的名称、比例等内容外,还必须对每种零件编写序号,并按序号在标题栏上方画出各零件的明细栏,在明细栏中应列出零件的序号、名称、数量、材料等内容。

第二节 部件的表达方法

在零件图上所采用的各种表达方法,如视图、剖视、断面、局部放大图等也同样适用于画装配图。但是画零件图所表达的是一个零件,而画装配图所表达的则是由许多零件组成的装配体(机器或部件等)。因为两种图样的要求不同,所表达的侧重面也不同。装配图应该表达出装配体的工作原理、装配关系和主要零件的主要结构形状。因此,国家标准《机械制图》对绘制装配图制定了规定画法、特殊画法和简化画法。

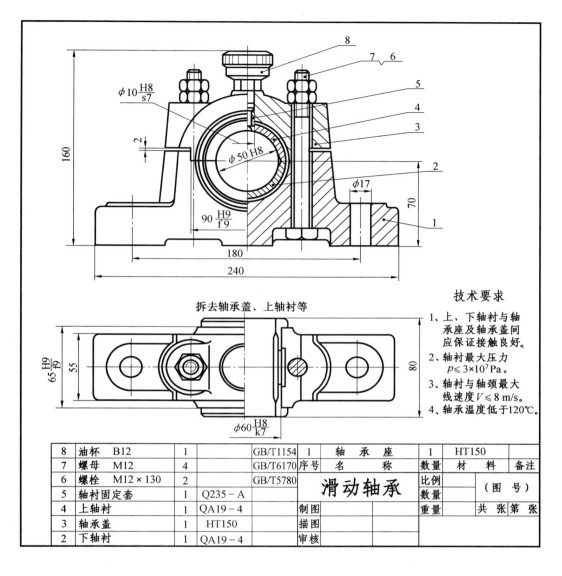

图 10.1 滑动轴承装配图

一、装配图的规定画法

在装配图中,为了便于区分不同的零件,正确地表达出各零件之间的关系,在画法上有以下规定。

(1)相邻两零件的接触表面和基本尺寸相同的两配合表面只画一条线;而基本尺寸不同的非配合表面,即使间隙很小,也必须画成两条线,如图 10.2(a)、(b)、(c)所示。

(2)在装配图中,同一个零件在所有的剖视、断面图中,其剖面线应保持同一方向,且间隔一致。相邻两零件的剖面线方向应相反,或方向相同,但间距必须不等,如图 10.2(e)所示。当装配图中零件的厚度≤2 mm 时,允许将剖面涂黑以代替剖面线。

(3)在装配图的剖视图中,若剖切平面通过实心零件(如轴、杆等)和标准件(如螺栓、螺母、销、键等)的基本轴线时,这些零件按不剖绘制,如图10.2(a)。但其上的孔、槽等结构需要表达时,可采用局部剖视。当剖切平面垂直于其轴线剖切时,则需画出剖面线。

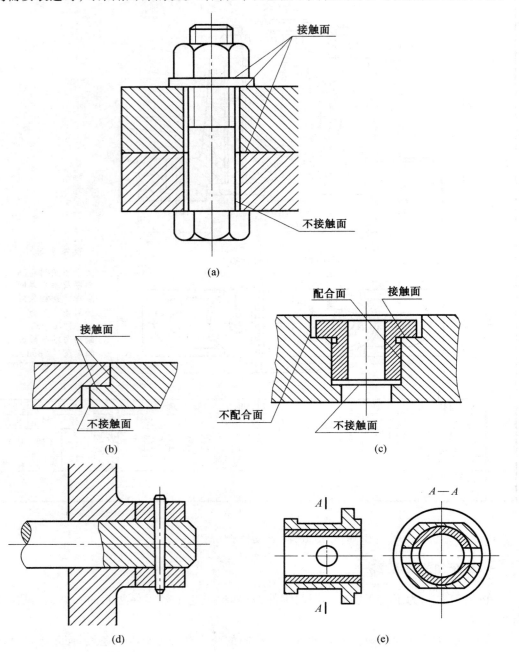

图 10.2 装配图规定画法

二、部件的特殊表达方法

1.沿结合面剖切或拆卸画法

在装配图中,如果有些零件在其他视图上已经表示清楚,而又遮住了需要表达的零件时,则可假想沿着某些零件的结合面剖开或将其拆卸掉不画而画剩下部分的视图。如图10.1俯视图的右半部分是沿轴承盖与轴承座的结合面剖切的,相当于拆去轴承盖、上轴衬等零件后的投影。又如图10.4中,A—A剖视图为沿泵盖与泵体结合面剖切的。为了避免看图时产生误解,常在图上加注"拆去××零件"。其中,由于剖切平面对螺栓、螺钉和圆柱销是横向剖切,故对它们应画剖面线;对其余零件则不画剖面线。

2.单独表示某个零件

在装配图中,当某个零件的形状未表达清楚,或对理解装配关系有影响时,可另外单独画出该零件的某一视图。如图10.3中,对件2的B—B视图。又如图10.4转子泵中的泵盖的B向视图。

3.夸大画法

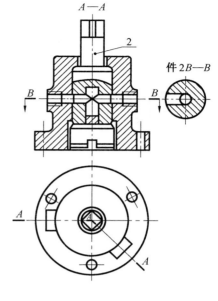

图10.3 单独零件表示法

在装配图中,对于一些薄片零件、细丝弹簧、小的间隙和小的锥度等,可不按其实际尺寸作图,而适当地夸大画出。如图10.4转子泵中垫片的表示。

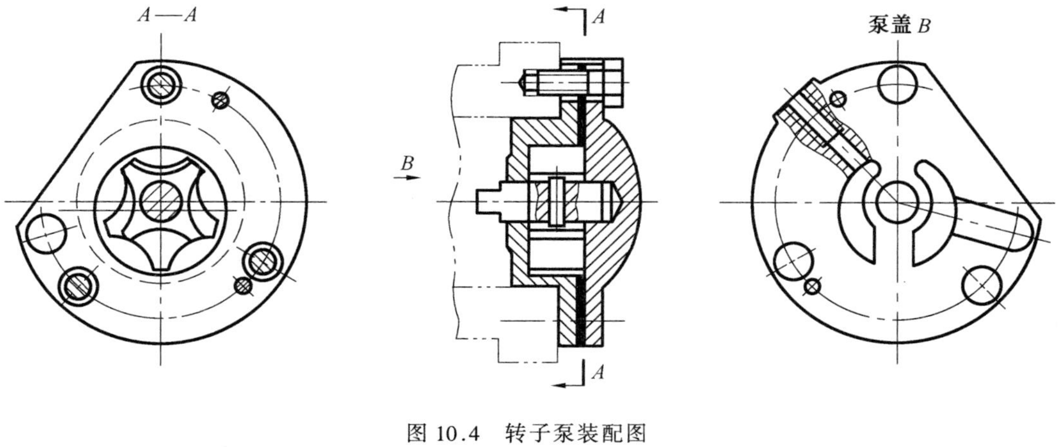

图10.4 转子泵装配图

4.假想画法

(1)对于运动零件,当需要表明其运动极限位置时,可以在一个极限位置上画出该零件,而在另一个极限位置用双点画线来表示。如图10.5中手柄位置的表示法。

(2)为了表明本部件与其他相邻部件或零件的装配关系,可用双点画线画出该件的轮廓线。如图10.5中主轴箱的画法。

5.展开画法

为了表达传动系统的传动关系及各轴的装配关系,假想将各轴按传动顺序用多个平面沿它们的轴线剖开,依次将剖切平面展开在一个平面上,画出其剖视图,这种画法称为展开画法。如图10.5所示为三星齿轮传动机构的展开画法。

· 171 ·

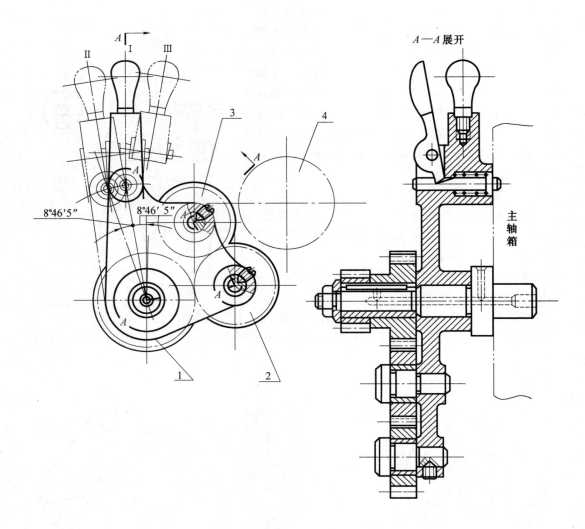

图 10.5 假想画法和展开画法

6.简化画法

(1)在装配图中,对若干相同的零件组如螺栓、螺钉连接等,可以仅详细地画出一处或几处,其余只需用点画线表示其位置,如图 10.4 所示。

(2)图 10.6 表示滚动轴承的简化画法。滚动轴承只需表达其主要结构时,可采用示意画法。

(3)在装配图中,对于零件上的一些工艺结构,如小圆角、倒角、退刀槽和砂轮越程槽等可以不画。

三、部件的表达分析

1.主视图选择

(1)一般将机器或部件按工作位置放置或将其

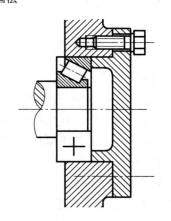

图 10.6 简化画法(二)

放正,即使装配体的主要轴线、主要安装面等呈水平或铅垂位置。

(2)选择最能反映机器或部件的工作原理、传动路线、零件间装配关系及主要零件的主要结构的视图作为主视图。当不能在同一视图上反映以上内容时,则应经过比较,取一个能较多反映上述内容的视图作为主视图,通常取反映零件间主要或较多装配关系的视图作为主视图较好。

2.其他视图选择

(1)考虑还有哪些装配关系、工作原理以及主要零件的主要结构还没有表达清楚,再确定选择哪些视图以及相应的表达方法。

(2)尽可能地考虑应用基本视图以及基本视图上的剖视图(包括拆卸画法、沿零件结合面剖切)来表达有关内容。

(3)还需要合理地布置视图位置,使图样清晰并有利于图幅的充分利用。

【例10.1】 球阀表达分析。

图10.7为球阀的装配图。球阀按工作位置画图,以便于了解它的工作情况。为了表达球阀的工作原理及较多地反映组成球阀各零件间的装配关系,该装配体采用三个视图表达。即将其通孔$\phi 20$的轴线水平放置,主视图采用全剖视图来表达球阀阀体内两条主要装配线,各个主要零件及其相互关系为:水平方向装配线是阀芯4、阀盖2等零件;垂直方向是阀杆12、填料压紧套11、扳手13等零件。左视图采用半剖视图,是为了进一步将阀杆12与阀芯4的结构和装配关系表达清楚,同时又把阀体1的螺纹连接件的数量及分布位置表达出来。球阀的俯视图以反映外形为主,同时采取了B—B局部剖视,反映手柄13与阀体1限位凸块的关系,该凸块用以限制扳手13的旋转位置。从图10.7中清楚地表达了球阀的工作原理及各零件间的装配关系,图示位置为阀门全部开启,管道畅通,当扳手按顺时针方向旋转90°(图中采用双点画线假想画法),阀门全部关闭,管道断流。

第三节　装配图的尺寸标注和技术要求

一、装配图中的尺寸标注

装配图的作用与零件图不同,因此,在图上标注尺寸的要求也不同。在装配图上应该按照对装配体的设计或生产的要求来标注某些必要的尺寸。一般常注的有下列几方面的尺寸。

1.性能(规格)尺寸

表示机器性能(规格)的尺寸,这些尺寸是设计时确定的。它也是了解和选用该机器的依据。如图10.1中轴承的轴孔直径$\phi 50H8$。

2.装配尺寸

表示装配体中各零件之间相互配合关系和相对位置的尺寸。这种尺寸是保证装配体装配性能和质量的尺寸。

3.配合尺寸

表示零件间配合性质的尺寸。如图10.7中阀杆和填料压紧套的尺寸$\phi 14H11/d11$、阀盖和阀体的尺寸$\phi 50H11/h11$等均为配合尺寸。

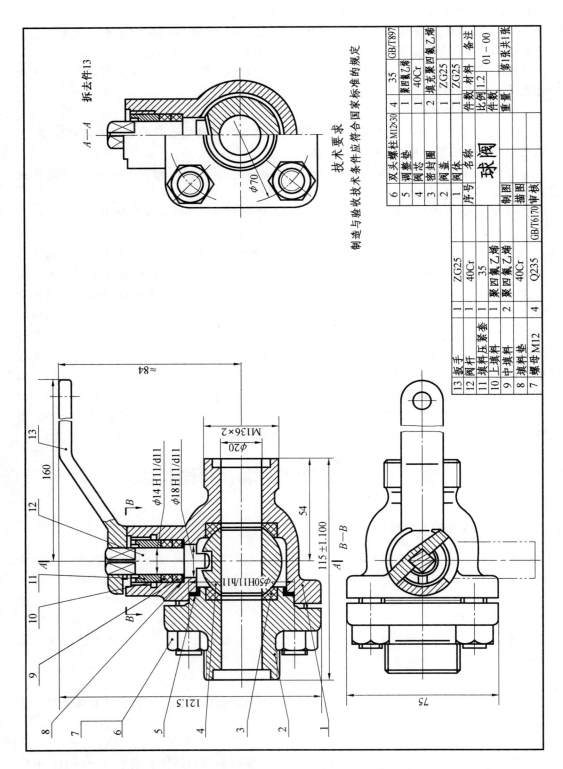

图 10.7 球阀的装置图

4. 相对位置尺寸

表示装配时需要保证的零件间相互位置的尺寸。如图 10.7 中阀杆和阀芯的轴线距离阀体右端面的尺寸 54。

5. 安装尺寸

将部件安装到机器上或将机器安装到基础上所需的尺寸。如图 10.7 阀盖和阀体两端的螺纹尺寸 M36×2。

6. 外形尺寸

表示装配体外形的总体尺寸,即总的长、宽、高。它反映了装配体的大小,提供了装配体在包装、运输和安装过程中所占的空间尺寸。如图 10.7 中的球阀的总长 115、总宽 75、总高 121.5。

7. 其他重要尺寸

在设计中确定的,而又未包括在上述几类尺寸之中的主要尺寸。如运动件的极限尺寸,主体零件的重要尺寸等。如图 10.7 所注尺寸 160、ϕ70 等。

上述五类尺寸之间并不是互相孤立无关的,实际上有的尺寸往往同时具有多种作用。此外,在一张装配图中,也并不一定需要全部注出上述五类尺寸,而是要根据具体情况和要求来确定。

二、装配图中的技术要求

用文字说明机器或部件的装配、安装、检验、试验、运输和使用的技术要求。它们包括表达装配方法、装配后的要求;对机器或部件工作性能的要求;指明检验、试验的方法和条件;指明包装运输、操作及维修保养应注意的问题等。

装配图上的技术要求一般用文字注写在图纸下方空白处,也可以另编技术文件,附于图纸。

第四节　装配图中的零件序号、明细栏和标题栏

为了便于装配时看图查找零件,便于作生产准备和图样管理,必须对装配图中的零件进行编号,并列出零件的明细栏,用以说明各零件或部件的名称、数量、材料等有关内容。

一、编写零件序号的方法

(1)相同的零、部件只编一个序号,每个序号在图中只标注一次,多次出现的相同零、部件,必要时也可以重复标注,但应用同一序号。

(2)指引线应自所指零、部件的可见轮廓线内引出,并在终端画一个小黑点。若所指部分不宜画小黑点时,可在指引线末端画出箭头,并指向该部分的轮廓,如图 10.7 中件 5、件 8,均采用的箭头。

(3)指引线常用的形式有三种,如图 10.8

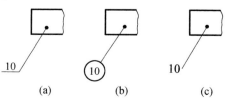

图 10.8　零件指引线的形式

(a)、(b)、(c)所示。其中指引线形式(a)、(b)中的水平短线、圆都是用细实线绘制,序号数字应比装配图中的其他尺寸数字大一号或两号,而形式(c)中的序号数字则必须大两号。

(4)紧固件及装配关系清楚的零件组,可采用公共指引线,如图10.7中的件6、件7。公共指引线的常用形式如图10.9所示。

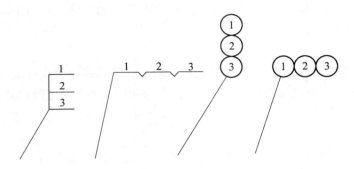

图 10.9 公共指引线的形式

(5)引线不要求相互平行,但不允许相交。通过剖面线区域时不应与剖面线方向一致。指引线可以画成折线,但只允许折一次。

(6)在装配图中,序号应按水平或垂直方向排列整齐,并统一按顺时针或逆时针方向进行编号,以便于查找,如果在图上无法按上述要求排列序号时,亦可在水平或垂直方向按顺序排列。

二、明细栏和标题栏

明细栏是装配图中全部零、部件的详细目录,它直接画在标题栏上方,序号由下向上顺序填写,所填写序号必须与装配图编写的序号一致。如位置不够可在标题栏左边画出。对于标准件,应将其规定标记填写在备注栏内。明细栏的外框线为粗实线,内格为细实线,图10.10所示的格式可供学习中使用。

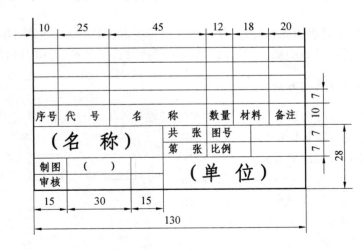

图 10.10 标题栏及明细栏格式

第五节　常见的装配工艺结构

零件除了应根据设计要求确定其结构外,还要考虑加工和装配的合理性,否则就会给装配工作带来困难,甚至不能满足设计要求。下面介绍几种最常见的装配工艺结构。

一、接触面的合理配置

(1)两零件装配时,在同一方向上,一般只应有一个接触面,否则就会给制造和配合带来困难,见图 10.11。

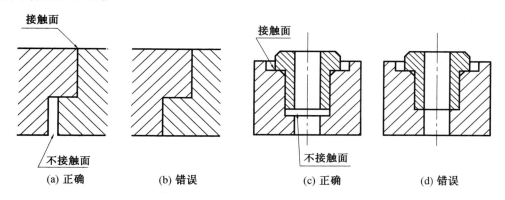

图 10.11　同一方向上一般只应有一对装配接触面

(2)当两个零件上有两个互相垂直的表面同时接触时,在接触面的转角处要有圆角、倒角、越程槽或退刀槽等,以保证两零件之间有良好的接触,如图 10.12 所示。

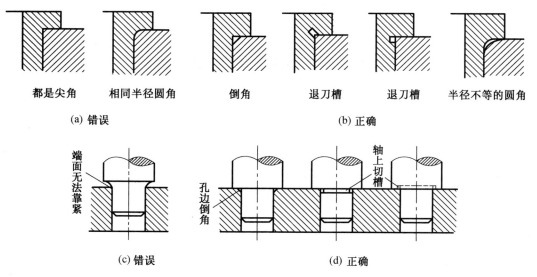

图 10.12　接触面转角处的结构

二、考虑维修、安装、拆卸的方便

图 10.13 所示是在安排螺钉位置时,应考虑扳手的空间活动范围,图 10.13(a)是正确

的结构形式,图 10.13(b)中所留空间太小,扳手无法使用。

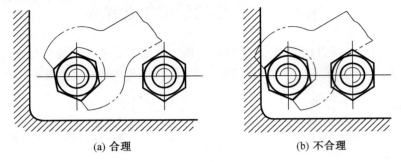

(a) 合理　　　　　　　　(b) 不合理

图 10.13　留出扳手活动空间

图 10.14 所示,应考虑螺钉放入时所需要的空间,图 10.14(a)中所留空间太小,螺钉无法放入,图 10.14(b)是正确的结构形式。

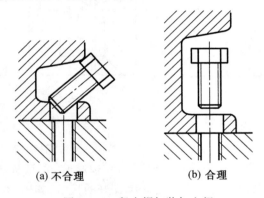

(a) 不合理　　　　　　　(b) 合理

图 10.14　留出螺钉装卸空间

第六节　部件测绘和装配图画法

一、了解和分析测绘对象,拆卸零、部件

要正确地表达一个装配体,必须首先了解和分析它的用途、工作原理、结构特点以及装拆顺序等情况。对于这些情况的了解,除了观察实物、阅读有关技术资料和类似产品图样外,还可以向有关人员学习和了解。

分析装配体的工作原理,一般应从传动关系入手,分析视图及参考说明书进行了解。例如齿轮油泵:当外部动力经齿轮传至主动轴齿轮 8 时,即产生旋转运动。当主动齿轮轴按逆时针方向(从主视图观察)旋转时,件 1 从动齿轮轴则按顺时针方向旋转(见图 10.15 所示齿轮油泵工作原理)。此时右边啮合的轮齿逐步分开,空腔体积逐渐扩大,油压降低,因而油池中的油在大气压力的作用下,沿吸油口进入泵腔中。齿槽中的油随着齿轮的继续旋转被带到左边;而左边的各对轮齿又重新啮合,空腔体积缩小,使齿槽中不断挤出的油成为高压油,并由压油口压出,然后经管道被输送到需要供油的部位。

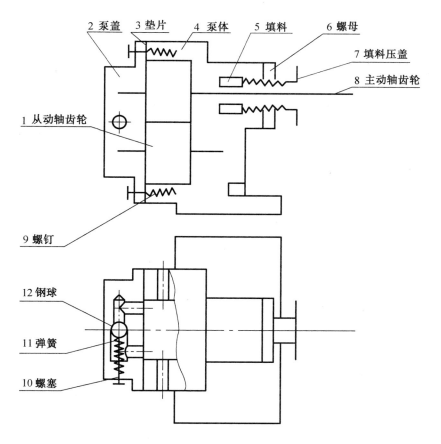

图 10.15　齿轮油泵工作原理图

在拆卸前,应准备好有关的拆卸工具,以及放置零件的用具和场地,然后根据装配的特点,按照一定的拆卸次序,正确地依次拆卸。拆卸过程中,对每一个零件应扎上标签,记好编号。对拆下的零件要分区分组放在适当地方,以免混乱和丢失。这样,也便于测绘后的重新装配。

对不可拆卸连接的零件和过盈配合的零件应不拆卸,以免损坏零件。

二、画装配示意图

装配示意图一般是用简单的图线画出装配体各零件的大致轮廓,以表示其装配位置、装配关系和工作原理等情况的简图。国家标准《机械制图》中规定了一些零件的简单符号,画图时可以参考使用。

画装配示意图应在对装配体全面了解、分析之后画出,并在拆卸过程中进一步了解装配体内部结构和各零件之间的关系,进行修正、补充,以备将来正确地画出装配图和重新装配装配体之用。图 10.15 所示为齿轮油泵装配示意图。

三、画零件草图

把拆下的零件逐个地徒手画出其零件草图。对于一些标准零件,如螺栓、螺钉、螺母、垫圈、键、销等可以不画,但需确定它们的规定标记。

画零件草图时应注意以下三点:

(1)对于零件草图的绘制,除了图线是用徒手完成的外,其他方面的要求均和画正式的零件工作图一样。

(2)零件的视图选择和安排,应尽可能地考虑到画装配图的方便。

(3)零件间有配合、连接和定位等关系的尺寸,在相关零件上应注得相同。

四、画装配图

根据装配体各组成件的零件草图和装配示意图就可以画出装配图。

1.拟定表达方案

表达方案应包括选择主视图、确定视图数量和各视图的表达方法。

进行视图选择的过程:

(1)选择主视图。一般按装配体的工作位置选择,并使主视图能够反映装配体的工作原理、主要装配关系和主要结构特征。如图10.16所示齿轮油泵装配图中的主视图,采用全剖视图表达部件的主要结构及传动关系。

(2)其他视图选择。其他视图作为主视图的补充,用较少的视图数量进一步表达部件的结构、工作原理及主要零件的形状。

如图10.16所示齿轮油泵的装配图中采用半剖视的左视图和局部剖视的俯视图,表达出泵体、泵盖的形状和进油口、出油口,从而表达出齿轮油泵的结构和工作原理。

2.画装配图的步骤

(1)根据所确定的视图数目、图形的大小和采用的比例,选定图幅;并在图纸上进行布局。在布局时,应留出标注尺寸、编注零件序号、书写技术要求、画标题栏和明细栏的位置。

(2)画出图框、标题栏和明细栏。

(3)画出各视图的主要中心线、轴线、对称线及基准线等,如图10.17(a)。

(4)画出各视图主要部分的底稿,如图10.17(b)。通常可以先从主视图开始。根据各视图所表达的主要内容不同,可采取不同的方法着手。如果是画剖视图,则应从内向外画。这样被遮住的零件的轮廓线就可以不画。如果画的是外形视图,一般则是从大的或主要的零件着手。

(5)画次要零件、小零件及各部分的细节,如图10.17(c)。

(6)加深并画剖面线。在画剖面线时,主要的剖视图可以先画。最好画完一个零件所有的剖面线,然后再开始画另外一个,以免剖面线方向画错。

(7)注出必要的尺寸。

(8)编注零件序号,并填写明细栏和标题栏。

(9)填写技术要求等。

(10)仔细检查全图并签名,完成全图,如图10.16。

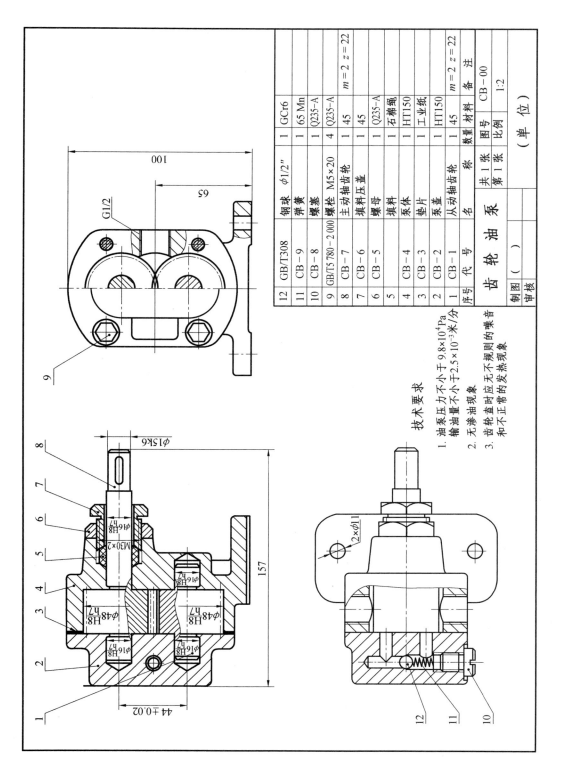

图 10.16 齿轮油泵装配图

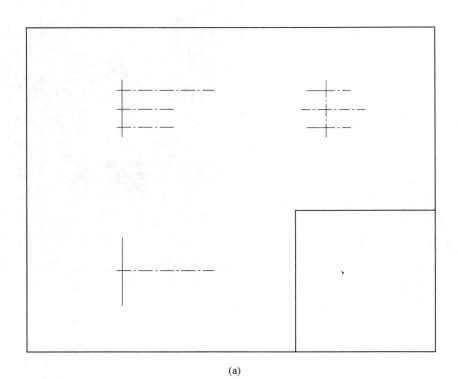

(a)

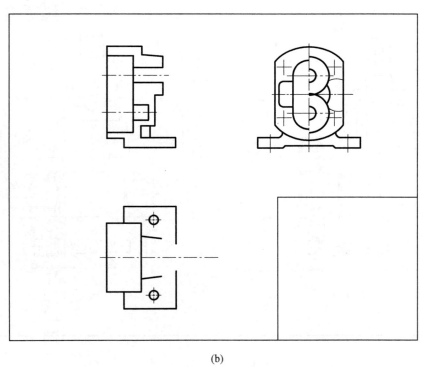

(b)

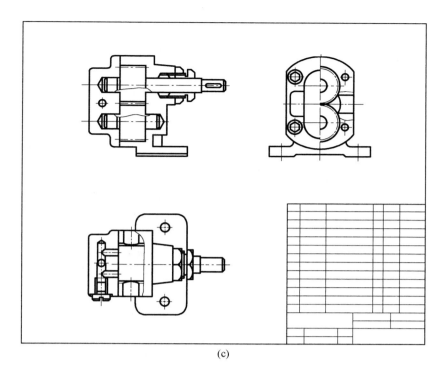

(c)

图 10.17 齿轮油泵装配图绘图步骤示意图

第七节　读装配图

从机器的设计到制造,从产品的组装到检验,以及对设计的科学性研究或技术交流,都离不开装配图的阅读,阅读装配图是工程技术人员必备的基本技能。

阅读装配图的目的是了解部件或机器的名称、用途、工作原理;了解部件或机器中零件间的装配连接关系以及各零件的功用和主要结构形状。这一节主要讨论阅读装配图的方法和步骤。

一、读装配图的方法和步骤

现以图 10.18 所示车床尾架装配图为例来说明读装配图的方法和步骤。

1. 概括了解装配图的内容

首先根据标题栏、明细栏及有关使用说明及工作原理说明,概括地了解部件的名称、性能和工作原理等。再根据明细栏中零件的序号,在装配图中找到各个零件在部件中的位置和范围,对照各个视图弄清零件在部件中的作用、该零件与其他零件的装配关系。

在图 10.18 的标题栏中,注明了该装配体是车床尾架。它是一个靠顶尖与车床主轴上的顶尖共同对工件进行中心定位,以便工件加工的装置。它由 30 个零件组成,其中有 11 种是标准件,整个尾架的外形尺寸为 255,156,232,它是一个体积中等的较复杂部件。

尾架的装配图由主、左视图加上 D 向和 $C—C$ 局部剖视表达。

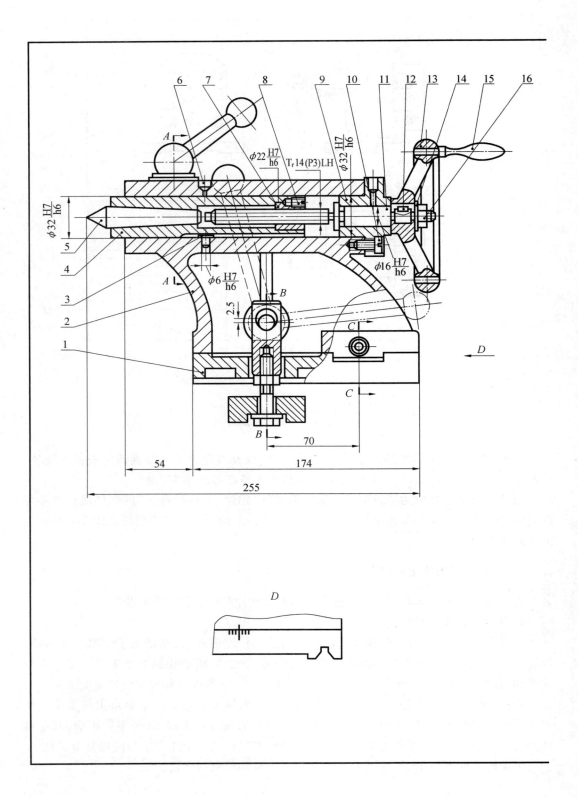

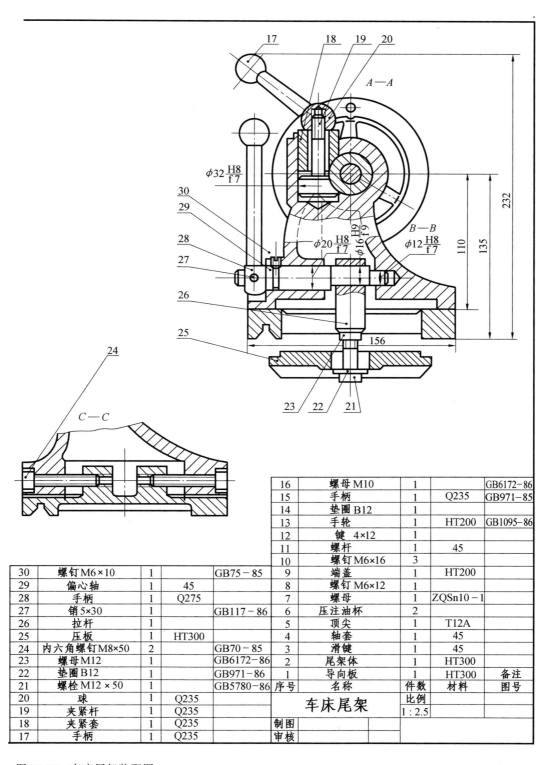

图 10.18 车床尾架装配图

主视图是过顶尖轴线剖切的局部剖视图，它主要表达顶尖轴线这条主装配干线上零件间的装配连接关系，以及顶尖的动作原理。左视图采用了两个局部剖视，一个是过夹紧杆 19 的轴线剖切，它主要表达套筒 4 的夹紧装置，这条装配干线上零件间的装配连接关系及夹紧装置的动作原理；另一个则是过轴 29 的轴线剖切，它主要表达尾架的固定装置和尾架的横向调整装置这两条装配干线上零件间的装配连接关系，以及这两装置的动作原理。D 向视图和 $C—C$ 局部剖视图则用来进一步表达尾架的横向调整装置。

2. 分析工作原理及传动关系

在概括了解的基础上，分析各条装配干线，弄清各条装配干线上零件间相互配合的要求，以及零件的定位、连接方式、密封、润滑等问题。再进一步弄清运动零件与非运动零件的相对运动关系，从而了解该部件的工作原理和装配关系。

在车床尾架装配图中，分析主视图的上部可知，顶尖 5 通过锥面装在套筒 4 中，而套筒 4 用螺钉 8 与螺母 7 固定，滑键 3 限制套筒 4 只能作轴向移动，它们一起装入尾架体中用端盖 9 封闭，并用端盖 9 及尾架体上的油杯对其进行润滑。当转动手轮 13 时，通过键 12 使螺杆 11 旋转再通过螺母 7 的作用，使套筒 4 带着顶尖作轴向移动。

分析左视图上部可知，夹紧杆 19 穿过夹紧套 18 的内孔通过螺纹与柄球 20 连接，夹紧杆头部以及夹紧套下端部均为柱面与套筒接触。当转动手柄 17 时，夹紧杆、夹紧套在螺纹副的作用下将套筒锁紧。

分析主、左视图下部可知，整个尾架是靠导向板 1 放置在床身导轨上，并可沿床身滑移，轴 29 上的外圆柱面 $\phi 16 \frac{H9}{f9}$ 是一个偏心圆柱，螺钉 30 限制它的轴向位置，它通过 $\phi 16 \frac{H9}{f9}$ 装入拉杆 26 的孔内，拉杆 26 又通过螺栓 21、垫圈 22 与压板 25 上、下运动，而将尾架锁紧在床身上或者松开。

分析主、左视图下部及 $C—C$ 剖视图和 D 向视图可知，尾架体 2 可以相对于导向板 1（即床身导轨）作横向位置调整，$C—C$ 中的螺钉 24 便可完成这一功用。

3. 分析零件，看懂零件的结构形状

分析零件，首先要会正确地区分零件。区分零件的方法主要是依靠不同方向和不同间隔的剖面线，以及各视图之间的投影关系进行判别。零件区分出来之后，便要分析零件的结构形状和功用。分析时一般从主要零件开始，再看次要零件。

4. 总结归纳

通过上述阅读，基本清楚该尾架的四个装配干线（套筒、顶尖移动部分，套筒夹紧部分，尾架固定安装，尾架横向调整装置）及每条装配干线上的零件间相对位置、连接方式以及动作原理。该部件的表达及尺寸，装、拆顺序请读者自行分析。

二、由装配图拆画零件图

在设计过程中，先是画出装配图，然后再根据装配图画出零件图。所以，由装配图拆画零件图是设计工作中的一个重要环节。

拆图前必须认真读懂装配图。一般情况下，主要零件的结构形状在装配图上已表达清楚，而且主要零件的形状和尺寸还会影响其他零件。因此，可以从拆画主要零件开始。对于一些标准零件，只需要确定其规定标记，可以不拆画零件图。

在拆画零件图的过程中,要注意处理好下列几个问题。

1. 对于视图的处理

装配图的视图选择方案,主要是从表达装配体的装配关系和整个工作原理来考虑的;而零件图的视图选择,则主要是从表达零件的结构形状这一特点来考虑。由于表达的出发点和主要要求不同,所以在选择视图方案时,就不应强求与装配图一致,即零件图不能简单地照抄装配图上对于该零件的视图数量和表达方法,而应该重新确定零件图的视图选择和表达方案。

2. 零件结构形状的处理

在装配图中对零件上某些局部结构可能表达不完全,而且对一些工艺标准结构还允许省略(如圆角、倒角、退刀槽、砂轮越程槽等)。但在画零件图时均应补画清楚,不可省略。

3. 零件图上的尺寸处理

拆画零件时应按零件图的要求注全尺寸。装配图已注的尺寸,在有关的零件图上应直接注出。对于配合尺寸,一般应注出偏差数值。对于一些工艺结构,如圆角、倒角、退刀槽、砂轮越程槽、螺栓通孔等,应尽量选用标准结构,查有关标准尺寸标注。对于与标准件相连接的有关结构尺寸,如螺孔、销孔等的直径,要从相应的标准中查取注入图中。有的零件的某些尺寸需要根据装配图所给的数据进行计算才能得到(如齿轮分度圆、齿顶圆直径等),应进行计算后注入图中。一般尺寸均按装配图的图形大小、图的比例,直接量取注出。

应该特别注意,配合零件的相关尺寸不可互相矛盾。

4. 对于零件图中技术要求等的处理

要根据零件在装配体中的作用和与其他零件的装配关系,以及工艺结构等要求,标注出该零件的表面粗糙度等方面的技术要求。在标题栏中填写零件的材料时,应和明细栏中的一致。

有关零件其他技术要求,可参考同类产品的同类零件确定。

第十一章 换 面 法

当空间的直线与平面对投影面处于平行或垂直的特殊位置时,其投影能够直接反映实形或具有积聚性,这样使得图示清楚、图解方便简捷。当直线和平面处于一般位置时,它们的投影就不具备这些特性。如果把一般位置的直线和平面变换成特殊位置,在解决空间几何元素的有关问题时,往往容易获得快速而准确的解决效果。换面法就是研究如何改变几何元素与投影面之间的相对位置,达到简化解题目的的方法之一。

一、换面法的基本概念

如图 11.1 所示为一铅垂面 △ABC,该三角形在 V 面和 H 面的投影体系中的两个投影都不反映实形。为求 △ABC 的实形,取一个平行于三角形且垂直于 H 面的 V_1 面来代替 V 面,则新的 V_1 面和不变的 H 面构成一个新的两投影面体系 V_1/H。三角形在 V_1/H 体系中使 V_1 面上的投影 $\triangle a_1'b_1'c_1'$ 能反映出三角形的实形,再以 V_1 面和 H 面的交线 O_1X_1 为轴,使 V_1 面旋转到与 H 面重合,就得出 V_1/H 体系的投影图,这样的方法就称为变换投影面法,简称换面法。

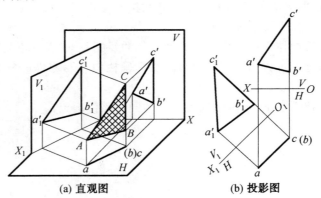

图 11.1　V/H 体系变为 V_1/H 体系

采用换面法时,新投影面不能任意选择,必须符合以下两个基本条件:
(1)新投影面必须和空间几何元素处于有利于解题的位置。
(2)新投影面必须垂直于一个不变的投影面。

二、点的投影变换规律

1.点的一次变换
点是最基本的几何元素,因此,在变换投影面时,首先要了解点的投影变换规律。
如图 11.2(a)所示,点 A 在 V/H 体系中的正面投影为 a',水平投影为 a。现在保留 H

面不变,取一铅垂面 $V_1(V_1 \perp H)$ 来代替正立面 V,使之形成新的两投影面体系 V_1/H。V_1 面与 H 面的交线是新的投影轴 O_1X_1。过 A 点向 V_1 投影面引垂线,垂线与 V_1 面的交点 a_1' 即为 A 点在 V_1 面上的新投影,这样就得到了在 V_1/H 体系中 A 点的两个投影 a_1' 和 a。

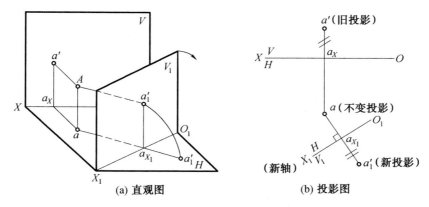

图 11.2 点的一次变换(变换 H 面)

因为新旧两投影体系具有同一水平面 H,因此,点 A 到 H 面的距离(即 z 坐标)在新旧体系中都是相同的,即 $a'a_X = Aa = a_1'a_{X1}$。当 V_1 面绕 X_1 轴旋转到与 H 面重合时,根据点的投影规律可知,A 点的两投影 a 和 a_1',其连线 aa_1' 应垂直于 O_1X_1 轴。

根据以上分析,可以得出点的投影变化规律:
(1)点的新投影和不变投影的连线垂直于新的投影轴。
(2)点的新投影到新投影轴的距离等于被变换的旧投影到旧投影轴的距离。

图 11.2(b)所示为将 V/H 体系中的旧投影 (a,a') 变换成 V_1/H 体系中的新投影 (a,a_1') 的作图过程。首先按要求条件画出新的投影轴 OX_1,新投影轴确定了新投影面在投影体系中的位置,然后过点 a 作 $aa_1' \perp O_1X_1$,在垂线上截取 $a_1'a_{X1} = a'a_X$,则 a_1' 即为所求的新投影。

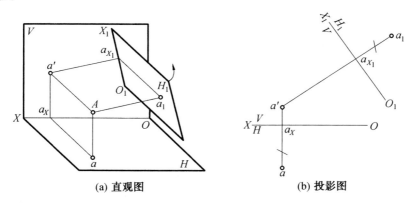

图 11.3 点的一次变换(变换 V 面)

图 11.3(a)所示为更换水平面的作图过程。取正垂面 H_1 来代替 H 面,H_1 面和 V 面

构成新投影体系 V/H_1,新旧两体系具有同一个 V 面,因此 $a_1 a_{X1} = Aa' = aa_X$。图 11.3(b)表示在投影图上,由 a, a' 求作 a_1 的过程。首先作出新投影轴 $O_1 X_1$,然后过 a' 作 $a' a_{X1} \perp O_1 X_1$,在垂线上截取 $a_1 a_{X1} = aa_X$。则 a_1 即为所求的新投影。

2.点的两次变换

在运用换面法解决实际问题时,更换一次投影面有时不能解决问题,需更换两次或更换多次。图 11.4 表示更换两次投影面时,求点的新投影的作图方法,其原理和更换一次投影面相同。

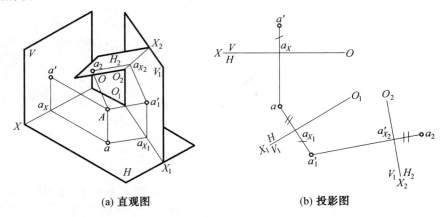

(a) 直观图　　　　　　(b) 投影图

图 11.4　点的二次变换

但必须指出:在更换投影面时,新投影面的选择必须符合前面所述的两个基本条件,而且不能一次更换两个投影面,必须一个更换完以后,在新的两面体系中,交替地再更换另一个。如图 11.4 所示,先由 V_1 面代替 V 面,构成新体系 V_1/H;再以 V_1/H 体系为基础,取 H_2 面代替 H 面,又构成新体系 V_1/H_2。

三、四个基本作图问题

1.将一般位置直线变为投影面平行线

图 11.5(a)表示将一般位置直线 AB 变为投影面平行线的情况。在这里,新投影面

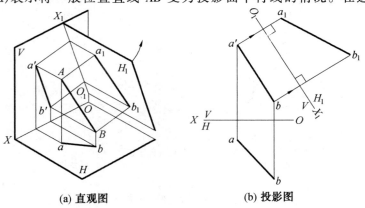

(a) 直观图　　　　　　(b) 投影图

图 11.5　将一般位置直线变为投影面平行线

H_1 平行于直线 AB,且垂直于原有投影面 V,直线 AB 在新投影面体系 V/H_1 中为水平线。图 11.5(b)所示为投影图。作图时,先在适当位置画出与不变投影 $a'b'$ 平行的新投影轴 O_1X_1,然后运用投影变换规律求出 A、B 两点的新投影 a_1、b_1,再连成直线 a_1b_1。

2. 将投影面平行线变为投影面垂直线

图 11.6(a)表示将水平线 CD 变为投影面垂直线的情况。在这里,由于新投影面 V_1 垂直于水平线 CD,因此它必定垂直于原有投影面 H。直线 CD 在新投影面体系 V_1/H 中为正垂线。

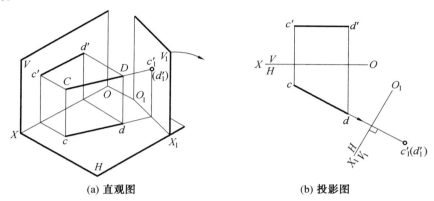

(a) 直观图 (b) 投影图

图 11.6 将投影面平行线变为投影面垂直线

图 11.6(b)所示为它的投影图。作图时,先在适当位置画出与水平投影 cd 垂直的新投影轴 O_1X_1,再应用投影变换规律作出直线的新投影 $c_1'(d_1')$,$c_1'(d_1')$ 应积聚为一点。

3. 将一般位置平面变为投影面垂直面

图 11.7(a)表示将一般位置平面 $\triangle ABC$ 变为新投影面体系中铅垂面的情况。由于新投影面 H_1 既要垂直于 $\triangle ABC$ 平面,又要垂直于原有投影面 V,因此,它必须垂直于 $\triangle ABC$ 平面内的正平线。图 11.7(b)所示为它的投影图。作图时,先在 $\triangle ABC$ 平面内取一条正平线 AD 作为辅助线,再将 AD 变为新投影面体系 V/H_1 中的铅垂线,就可使 $\triangle ABC$ 平面变为 V/H_1 中的铅垂面。

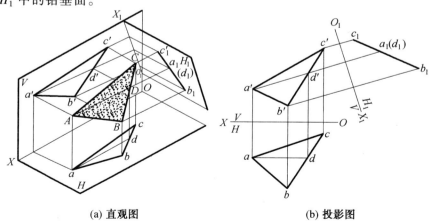

(a) 直观图 (b) 投影图

图 11.7 将一般位置平面变为投影面垂直面

同理,也可以将△ABC平面变为新投影面体系V_1/H中的正垂面。

4.将投影面垂直面变为投影面平行面

图11.8(a)表示将铅垂面△ABC变为投影面平行面的情况。由于新投影面V_1平行于△ABC,因此它必定也垂直于投影面H,并与H面组成V_1/H新投影面体系。△ABC在新体系中是正平面。图11.8(b)所示为它的投影图。作图时,先画出与△ABC的积聚性的水平投影平行的新投影轴O_1X_1,再运用投影变换规律求出△ABC各顶点的新投影a_1' $b_1'c_1'$,然后连接成△$a_1'b_1'c_1'$。

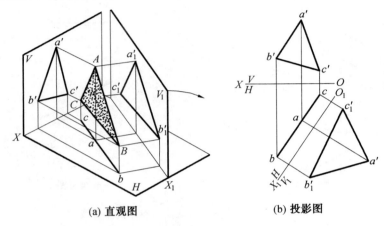

(a) 直观图　　　　　　(b) 投影图

图 11.8　将投影面垂直面变为投影面平行面

四、换面法解题举例

解题时,首先要按题意进行空间分析,目的在于确定给出的空间几何元素(或者其中的一部分)与新投影面所应处的相对位置,即当它们处于怎样的相对位置时,才能在投影图上最容易求得解答;然后再根据上面所介绍的基本作图方法,确定变换的次数和变换的步骤;最后进行具体作图。

为了使图形清晰易看,应尽量避免作新投影时所画的图线与旧投影中的图线交错重叠,为此,作图时必须将新投影轴画在适当位置。

【例11.1】 求△ABC和△ABD之间的夹角(图11.9)。

分析:当两三角形平面同时垂直于某一投影面时,则它们在该投影面上的投影直接反映两平面夹角的真实大小(图11.9(a))。为使两三角形平面同时垂直于某一投影面,只要使它们的交线垂直该投影面即可。根据给出的条件,交线AB为一般位置直线,若变为投影面垂直线则需要换两次投影面,即先变为投影面平行线,再变为投影面垂直线。

作图:

(1)作$O_1X_1/\!/ab$,使交线AB在V_1/H体系中变为投影面平行线。

(2)作$O_2X_2\perp a_1'b_1'$,使交线AB在V_1/H_2体系中变为投影面垂直线。这时两三角形的投影积聚为一对相交线$a_2(b_2)c_2$和$a_2(b_2)d_2$,则∠$c_2a_2d_2$即为两面夹角θ。

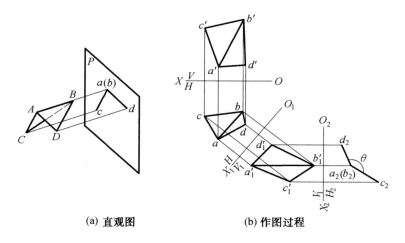

(a) 直观图　　　　　　(b) 作图过程

图 11.9　求两三角形之间的夹角

【**例 11.2**】 平行四边形 ABCD 给定一平面,试求点 S 至该平面的距离(图 11.10)。

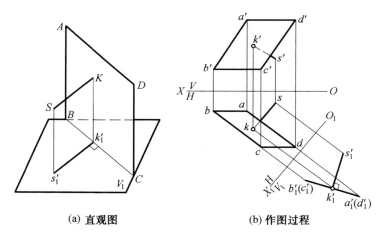

(a) 直观图　　　　　　(b) 作图过程

图 11.10　求点到平面的距离

分析:当平面变成投影面垂直面时,则直线 SK 变成平面所垂直的投影面的平行线,由此问题得解,如图 11.10(a)所示。当平面变成 V_1 面的垂直面时,反映点至平面距离的垂线 SK 为 V_1 面的平行线,它在 V_1 面上的投影 $s_1'k_1'$ 反映实长。当然,如将平面变为 H 面的垂直面也可。一般位置平面变成投影面垂直面,只需变换一次投影面。

作图:

(1)将一般位置平面 ABCD 变成投影面垂直面,点 S 随同一起变换成 s_1'。

(2)过 s_1' 作直线 $s_1'k_1' \perp a_1'd_1'b_1'c_1'$,$s_1'k_1'$ 即为所求。

【**例 11.3**】 如图 11.11(a)所示,已知一般位置平面△ABC 的两个投影 $a'b'c'$ 和 abc,试求出△ABC 的实形。

分析:当新投影面平行于△ABC 平面时,其新投影反映实形。要使新投影面既平行于一般位置平面,又垂直于一个原有投影面是不可能的,因此,将一般位置平面变为投影面平行面要连续变换二次,即先变为投影面垂直面,再变为投影面平行面。

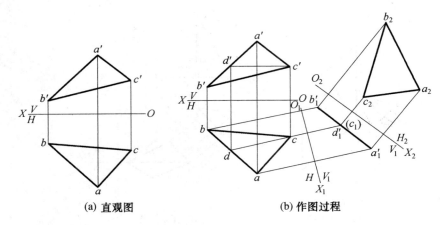

(a) 直观图　　　　　　　　(b) 作图过程

图 11.11　求平面的实形

作图：

如图 11.11(b) 所示，先将 △ABC 变为正垂面（$\perp V_1$），再将此正垂面变为水平面（$// H_2$）。当然也可以将 △ABC 变为新的正平面（$// V_2$）来得到它的实形，建议读者试作一下。

【例 11.4】 如图 11.12(a) 所示，已知线段 AB 和线外一点 C 的两个投影，试求点 C 至直线 AB 的距离，并作出过 C 对 AB 的垂线的投影。

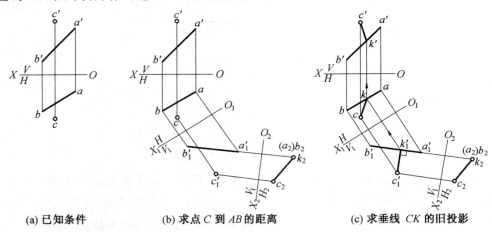

(a) 已知条件　　　(b) 求点 C 到 AB 的距离　　　(c) 求垂线 CK 的旧投影

图 11.12　求点到直线的距离

分析： 要使新投影直接反映点 C 到 AB 的距离，过点 C 对 AB 的垂线必须平行于新投影面。这时，直线 AB 或者垂直于新投影面，或者与点 C 所决定的平面平行于新投影面。

要将一般位置直线变为投影面垂直线，经过一次变换是不能达到的。因为垂直于一般位置直线的平面不可能又垂直于投影面，但连续进行二次变换则可达到，即先将一般位置直线变为投影面平行线，再由投影面平行线变为投影面垂直线。

作图：

(1) 求点 C 到 AB 的距离。在图 11.12(b) 中，先将 AB 变为平行线（$// V_1$），然后将此正平线变为铅垂线（$\perp H_2$），点 C 的投影也随着变换过去，线段 $c_2 k_2$ 即等于点 C 至直线 AB 的距离。

(2)作出点 C 对 AB 的垂线的旧投影。图 11.12(c)所示为求垂线 CK 旧投影的方法。由于 AB 的垂线 CK 在新体系 V_1/H_2 中平行于 H_2 面,因此它在 V_1 面上的投影 $c_1'k_1'$ 应与 O_2X_2 轴平行,而与 $a_1'b_1'$ 垂直。据此,过 c_1' 作 O_2X_2 轴的平行线,就可得到 k_1',利用直线上点的投影特性,由 k_1' 返回去在直线 AB 的相应投影上,先后求得垂足 K 的两个旧投影 k 和 k',垂线的两个旧投影即可画出。

第十二章 焊接图和展开图

第一节 焊 接 件

焊接是一种较常用的不可拆的连接方法,它主要是利用电弧或火焰,在零件间连接处加热或加压,使其局部熔化,并填充(或不填充)熔化的金属,将被连接的零件熔合而连接在一起。焊接因其工艺简单、连接可靠、节省材料、劳动强度低,所以应用日益广泛。

零件间熔接处称为焊缝。焊缝在图样上一般采用焊缝符号(表示焊接方法、焊缝形式和焊缝尺寸等技术内容的符号)表示。下面主要介绍常用的焊缝符号及其标注方法。

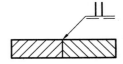

图 12.1 焊缝符号及其标注

一、焊缝符号及其标注方法

焊缝符号一般由基本符号与指引线组成,见图 12.1。图 12.1 中‖为焊缝的基本符号,⌐为焊缝的指引线。

1.焊缝的基本符号

基本符号是表示焊缝横截面形状的符号。表 12.1 为常见焊缝的基本符号及其标注示例。

表 12.1 常见焊缝的基本符号及其标注示例

名 称	焊缝形式	基本符号	标注示例
I 型焊缝		‖	
V 型焊缝		V	
单边 V 型焊缝		V	
角焊缝		△	
带钝边 U 型焊缝		Y	

续表 12.1

名 称	焊缝形式	基本符号	标注示例
带钝边 V 型焊缝		Y	
点焊缝		○	
塞焊缝		⊓	

注：焊缝的基本符号共有 13 种，见 GB/T 324—1988。

2. 指引线

焊缝的指引线由箭头线和基准线（实线基准线和虚线基准线）两部分组成，见图 12.2。

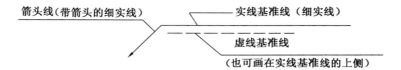

图 12.2 焊缝的指引线

箭头线是带箭头的细实线，它将整个符号指到图样的有关焊缝处。

实线基准线与箭头线相连，一般应与图样的底边相平行，它的上面和下面用来标注有关的焊缝符号。

3. 焊缝的基本符号相对基准线的位置

焊缝符号相对基准线的位置如下：

当焊缝在箭头所指的一侧时，应将基本符号标注在实线基准线一侧，见图 12.3(b)。

当焊缝在非箭头所指的一侧时，应将基本符号标注在虚线基准线的一侧，见图 12.3(c)。

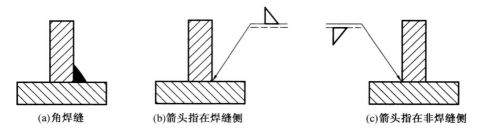

图 12.3 基本符号的标注位置

4. 坡口、焊缝尺寸及尺寸符号

当焊件较厚时，为了保证焊透根部，获得较好的焊缝，一般选用不同形状的坡口（在焊件的待焊部位加工并装配成一定几何形状的沟槽），图 12.4 给出部分坡口形式。坡口的形状和尺寸均有标准规定，读者可查阅相关手册。

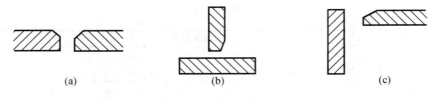

图 12.4 坡口形式

国家标准规定,箭头线相对焊缝的位置一般没有特殊要求,但当焊缝中有单边坡口时,箭头线应指向带有坡口一侧的工件,见图12.5。

坡口的尺寸大小同焊缝其他尺寸一样,一般不标注,当需要注明坡口或焊缝尺寸时,可随基本符号标注在规定的位置上,见图12.6。当需要标注的尺寸数据较多而又不易

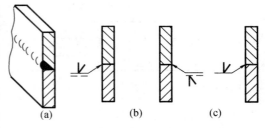

图 12.5 箭头线相对焊缝的位置

分辨时,可在尺寸数字前面增加相应的尺寸符号。图12.6中的焊缝尺寸符号含义见表12.2。

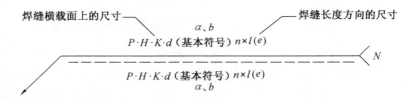

图 12.6 焊缝尺寸的标注位置

表 12.2 常用的焊缝尺寸符号

名 称	符号	示意图及标记	名 称	符号	示意图及标记
工作厚度	δ		焊缝段数	n	
坡口角度	α		焊缝间距	e	
根部间隙	b		焊缝长度	l	
钝边高度	p		焊缝尺寸	K	
坡口深度	H		相同焊缝数量符号	N	
焊核直径	P				

5. 焊缝标注方法示例(见表12.3)

由表12.2可知,标注对称焊缝及双面焊缝时,虚线基准线一般均省略。当箭头指向焊缝,而非箭头侧又无焊缝要求时,在不至引起误解的情况下,虚线基准线也可省略。

表12.2中使用的符号⌒是焊缝的辅助符号,符号○、▶、⌐、<是焊缝的补充符号。

当需要说明焊缝表面形状特征或需补充说明焊缝的某些特征时,可将它们随基本符号标注在相应位置上。焊缝也可使用图示法(视图、剖视图和断面图、轴测图、局部放大图等)表示,当焊缝使用图示方法表示时,应同时标注焊缝符号,见图12.7。

表 12.3　给出常见焊缝的标注方法示例

接头形式	焊缝形式	标注形式	说　明
对接接头			Y型焊缝；坡口角度为 α；根部间隙为 b；O 表示环绕工作周围施焊
T型接头			$K \triangleright$ 表示双面角焊缝；n 表示有 n 段焊缝；l 表示焊缝长度；e 为焊缝间距
角接接头			▶ 表示在现场装配时进行焊接；K 为焊角尺寸；$\triangleright$ 表示双面角焊缝；后面的 4 表示有四条相同的焊缝
角接接头			⊏ 表示按开口方向三面焊缝；$\triangle$ 表示单面角焊缝；K 为焊脚尺寸　⌒表示焊缝表面凸起
角接接头			⊐ 为三面焊缝；$\triangle$ 表示角焊缝在箭头所指一侧；$\triangle$ 表示单边V形焊缝在非箭头所指一侧
搭接接头			d 为熔核直径；⊖ 表示点焊缝；e 为焊点间距；n 表示 n 个焊点；L 为焊点与板边的距离

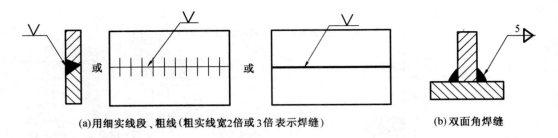

(a)用细实线段、粗线(粗实线宽2倍或3倍表示焊缝)　　(b)双面角焊缝

图 12.7　焊缝图示法

二、读焊接图

图 12.8 给出轴承挂架的焊接图。从左视图可以看出,零件 4 为支撑轴的主体,零件 1 为固定支架,零件 2、3 是为了增加承载能力的加强肋。

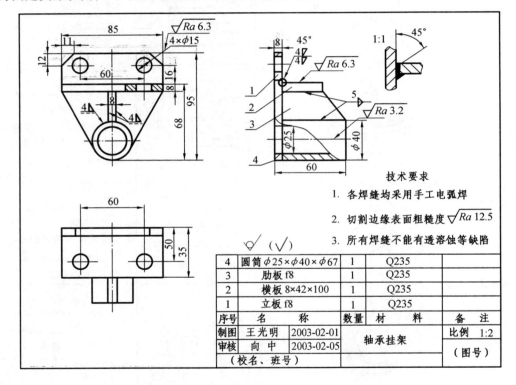

图 12.8　轴承挂架

主视图上,焊缝符号 ══⟦4⟧ 表示立板 1 与圆筒 4 之间环绕圆筒周围进行焊接。「表示角焊缝,其焊脚高度为 4 mm。焊缝符号 ⟨4⟩ 的两条箭头线表示所指的两条焊缝的焊接要求相同,角焊缝的焊脚高度为 4 mm。

左视图上,焊缝符号 ⟩⟨5⟩ 表示横板 2 与肋板 3 之间、肋板 3 与圆筒 4 之间均为双面连续角焊缝,焊脚高度为 5 mm。焊缝符号 $\frac{45°}{4\vee}_{4\vee}$ 表示横板 2 上表面与立板 1 的焊缝是单边 V 形焊缝，表面铲平，坡口角度为 45°，间隙为 2 mm，坡口深度为 4 mm，横板 2 下表面与立板 1 的焊缝为焊脚高度 4 mm 的角焊缝。

焊缝的局部放大图清楚地表达了焊缝的剖面形状及尺寸。在技术要求中提出了有关焊接的要求，其中焊接方法也可用阿拉伯数字代号（例如手工电弧焊可表示为 ◁111）在焊缝符号中表示。

图 12.8 所示的结构较简单，所以各个零件的规格大小可直接标注在视图上，或注写在明细栏内。若结构复杂，还需另外绘制各件的零件图。

第二节　表面的展开立体

在工业生产中，有一些零部件或设备是由板材加工而成的，制造时需先画出展开图，称为放样，然后下料成型，再用咬缝或焊缝连接。

将立体表面按其实际大小，依次摊平在同一平面上，称为立体表面的展开。展开后所得的图形，称为展开图。展开图在造船、机械、电子、化工、建筑等工业部门中，都得到广泛的应用。图 12.9 表示圆管的展开，把圆管看作圆柱面，就是圆柱面的展开。画立体表面的展开图，就是通过图解法或计算法画出立体表面摊平后的图形。

立体表面分为可展与不可展两种。平面立体的表面都是平面，是可展的；曲面立体的表面是否可展，要根据其曲面表面是否可展而定。

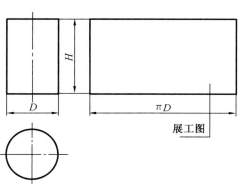

图 12.9　立体的展开图

一、平面立体的表面展开

分别作出组成平面立体表面的各个平面的真形，依次排列在一个平面上，就可作出展开图。

1. 棱柱管的展开

图 12.10(a) 为斜口直四棱柱管的两面投影。展开图的作图过程如图 12.10(b) 所示：

(1) 按各底边的真长展成一条水平线，标出 E、F、G、H、E 等点。

(2) 由这些点作铅垂线，在其上量取各棱线的真长，即得诸端点 A、B、C、D、A。

(3) 顺次连接这些端点，就画出了这个棱柱管的展开图。

2. 矩形渐缩管的展开

图 12.11(a) 为矩形渐缩管的两面投影。棱线延长后交于一点 S，形成一个四棱锥，可

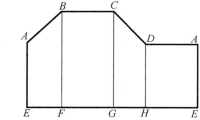

(a) 两面投影　　　　　(b) 展开图

图 12.10　斜口直四棱柱管的展开

见此渐缩管是四棱台。四棱锥的四条棱线的真长相同,可用直角三角形法求真长,然后按已知边长作三角形的方法,顺次作出各三角形棱面的真形,拼得四棱锥的展开图。截去延长的上段棱锥的各棱面,就是渐缩管的展开图。

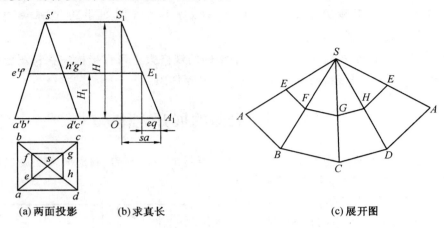

(a) 两面投影　　(b) 求真长　　　　　　(c) 展开图

图 12.11　矩形渐缩管的展开

作展开图的过程如下:

(1) 求棱线真长

如图 12.11(b) 所示,以 sa 之长作水平线 OA_1。作铅垂线 OS_1,等于四棱锥之高 H, S_1A_1 即为棱线 SA 的真长。在 OS_1 上,量渐缩管的高 H_1,并作水平线,与 S_1A_1 交得 E_1,则 S_1E_1 即为延长的棱线真长。

(2) 作展开图

如图 12.11(c) 所示,以棱线和底边的真长依次作出三角形 SAB、SBC、SCD、SDA,得四棱锥的展开图。再在各棱线上,截去延长的棱线真长,得点 E、F、G、H、E,顺次连接,即得这个矩形渐缩管的展开图。

3. 矩形吸气罩的展开

图 12.12(a) 为矩形吸气罩的两面投影。四条棱线的长度相等,但延长后不交于一点,因此,这个矩形吸气罩不是四棱台。

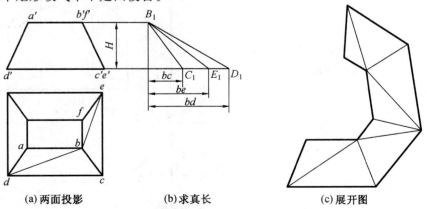

(a) 两面投影　　　(b) 求真长　　　　(c) 展开图

图 12.12　矩形吸气罩的展开

作展开图的过程如下：

(1)如图 12.12(a)所示，把前面和右面的梯形分成两个三角形。

(2)如图 12.12(b)所示，用直角三角形法求出 BD、BC、BE 的真长。为了图形清晰且节省位置，把求各线段真长的真长图，集中画在一起。

(3)如图 12.12(c)所示，按已知边长拼画三角形，作出前面和右面两个梯形。由于后面和左面两个梯形分别是它们的全等图形，便可同样作出，即得这个矩形吸气罩的展开图。

三、简单曲面的展开

1．圆管件的展开

(1)圆管的展开

不带斜截口的圆管的展开图为一矩形，高为管高 H，长为 πD（若用厚 2 mm 以上的钢板制造圆管时，管径应按板厚的中心层计算，即用 $\pi D_{中}$），见图 12.9。

(2)斜口圆管的展开

如图 12.13(a)所示的斜口圆管的展开，与展开平口圆管基本相同，只是斜口展成曲线，作图过程如图 12.13 所示：

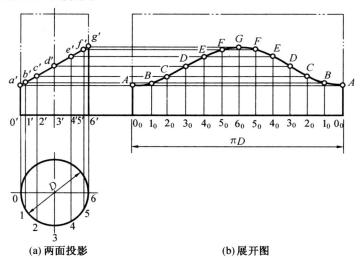

(a) 两面投影　　　　　　　(b) 展开图

图 12.13　斜口圆管的展开

(1)把底圆分为若干等分(例如 12 等分)，并作出相应素线的正面投影，如 $1'b'$、$2'c'$、…、$5'f'$ 等。

(2)展开底圆得一水平线，其长度为 πD。在水平线上，从 0_0 起按分段数目计算各分段长度，量得 1_0、2_0、…等点。如准确程度要求不高时，则可按底圆分段各弧的弦长量取。由各点 0_0、……作铅垂线，在其上量取各素线的真长，得端点 A、B、……。

(3)以光滑曲线连 A、B、……点，即得斜口圆管的展开图。

附录一　标准结构

一、普通螺纹（根据 GB/T 193—1981 和 GB/T 196—1981）

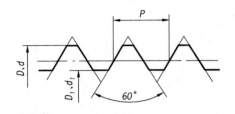

标记示例

公称直径 24 mm，螺距 3 mm，右旋粗牙普通螺纹，公差带代号 6g，其标记为：M24 – 6g

公称直径 24 mm，螺距 1.5 mm，左旋细牙普通螺纹，公差带代号 7H，其标记为：M24 × 1.5LH – 7H

内外螺纹旋合的标记：M16 – 7H/6g

附表 1.1　普通螺纹直径与螺距、基本尺寸（mm）

公称直径 D、d		螺距 P		粗牙小径 D_1、d_1	公称直径 D、d		螺距 P		粗牙小径 D_1、d_1
第一系列	第二系列	粗牙	细牙		第一系列	第二系列	粗牙	细牙	
3		0.5	0.35	2.459	16		2	1.5,1,(0.75),(0.5)	13.835
4		0.7	0.5	3.242		18	2.5	2,1.5,1,(0.75),(0.5)	15.294
5		0.8		4.134	20				17.294
6		1	0.75,(0.5)	4.917		22			19.294
8		1.25	1,0.75,(0.5)	6.647	24		3	2,1.5,1,(0.75)	20.752
10		1.5	1.25,1,0.75,(0.5)	8.376		30	3.5	(3),2,1.5,1,(0.75)	26.211
12		1.75	1.5,1.25,1,(0.75),(0.5)	10.106	36		4	3,2,1.5,(1)	31.670
	14	2		11.835		39			34.670

注：1. 应优先选用第一系列，括号内尺寸尽可能不用。
　　2. 螺纹公差代号：外螺纹有 6e、6f、6g、8g、5g6g、7g6g、4h、6h、8h、3h4h、5h6h、5h4h、7h6h；内螺纹有 4H、5H、6H、7H、4H5H、5H6H、5G、6G、7G。

二、管螺纹

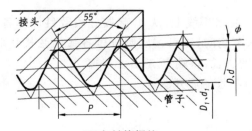

55°密封管螺纹

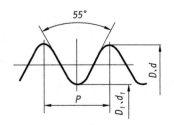

55°非密封管螺纹

标记示例

尺寸代号为1/2的右旋圆锥外螺纹的标记为:$R_2 1/2$

尺寸代号为1/2的右旋圆锥内螺纹的标记为:$R_C 1/2$

上述内外螺纹所组成的螺纹副的标记为:$R_C/R_2 1/2$

当螺纹为左旋时标记为:$R_C/R_2 1/2LH$

标记示例

尺寸代号为1/2的A级右旋外螺纹的标记为:G1/2A

尺寸代号为1/2的B级左旋外螺纹的标记为:G1/2B - LH

尺寸代号为1/2的右旋内螺纹的标记为:G1/2

上述右旋内外螺纹所组成的螺纹副的标记为:G1/2A

当螺纹为左旋时标记为:G1/2A - LH

附表1.2 管螺纹尺寸代号及基本尺寸

尺寸代号	每25.4 mm内的牙数 n	螺距 P /mm	大径 $D=d$ /mm	小径 $D_1=d_1$ /mm	基准距离 /mm
1/4	19	1.337	13.157	11.445	6
3/8	19	1.337	16.662	14.950	6.4
1/2	14	1.814	20.955	18.631	8.2
3/4	14	1.814	26.441	24.117	9.5
1	11	2.309	33.249	30.291	10.4
1¼	11	2.309	41.910	38.952	12.7
1½	11	2.309	47.803	44.845	12.7
2	11	2.309	59.614	56.656	15.9

注:1. 55°密封圆柱内螺纹的牙形与55°非密封管螺纹牙形相同,尺寸代号为1/2的右旋圆柱内螺纹的标记为:$R_P 1/2$;它与外螺纹所组成的螺纹副的标记为:$R_P/R_1 1/2$。详见GB/T 7306.1—2000。

2. 55°密封圆锥管螺纹大径、小径是指基准平面上的尺寸。圆锥内螺纹的端面向里0.5P处即为基面,而圆锥外螺纹的基准平面与小端相距一个基准距离。

3. 55°密封管螺纹的锥度为1:16,即 $\phi = 1°47'24''$。

三、梯形螺纹(根据GB/T 5796.2—1986和GB/T 5796.3—1986)

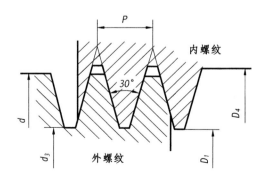

标记示例

公称直径28 mm,螺距5 mm、中径公差代号为7H的单线右旋梯形内螺纹,其标记为:Tr28×5 - 7H

公称直径28 mm、导程10 mm,螺距5 mm,中径公差带代号8e的双线左旋梯形外螺纹,其标记为:Tr28×10(P5)LH - 8e

内外螺纹旋合所组成的螺纹副的标记为:Tr24×8 - 7H/8e

附表1.3 梯形螺纹直径与螺距系列、基本尺寸(mm)

公称直径 d		螺距 P	大径 D_4	小径		公称直径 d		螺距 P	大径 D_4	小径	
第一系列	第二系列			d_3	D_1	第一系列	第二系列			d_3	D_1
16		2	16.50	13.50	14.00	24		3	24.50	20.50	21.00
		4		11.50	12.00			5		18.50	19.00
	18	2	18.50	15.50	16.00			8	25.00	15.00	16.00
		4		13.50	14.00		26	3	26.50	22.50	23.00
20		2	20.50	17.50	18.00			5		20.50	21.00
		4		15.50	16.00			8	27.00	17.00	18.00
	22	3	22.50	18.50	19.00	28		3	28.50	24.50	25.00
		5		16.50	17.00			5		22.50	23.00
		8	23.00	13.00	14.00			8	29.00	19.00	20.00

注:螺纹公差代号:外螺纹有 $8e$、$7e$;内螺纹有 8H、7H。

附录二 标准件

一、六角头螺栓

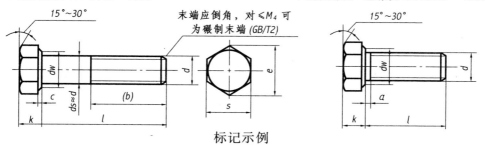

六角头螺栓 GB/T5782—2000　　　　　　　　六角头螺栓 全螺纹 GB/T5783—2000

标记示例

螺纹规格 d = M12、公称长度 l = 80 mm、性能等级为 8.8 级、表面氧化、A 级的六角头螺栓,其标记为:螺栓 GB/T 5782　M12×80

若为全螺纹,其标记为:螺栓 GB/T 5783　M12×80

附表 2.1　六角头螺栓各部分尺寸(mm)

螺纹规格 d			M3	M4	M5	M6	M8	M10	M12	M16	M20	M24
e min	产品等级	A	6.01	7.66	8.79	11.05	14.38	17.77	20.03	26.75	33.53	39.98
		B	5.88	7.50	8.63	10.89	14.20	17.59	19.85	26.17	32.95	39.55
s 公称 = max			5.5	7	8	10	13	16	18	24	30	36
k 公称			2	2.8	3.5	4	5.3	6.4	7.5	10	12.5	15
c	max		0.4	0.4	0.5	0.5	0.6	0.6	0.6	0.8	0.8	0.8
	min		0.15	0.15	0.15	0.15	0.15	0.15	0.15	0.2	0.2	0.2
dw min	产品等级	A	4.57	5.88	6.88	8.88	11.63	14.63	16.63	22.49	28.19	33.61
		B	4.45	5.74	6.74	8.74	11.47	14.47	16.47	22	27.7	33.25
GB/T5782 —2000	b 参考	$l \leqslant 125$	12	14	16	18	22	26	30	38	46	54
		$125 < l \leqslant 200$	18	20	22	24	28	32	36	44	52	60
		$l > 200$	31	33	35	37	41	45	49	57	65	73
	L 范围		20~30	25~40	25~50	30~60	40~80	45~100	50~120	65~160	80~200	90~240
GB/T5783 —2000	a	max	1.5	2.1	2.4	3	4	4.5	5.3	6	7.5	9
		min	0.5	0.7	0.8	1	1.25	1.5	1.75	2	2.5	3
	L 范围		6~30	8~40	10~50	12~60	16~80	20~100	25~120	30~200	40~200	50~200

注:1.标准规定螺栓的螺纹规格 d = M1.6~M64。GB/T5782 的公称长度 l 为 10~500 mm,GB/T5783 的 l 为 2~200 mm。

2.标准规定螺栓的公称长度 l(系列):2,3,4,5,6,8,10,12,16,20~65(5 进位),70~160(10 进位),180~500(20 进位)mm。

3.产品等级 A、B 是根据公差数值不同而定,A 级公差小,A 级用于 d = 1.6~24 mm 和 $l \leqslant 10d$ 或 $l \leqslant 150$ mm 的螺栓,B 级用于 $d > 24$ mm 或 $l > 10d$ 或 $l > 150$ mm 的螺栓。

4.材料为钢的螺栓性能等级有 5.6、8.8、9.8、10.9 级。其中 8.8 级为常用。8.8 级前面的数字 8 表示公称抗拉强度(σ_b,N/mm²)的 1/100,后面的数字 8 表示公称屈服点(σ_s,N/mm²)或公称规定非比例伸长应力($\sigma_{p0.2}$,N/mm²)与公称抗拉强度(σ_b)的比值(屈强比)的 10 倍。

二、双头螺栓

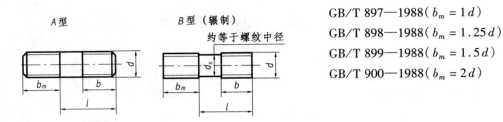

GB/T 897—1988（$b_m = 1d$）
GB/T 898—1988（$b_m = 1.25d$）
GB/T 899—1988（$b_m = 1.5d$）
GB/T 900—1988（$b_m = 2d$）

标记示例

两端均为粗牙普通螺纹，$d = 10$ mm、$l = 50$ mm、性能等级为 4.8 级、不经表面处理、B 型、$b_m = 1d$ 的双头螺柱，其标记为：螺柱 GB/T 897　M10×50

若为 A 型，则标记为：螺柱 GB/T 897　AM10×50

附表 2.2　双头螺柱各部分尺寸（mm）

螺纹规格 d		M3	M4	M5	M6	M8
b_m 公称	GB/897—1988			5	6	8
	GB/898—1988			6	8	10
	GB/899—1988	4.5	6	8	10	12
	GB/900—1988	6	8	10	12	16
$\dfrac{l}{b}$		$\dfrac{16\sim20}{6}$	$\dfrac{16\sim(22)}{8}$	$\dfrac{16\sim(22)}{10}$	$\dfrac{20\sim(22)}{10}$	$\dfrac{20\sim(22)}{12}$
					$\dfrac{25\sim30}{14}$	$\dfrac{25\sim30}{16}$
		$\dfrac{22\sim40}{12}$	$\dfrac{25\sim40}{14}$	$\dfrac{25\sim50}{16}$	$\dfrac{(32)\sim(75)}{18}$	$\dfrac{(32)\sim90}{22}$

螺纹规格 d		M10	M12	M16	M20	M24
b_m 公称	GB/897—1988	10	12	16	20	24
	GB/898—1988	12	15	20	25	30
	GB/899—1988	15	18	24	30	36
	GB/900—1988	20	24	32	40	48
$\dfrac{l}{b}$		$\dfrac{25\sim(28)}{14}$	$\dfrac{25\sim(30)}{16}$	$\dfrac{30\sim(38)}{20}$	$\dfrac{35\sim40}{25}$	$\dfrac{45\sim50}{30}$
		$\dfrac{30\sim(38)}{16}$	$\dfrac{(32)\sim40}{20}$	$\dfrac{40\sim(55)}{30}$	$\dfrac{45\sim(65)}{35}$	$\dfrac{(55)\sim(75)}{45}$
		$\dfrac{40\sim120}{26}$	$\dfrac{45\sim120}{30}$	$\dfrac{60\sim120}{38}$	$\dfrac{70\sim120}{46}$	$\dfrac{80\sim120}{54}$
		$\dfrac{130}{32}$	$\dfrac{130\sim180}{36}$	$\dfrac{130\sim200}{44}$	$\dfrac{130\sim200}{52}$	$\dfrac{130\sim200}{60}$

注：1. GB/T897—1988 和 GB/T898—1988 规定螺柱螺纹规格 $d = $ M5～M48，公称长度 $l = 16 \sim 300$ mm；
GB/T899—1988 和 GB/T900—1988 规定螺柱的螺纹规格 $d = $ M2～M48，公称长度 $l = 12 \sim 300$ mm。
2. 螺柱公称长度 l（系列）：12,(14),16,(18),20,(22),25,(28),30,(32),35,(38),40,45,50,(55),60,(65),70,(75),80,(85),90,(95),100～260(10 进位),280,300 mm，尽可能不采用括号内的数值。
3. 材料为钢的螺柱性能等级有 4.8、5.8、6.8、8.8、10.9、12.9 级，其中 4.8 级为常用。具体可参见附表 2.1 的注 4。

三、螺钉

内六角圆柱头螺钉 GB/T 70.1—2000

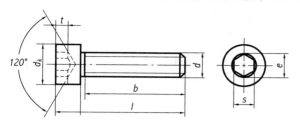

标记示例

螺纹规格 d = M5、公称长度 l = 20 mm、性能等级为 8.8 级、表面氧化的 A 级内六角圆柱头螺钉:螺钉 GB/T 70.1 M5×20

附表 2.3.1 内六角圆柱头螺钉各部分尺寸(mm)

螺纹规格 d	M2.5	M3	M4	M5	M6	M8	M10	M12	M16	M20	M24	M30
d_k max	4.5	5.5	7	8.5	10	13	16	18	24	30	36	45
k max	2.5	3	4	5	6	8	10	12	16	20	24	30
t min	1.1	1.3	2	2.5	3	4	5	6	8	10	12	15.5
s	2	2.5	3	4	5	6	8	10	14	17	19	22
e	2.3	2.87	3.44	4.58	5.72	6.86	9.15	11.43	16	19.44	21.73	25.15
b(参考)	17	18	20	22	24	28	32	36	44	52	60	72
l 范围	4~25	5~30	6~40	8~50	10~60	12~80	16~100	20~120	25~160	30~200	40~200	45~200

注:1.标准规定螺钉规格 M1.6~M64。尽可能不采用括号内的规格(M14)。
2.公称长度 l(系列):2.5,3,4,5,6 ~12(2 进位),16,20~65(5 进位),70~160(10 进位),180~300(20 进位) mm。
3.材料为钢的螺钉性能等级有 8.8,10.9,12.9 级,其中 8.8 级为常用。具体可参见附表 2.1 的注 4。

开槽圆柱头螺钉 GB/T 65—2000　　　　　开槽沉头螺钉 GB/T 68—2000
开槽盘头螺钉 GB/T 67—2000

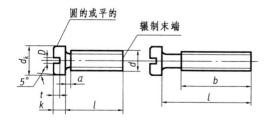 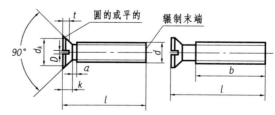

标记示例

螺纹规格 d = M5、公称长度 l = 20 mm、性能等级为 4.8 级、不经表面处理的 A 级开槽圆柱头螺钉,其标记为:螺钉 GB/T 65 M5×20

附表 2.3.2　螺钉各部分尺寸(mm)

螺纹规格 d		M3	M4	M5	M6	M8	M10
	a min	1	1.4	1.6	2	2.5	3
	b min	25	38	38	38	38	38
	n 公称	0.8	1.2	1.2	1.6	2	2.5
GB/T 65 —2000	d_k 公称 = max	5.5	7	8.5	10	13	16
	k 公称 = max	2	2.6	3.3	3.9	5	6
	t min	0.85	1.1	1.3	1.6	2	2.4
	$\dfrac{l}{b}$	$\dfrac{4\sim30}{l-a}$	$\dfrac{5\sim40}{l-a}$	$\dfrac{6\sim40}{l-a}$ $\dfrac{40\sim50}{b}$	$\dfrac{8\sim40}{l-a}$ $\dfrac{45\sim60}{b}$	$\dfrac{10\sim40}{l-a}$ $\dfrac{45\sim80}{b}$	$\dfrac{12\sim40}{l-a}$ $\dfrac{40\sim80}{b}$
GB/T 67 —2000	d_k 公称 = max	5.6	8	9.5	12	16	20
	k 公称 = max	1.8	2.4	3	3.6	4.8	6
	t min	0.7	1	1.2	1.4	1.9	2.4
	$\dfrac{l}{b}$	$\dfrac{4\sim30}{l-a}$	$\dfrac{5\sim40}{l-a}$	$\dfrac{6\sim40}{l-a}$ $\dfrac{40\sim50}{b}$	$\dfrac{8\sim40}{l-a}$ $\dfrac{45\sim60}{b}$	$\dfrac{10\sim40}{l-a}$ $\dfrac{45\sim80}{b}$	$\dfrac{12\sim40}{l-a}$ $\dfrac{40\sim80}{b}$
GB/T 68 —2000	d_k 公称 = max	5.5	8.40	9.30	11.30	15.80	18.30
	k 公称 = max	1.65	2.7	2.7	3.3	4.65	5
	t max	0.85	1.3	1.4	1.6	2.3	2.6
	t min	0.6	1	1.1	1.2	1.8	2
	$\dfrac{l}{b}$	$\dfrac{5\sim30}{l-(k+a)}$	$\dfrac{6\sim40}{l-(k+a)}$	$\dfrac{8\sim45}{l-(k+a)}$ $\dfrac{50}{b}$	$\dfrac{8\sim45}{l-(k+a)}$ $\dfrac{50\sim60}{b}$	$\dfrac{10\sim45}{l-(k+a)}$ $\dfrac{50\sim80}{b}$	$\dfrac{12\sim45}{l-(k+a)}$ $\dfrac{50\sim80}{b}$

注:1.标准规定螺钉规格 d = M1.6～M10。

2.公称长度 l(系列):2,2.5,3,4,5,6,8,10,12,(14),16,20,25,30,35,40,45,50,(55),60,(65),70,(75),80 mm(GB/T 65 的 l 长无 2.5,GB/T 68 的 l 长无 2),尽可能不采用括号内的数值。

3.当表中 l/b 中的 $b = l - b$ 或 $b = l - (k+a)$ 时表示全螺纹。

4.无螺纹部分杆径约等于中径或允许等于螺纹大径。

5.材料为钢的螺钉性能等级有 4.8、5.8 级,其中 4.8 为常用。具体可参见附表 2.1 的注 4。

四、螺母

1 型六角螺母 GB/T 6170—2000
2 型六角螺母 GB/T 6175—2000
六角薄螺母 GB/T 6172.1—2000

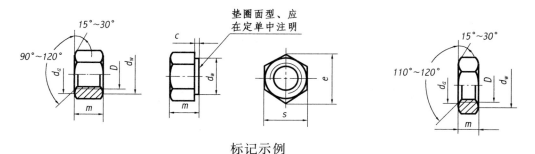

标记示例

螺纹规格 D = M12、性能等级为 8 级、不经表面处理、产品等级为 A 级的 1 型六角螺母，其标记为：螺母 GB/T 6170 M12

性能等级为 9 级、表面氧化的 2 型六角螺母，其标记为：螺母 GB/T 6175 M12

性能等级为 04 级、不经表面处理的六角薄螺母，其标记为：螺母 GB/T 6172.1 M12

附表 2.4 螺母各部分尺寸（mm）

螺纹规格 D		M3	M4	M5	M6	M8	M10	M12	M16	M20	M24	M30	M36
e min		6.01	7.66	8.79	11.05	14.38	17.77	20.03	26.75	32.95	39.55	50.85	60.79
s	max	5.5	7	8	10	13	16	18	24	30	36	46	55
	min	5.32	6.78	7.78	9.78	12.73	15.73	17.73	23.67	29.16	35	45	53.8
c max		0.4	0.4	0.5	0.5	0.6	0.6	0.6	0.8	0.8	0.8	0.8	0.8
d_w min		4.6	5.9	6.9	8.9	11.6	14.6	16.6	22.5	27.7	33.2	42.8	51.1
d_a max		3.45	4.6	5.75	6.75	8.75	10.8	13	17.3	21.6	25.9	32.4	38.9
GB/T 6170 —2000 m	max	2.4	3.2	4.7	5.2	6.8	8.4	10.8	14.8	18	21.5	25.6	31
	min	2.15	2.9	4.4	4.9	6.44	8.04	10.37	14.1	16.9	20.2	24.3	29.4
GB/T 6172.1 —2000 m	max	1.8	2.2	2.7	3.2	4	5	6	8	10	12	15	18
	min	1.55	1.95	2.45	2.9	3.7	4.7	5.7	7.42	9.10	10.9	13.9	16.9
GB/T 6175 —2000 m	max	—	—	5.1	5.7	7.5	9.3	12	16.4	20.3	23.9	28.6	34.7
	min	—	—	4.8	5.4	7.14	8.94	11.57	15.7	19	22.6	27.3	33.1

注：1. GB/T 6170 和 GB/T 6172.1 的螺纹规格为 M1.6～M64；GB/T 6175 的螺纹规格为 M5～M36。
2. 产品等级 A、B 是由公差取值大小决定的，A 级公差数值小。A 级用于 $D \leqslant 16$ mm 的螺母，B 级用于 $D > 16$ mm 的螺母。

五、垫圈

小垫圈—A 级 　　平垫圈—A 级 　　平垫圈 倒角型—A 级
GB/T 848—2002　　GB/T 97.1—2002　　GB/T 97.2—2002

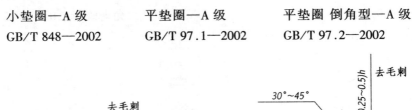

标记示例

标准系列、公称尺寸 $d=8$ mm、性能等级为 140HV 级、不经表面处理的平垫圈,其标记为:垫圈 GB/T 97.1　8

附表 2.5.1　垫圈各部分尺寸

公称尺寸(螺纹规格 d)		3	4	5	6	8	10	12	14	16	20	24	30	36
内　径 d_1		3.2	4.3	5.3	6.4	8.4	10.5	13	15	17	21	25	31	37
GB/T 848—2002	外径 d_2	6	8	9	11	15	18	20	24	28	34	39	50	60
	厚度 h	0.5	0.5	1	1.6	1.6	1.6	2	2.5	2.5	3	4	4	5
GB/T 97.1—2002 GB/T 97.2—2002	外径 d_2		7	9	10	12	16	20	24	28	30	37	44	56	66
	厚度 h		0.5	0.8	1	1.6	1.6	2	2.5	2.5	3	3	4	4	5

注:1. * 适用于规格为 M5～M36 的标准六角螺栓、螺钉和螺母。

2. 性能等级有 140HV、200HV、300HV 级,其中 140HV 级为常用。140HV 级表示材料钢的硬度,HV 表示维氏硬度,140 为硬度值。

3. 产品等级是由产品质量和公差大小确定的,A 级的公差较小。

标准型弹簧垫圈　GB/T 93—1987

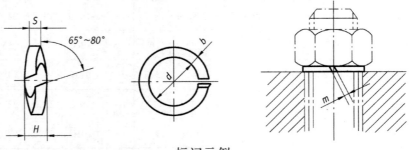

标记示例

规格 16 mm、材料为 65Mn、表面氧化的标准型弹簧垫圈,其标记为:垫圈 GB/T 93　16

附表 2.5.2　标准型弹簧垫圈各部分尺寸(mm)

规格(螺纹大径)		4	5	6	8	10	12	16	20	24	30
d	max	4.4	5.4	6.68	8.68	10.9	12.9	16.9	21.04	25.5	31.5
	min	4.1	5.1	6.1	8.1	10.2	12.2	16.2	20.2	24.5	30.5
$s(b)$ 公称		1.1	1.3	1.6	2.1	2.6	3.1	4.1	5	6	7.5
H	max	2.75	3.25	4	5.25	6.5	7.75	10.25	12.5	15	18.75
	min	2.2	2.6	3.2	4.2	5.2	6.2	8.2	10	12	15
$m \leqslant$		0.55	0.65	0.8	1.05	1.3	1.55	2.05	2.5	3	3.75

六、键

普通平键　型式尺寸　　　平键　键和键槽的断面尺寸
GB/T 1096—2003　　　　GB/T 1095—2003

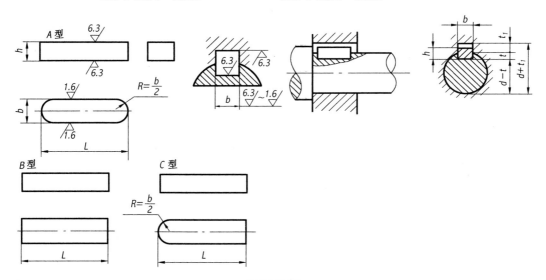

标记示例

圆头普通平键(A 型) $b = 18$ mm、$h = 11$ mm、$L = 100$ mm　其标记为:键 GB/T 1096—2003　$18 \times 11 \times 100$

方头普通平键(B 型) $b = 18$ mm、$h = 11$ mm、$L = 100$ mm　其标记为:键 GB/T 1096—2003　B$18 \times 11 \times 100$

单圆头普通平键(C 型) $b = 18$ mm、$h = 11$ mm、$L = 100$ mm　其标记为:键 GB/T 1096—2003　C$18 \times 11 \times 100$

附表 2.6 键及键槽的尺寸(mm)

轴	键		键槽									
			宽度 b						深度			
公称直径 d	$b \times h$	L 范围	公称尺寸 b	偏差					轴 t		毂 t_1	
				较松键连接		一般键连接		较紧键连接				
				轴 H9	毂 D10	轴 N9	毂 JS9	轴和毂 P9	公称	偏差	公称	偏差
自 6～8	2×2	6～20	2	+0.025 0	+0.060 +0.020	−0.004 −0.029	±0.0125	−0.006 −0.031	1.2	+0.1 0	1.0	+0.1 0
>8～10	3×3	6～36	3						1.8		1.4	
>10～12	4×4	8～45	4	+0.030 0	+0.078 +0.030	0 −0.030	±0.015	−0.012 −0.042	2.5	+0.1 0	1.8	+0.1 0
>12～17	5×5	10～56	5						3.0		2.3	
>17～22	6×6	14～70	6						3.5		2.8	
>22～30	8×7	18～90	8	+0.036 0	+0.098 +0.040	0 −0.036	±0.018	−0.015 −0.051	4.0	+0.2 0	3.3	+0.2 0
>30～38	10×8	22～110	10						5.0		3.3	
>38～44	12×8	28～140	12	+0.043 0	+0.120 +0.050	0 −0.043	±0.0215	−0.018 −0.061	5.0	+0.2 0	3.3	+0.2 0
>44～50	14×9	36～160	14						5.5		3.8	
>50～58	16×10	45～180	16						6.0		4.3	
>58～65	18×11	50～200	18						7.0		4.4	
>65～75	20×12	56～220	20	+0.052 0	+0.149 +0.065	0 −0.052	±0.026	−0.022 −0.074	7.5	+0.2 0	4.9	+0.2 0
>75～85	22×14	63～250	22						9.0		5.4	
>85～95	25×14	70～280	25						9.0		5.4	
>95～110	28×16	80～320	28						10		6.4	
L 的系列	6,8,10,12,14,16,18,20,22,25,28,32,36,40,45,50,56,63,70,80,90,100,110,125,140,160,180,200,220,250,280,360,400,450,500											

注:1. 标准规定键宽 $b=2\sim50$ mm,公称长度 $L=6\sim500$ mm。
2. 在零件图中轴槽深用 $d-t$ 标注,轮廓槽深用 $d+t_1$ 标注。键槽的极限偏差按 t(轴)和 t_1(毂)的极限偏差选取,但轴槽深($d-t$)的极限偏差应取负号。
3. 键的材料用 45 钢。

七、销

不淬硬钢和奥氏体不锈钢圆柱销 GB/T 119.1—2000
淬硬钢和马氏体不锈钢圆柱销 GB/T 119.2—2000

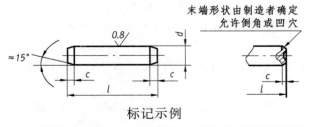

标记示例

公称直径 $d=10$ mm、长度 $l=30$ mm、材料为 35 钢、热处理硬度为(28～38)HRC、表面氧化处理的 A 型圆柱销,其标记为:销 GB/T 119.2—2000 8×30

附表 2.7.1　圆柱销各部分尺寸(mm)

d		3	4	5	6	8	10	12	16	20	25	30	40	50
$c\approx$		0.5	0.63	0.8	1.2	1.6	2	2.5	3	3.5	4	5	6.3	8
L 范围	GB/T 119.1	8~30	8~40	10~50	12~60	14~80	18~95	22~140	26~180	35~200	50~200	60~200	80~200	95~200
	GB/T 119.2	8~30	10~40	12~50	14~60	18~80	22~100	26~100	40~100	50~100	—	—	—	—
公称长度 l(系列)		2,3,4,5,6~32(2 进位),35~100(5 进位),120~200(20 进位)													

注：1. GB/T 119.1—2000 规定圆柱销的公称直径 $d = 0.6 \sim 50$ mm，公称长度 $l = 2 \sim 200$ mm，公差有 m6 和 h8。GB/T 119.2—2000 规定圆柱销的公称直径 $d = 1 \sim 20$ mm，公称长度 $l = 3 \sim 100$ mm，公差仅有 m6。

2. 当圆柱销公差为 h8 时，其表面粗糙度 $Ra \leqslant 1.6\mu$m。

3. 圆柱销的材料常用 35 钢。

圆锥销 GB/T 117—2000

A 型(磨削,锥度 $\sqrt{0.8}$)　　B 型(切削或冷镦,锥度 $\sqrt{3.2}$)

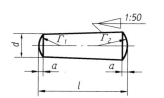

$r_1 = d$

$r_2 \approx \dfrac{a}{2} + d + \dfrac{(0.02l)^2}{8a}$

公称直径 $d = 10$ mm、长度 $l = 60$ mm、材料为 35 钢、热处理硬度(28~38)HRC、表面氧化处理的 A 型圆锥销，其标记为：GB/T 117—1986　10×6

附表 2.7.2　圆锥销各部分尺寸(mm)

d	4	5	6	8	10	12	16	20	25	30	40	50
$a\approx$	0.5	0.63	0.8	1	1.2	1.6	2	2.5	3	4	5	6.3
L 范围	14~55	18~60	22~90	22~120	26~160	32~180	40~200	45~200	50~200	55~200	60~200	65~200
公称长度 l（系列）	2,3,4,5,6~32(2 进位),35~100(5 进位),120~200(20 进位)												

注：标准规定圆锥销的公称直径 $d = 0.6 \sim 50$ mm。

八、滚动轴承

深沟球轴承 GB/T 276—1994

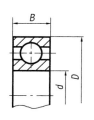

类型代号 6

标记示例

内径 d 为 $\phi 60$ mm、尺寸系列代号为(0)2 的深沟球轴承，其标记为：

滚动轴承　6212 GB/T 276

附表 2.8.1 深沟球轴承各部分尺寸

轴承代号	尺寸/mm			轴承代号	尺寸/mm		
	d	D	B		d	D	B
尺寸系列代号 (1)0				尺寸系列代号 (0)3			
6000	10	26	8	6307	35	80	21
6001	12	28	8	6308	40	90	23
6002	15	32	9	6309	45	100	25
6003	17	35	10	6310	50	110	27
尺寸系列代号 (0)2				尺寸系列代号 (0)4			
6202	15	35	11	6408	40	110	27
6203	17	40	12	6409	45	120	29
6204	20	47	14	6410	50	130	31
6205	25	52	15	6411	55	140	33
6206	30	62	16	6412	60	150	35
6207	35	72	17	6413	65	160	37
6208	40	80	18	6414	70	180	42
6209	45	85	19	6415	75	190	45
6210	50	90	20	6416	80	200	48
6211	55	100	21	6417	85	210	52
6212	60	110	22	6418	90	225	54
6213	65	120	23	6419	95	240	55

注：1. 表中括号"( )"，表示该数字在轴承代号中省略。

2. 原轴承型号为"0"。

圆锥滚子轴承 GB/T 297—1994

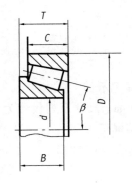

类型代号 3

标记示例

内径 d 为 $\phi 35$ mm、尺寸系列代号为 03 的圆锥滚子轴承，其标记为：

滚动轴承　30307 GB/T 297

附表 2.8.2 圆锥滚子轴承各部分尺寸

轴承代号	尺寸/mm					轴承代号	尺寸/mm				
	d	D	T	B	C		d	D	T	B	C
尺寸系列代号 02						尺寸系列代号 23					
30207	35	72	18.25	17	15	32309	45	100	38.25	36	30
30208	40	80	19.75	18	16	32310	50	110	42.25	40	33
30209	45	85	20.75	19	16	32311	55	120	45.5	43	35
30210	50	90	21.75	20	17	32312	60	130	48.5	46	37
30211	55	100	22.75	21	18	32313	65	140	51	48	39
30212	60	110	23.75	22	19	32314	70	150	54	51	42
尺寸系列代号 03						尺寸系列代号 30					
30307	35	80	22.75	21	18	33005	25	47	17	17	14
30308	40	90	25.25	23	20	33006	30	55	20	20	16
30309	45	100	27.25	25	22	33007	35	62	21	21	17
30310	50	110	29.25	27	23	尺寸系列代号 31					
30311	55	120	31.5	29	25	33108	40	75	26	26	20.5
30312	60	130	33.5	31	26	33109	45	80	26	26	20.5
30313	65	140	36	33	28	33110	50	85	26	26	20
30314	70	150	38	35	30	33111	55	95	30	30	23

注:原轴承型号为"7"。

附录三 轴和孔的极限偏差数值

附表 3.1 轴的极限偏差数值

常用及优选公差带

基本尺寸 mm		a	b		c			d				e		
大于	至	11	11	12	9	10	(11)	8	(9)	10	11	7	8	9
—	3	−270 −330	−140 −200	−140 −240	−60 −85	−60 −100	−60 −120	−20 −34	−20 −45	−20 −60	−20 −80	−14 −24	−14 −28	−14 −39
3	6	−270 −345	−140 −215	−70 −100	−70 −100	−70 −118	−70 −145	−30 −48	−30 −60	−30 −78	−30 −105	−20 −32	−20 −38	−20 −50
6	10	−280 −370	−150 −240	−150 −300	−80 −116	−80 −138	−80 −170	−40 −62	−40 −76	−40 −98	−40 −130	−25 −40	−25 −47	−25 −61
10	14	−290 −400	−150 −260	−150 −330	−95 −138	−95 −165	−95 −205	−50 −77	−50 −93	−50 −120	−50 −160	−32 −50	−32 −59	−32 −75
14	18													
18	24	−300 −430	−160 −290	−160 −370	−110 −162	−110 −194	−110 −240	−65 −98	−65 −117	−65 −149	−65 −195	−40 −61	−40 −73	−40 −92
24	30													
30	40	−310 −470	−170 −330	−170 −420	−120 −182	−120 −220	−120 −280	−80 −119	−80 −142	−80 −180	−80 −240	−50 −75	−50 −89	−50 −112
40	50	−320 −480	−180 −340	−180 −430	−130 −192	−130 −230	−130 −290							
50	65	−340 −530	−190 −380	−190 −490	−140 −214	−140 −260	−140 −330	−100 −146	−100 −174	−100 −220	−100 −290	−60 −90	−60 −106	−60 −134
65	80	−360 −550	−200 −390	−200 −500	−150 −220	−150 −270	−150 −340							
80	100	−380 −600	−220 −440	−220 −570	−170 −257	−170 −310	−170 −390	−120 −174	−120 −207	−120 −260	−120 −340	−72 −107	−72 −126	−72 −159
100	120	−410 −630	−240 −460	−240 −590	−180 −267	−180 −320	−180 −400							
120	140	−460 −710	−260 −510	−260 −660	−200 −300	−200 −360	−200 −450	−145 −208	−145 −245	−145 −305	−145 −395	−85 −125	−85 −148	−85 −185
140	160	−520 −770	−280 −530	−280 −680	−210 −310	−210 −370	−210 −460							
160	180	−580 −830	−310 −560	−310 −710	−230 −330	−230 −390	−230 −480							
180	200	−660 −950	−340 −630	−340 −800	−240 −355	−240 −425	−240 −530	−170 −242	−170 −285	−170 −388	−170 −460	−100 −146	−100 −172	−100 −215
200	225	−740 −1 030	−380 −670	−380 −840	−260 −375	−260 −445	−260 −550							
225	250	−820 −1 110	−420 −710	−420 −880	−280 −395	−280 −465	−280 −570							
250	280	−920 −1 240	−480 −800	−480 −1 000	−300 −430	−300 −510	−300 −620	−190 −271	−190 −320	−190 −400	−190 −510	−110 −162	−110 −191	−110 −240
280	315	−1 050 −1 370	−540 −860	−540 −1 060	−330 −460	−330 −540	−330 −650							
315	355	−1 200 −1 560	−600 −960	−600 −1 170	−360 −500	−360 −590	−360 −720	−210 −299	−210 −350	−210 −440	−182 −570	−125 −182	−125 −214	−125 −265
355	400	−1 350 −1 710	−680 −1 040	−680 −1 250	−400 −540	−400 −630	−400 −760							
400	450	−1 500 −1 900	−760 −1 160	−760 −1 390	−440 −595	−440 −690	−440 −840	−230 −327	−230 −385	−230 −480	−230 −630	−135 −198	−135 −232	−135 −290
450	500	−1 650 −2 050	−840 −1 240	−840 −1 470	−480 −635	−480 −730	−480 −880							

注：基本尺寸小于 1 mm 时，各级的 a 和 b 均不采用。

(摘自 GB/T 1800.2—2009)
(带括号者为优选公差带)

	f					g			h							
5	6	(7)	8	9	5	(6)	7	5	(6)	(7)	8	(9)	10	(11)	12
−5	−6	−6	−6	−6	−2	−2	−2	0	0	0	−	0	0	0	0
−10	−12	−16	−20	−31	−6	−8	−12	−4	−6	−10	−14	−25	−40	−60	−100
−10	−10	−10	−10	−10	−4	−4	−4	0	0	0	0	0	0	0	0
−15	−18	−22	−28	−40	−9	−12	−16	−5	−8	−12	−18	−30	−48	−75	−120
−13	−13	−13	−13	−13	−5	−5	−5	0	0	0	0	0	0	0	0
−19	−22	−28	−35	−49	−11	−14	−20	−6	−19	−15	−22	−36	−58	−90	−150
−16	−16	−16	−16	−16	−6	−6	−6	0	0	0	0	0	0	0	0
−24	−27	−34	−43	−59	−14	−17	−24	−8	−11	−18	−27	−43	−70	−110	−180
−20	−20	−20	−20	−20	−7	−7	−7	0	0	0	0	0	0	0	0
−29	−33	−41	−53	−72	−16	−20	−28	−9	−13	−21	−33	−52	−84	−130	−210
−25	−25	−25	−25	−25	−9	−9	−9	0	0	0	0	0	0	0	0
−36	−41	−50	−64	−87	−20	−25	−34	−11	−16	−25	−39	−62	−100	−160	−250
−30	−30	−30	−30	−30	−10	−10	−10	0	0	0	0	0	0	0	0
−43	−49	−60	−76	−104	−23	−29	−40	−13	−19	−30	−46	−74	−120	−190	−300
−36	−36	−36	−36	−36	−12	−12	−12	0	0	0	0	0	0	0	0
−51	−58	−71	−90	−123	−27	−34	−47	−15	−22	−35	−54	−87	−140	−220	−350
−43	−43	−43	−43	−43	−14	−14	−14	0	0	0	0	0	0	0	0
−61	−68	−83	−106	−143	−32	−39	−54	−18	−25	−40	−63	−100	−160	−250	−400
−50	−50	−50	−50	−50	−15	−15	−15	0	0	0	0	0	0	0	0
−70	−79	−96	−122	−165	−35	−44	−61	−20	−29	−46	−72	−115	−185	−290	−460
−56	−56	−56	−56	−56	−17	−17	−17	0	0	0	0	0	0	0	0
−79	−88	−108	−137	−186	−40	−49	−69	−23	−32	−52	−81	−130	−210	−320	−520
−62	−62	−62	−62	−62	−18	−18	−18	0	0	0	0	0	0	0	0
−87	−98	−119	−151	−202	−43	−54	−75	−25	−36	−57	−89	−140	−230	−360	−570
−68	−68	−68	−68	−68	−68	−20	−20	0	0	0	0	0	0	0	0
−95	−108	−131	−165	−223	−47	−60	−83	−27	−40	−63	−97	−155	−250	−400	−630

续附表 3.1 常用及优选公差带

基本尺寸 mm		js			k			m			n			p		
大于	至	5	6	7	5	(6)	7	5	6	7	5	(6)	7	5	(6)	7
—	3	±2	±3	±6	+4 0	+6 0	+10 0	+6 0	+8 0	+12 0	+4 0	+10 0	+14 0	+10 0	+12 0	+16 0
3	6	±2.5	±4	±6	+4 +1	+9 +1	+13 +1	+9 +4	+12 +4	+16 +4	+13 +8	+16 +8	+20 +8	+17 +12	+20 +12	+24 +12
6	10	±3	±4.5	±7	+7 +1	+10 +1	+16 +1	+12 +6	+15 +6	+21 +6	+16 +10	+19 +10	+25 +10	+21 +15	+24 +15	+30 +15
10	14	±4	±5.5	±9	+9 +1	+12 +1	+19 +1	+15 +7	+18 +7	+25 +7	+20 +12	+23 +12	+30 +12	+26 +18	+29 +18	+36 +18
14	18															
18	24	±4.5	±6.5	±10	+11 +2	+15 +2	+23 +2	+17 +8	+21 +8	+29 +8	+24 +15	+28 +15	+36 +15	+31 +22	+35 +22	+43 +22
24	30															
30	40	±5.5	±8	±12	+13 +2	+18 +2	+27 +2	+20 +9	+25 +9	+34 +9	+28 +17	+33 +17	+42 +17	+37 +26	+42 +26	+51 +26
40	50															
50	65	±6.5	±9.5	±15	+15 +2	+21 +2	+32 +2	+24 +11	+30 +11	+41 +11	+33 +20	+39 +20	+50 +20	+45 +32	+51 +32	+62 +32
65	80															
80	100	±7.5	±11	±17	+18 +3	+25 +3	+38 +3	+28 +13	+35 +13	+48 +13	+38 +23	+45 +23	+58 +23	+52 +37	+59 +37	+72 +37
100	120															
120	140	±9	±12.5	±20	+21 +3	+28 +3	+43 +3	+33 +15	+40 +15	+55 +15	+45 +27	+52 +27	+67 +27	+61 +43	+68 +43	+83 +43
140	160															
160	180															
180	200	±10	±14.5	±23	+24 +4	+33 +4	+50 +4	+37 +17	+46 +17	+63 +17	+54 +31	+60 +31	+77 +31	+70 +50	+79 +50	+96 +50
200	225															
225	250															
250	280	±11.5	±16	±26	+27 +4	+36 +4	+56 +4	+43 +20	+52 +20	+72 +20	+67 +34	+66 +34	+86 +34	+79 +56	+88 +56	+108 +56
280	315															
315	355	±12.5	±18	±28	+29 +4	+40 +4	+61 +4	+46 +21	+57 +21	+78 +21	+62 +37	+73 +37	+94 +37	+87 +62	+98 +62	+119 +62
355	400															
400	450	±13.5	±20	±31	+32 +5	+45 +5	+68 +5	+50 +23	+63 +23	+86 +23	+67 +40	+80 +40	+103 +40	+95 +68	+108 +68	+131 +68
450	500															

(带括号者为优选公差带)

	r			s			t			u		v	x	y	z
5	6	7	5	(6)	7	5	6	7	(6)	7	6	6	6	6
+14 +10	+16 +10	+20 +10	+18 +14	+20 +14	+24 +14	—	—	—	+24 +18	+28 +18	—	+26 +20	—	+32 +26
+20 +15	+23 +15	+27 +15	+24 +19	+27 +19	+31 +19	—	—	—	+31 +23	+35 +23	—	+36 +28	—	+43 +35
+25 +19	+28 +19	+34 +19	+29 +23	+32 +23	+38 +23	—	—	—	+37 +28	+43 +28	—	+43 +34	—	+51 +42
+31 +23	+34 +23	+41 +23	+36 +28	+39 +28	+46 +28	—	—	—	+44 +33	+51 +33	—	+51 +40	—	+61 +50
						—	—	—			+50 +39	+56 +45	—	+71 +60
+37 +28	+41 +28	+49 +28	+44 +35	+48 +35	+56 +35	—	—	—	+54 +41	+62 +41	+60 +47	+67 +54	+76 +63	+86 +73
						+50 +41	+54 +41	+62 +41	+61 +43	+69 +48	+68 +55	+77 +64	+88 +75	+101 +88
+45 +34	+50 +34	+59 +34	+54 +43	+59 +43	+68 +43	+59 +48	+64 +488	+73 +48	+76 +60	+85 +60	+84 +68	+96 +80	+110 +94	+128 +112
						+65 +54	+70 +54	+79 +54	+86 +70	+95 +70	+97 +84	+113 +97	+130 +114	+152 +136
+54 +41	+60 +41	+71 +41	+66 +53	+74 +53	+83 +53	+79 +66	+85 +66	+96 +66	+106 +87	+117 +87	+121 +102	+141 +122	+163 +144	+191 +172
+56 +43	+62 +43	+73 +43	+72 +59	+78 +59	+89 +59	+88 +75	+94 +75	+105 +75	+121 +102	+132 +102	+139 +120	+200 +178	+193 +174	+229 +210
+66 +51	+73 +51	+86 +51	+86 +71	+93 +71	+106 +71	+106 +91	+113 +91	+126 +91	+146 +124	+159 +124	+168 +146	+200 +178	+236 +214	+280 +258
+69 +54	+76 +54	+89 +54	+94 +79	+101 +79	+114 +79	+110 +104	+126 +104	+139 +104	+166 +144	+179 +144	+194 +172	+232 +210	+276 +254	+332 +310
+81 +63	+88 +63	+103 +63	+110 +92	+117 +92	+132 +92	+140 +122	+147 +122	+162 +122	+195 +170	+210 +170	+227 +202	+273 +248	+325 +300	+390 +365
+83 +65	+90 +65	+105 +65	+118 +100	+125 +100	+140 +100	+152 +134	+159 +134	+174 +134	+215 +190	+230 +190	+253 +228	+305 +280	+365 +340	+440 +415
+86 +68	+93 +68	+108 +68	+126 +108	+133 +108	+148 +108	+164 +146	+171 +146	+186 +146	+235 +210	+250 +210	+227 +252	+335 +310	+405 +380	+490 +465
+97 +77	+106 +77	+123 +77	+142 +122	+151 +122	+168 +122	+186 +166	+195 +166	+212 +166	+265 +236	+282 +236	+313 +284	+379 +350	+454 +425	+549 +520
+100 +80	+109 +80	+126 +80	+150 +130	+159 +130	+176 +130	+200 +180	+209 +180	+226 +180	+287 +2589	+304 +258	+339 +310	+414 +385	+499 +470	+604 +575
+104 +84	+113 +84	+130 +84	+160 +140	+169 +140	+186 +140	+216 +196	+225 +196	+242 +196	+313 +284	+330 +284	+369 +340	+454 +425	+549 +520	+669 +640
+117 +94	+126 +94	+146 +94	+181 +158	+290 +158	+210 +158	+241 +218	+250 +218	+270 +218	(+347) +315	+367 +315	+417 +385	+507 +475	+612 +580	+742 +710
+121 +98	+130 +98	+150 +98	+193 +170	+202 +170	+222 +170	+263 +240	+272 +240	+292 +240	+382 +350	+402 +350	+457 +425	+557 +525	+682 +650	+332 +790
+133 +108	+144 +108	+165 +108	+215 +190	+226 +190	+247 +190	+293 +268	+304 +268	+325 +268	+426 +390	+447 +390	+511<to>+475	+626 +590	+766 +730	+936 +900
+139 +114	+150 +114	+171 +114	+233 +208	+244 +208	+265 +208	+319 +294	+330 +294	+351 +294	+471 +435	+492 +435	+566 +530	+696 +660	+856 +820	+1036 +1000
+153 +126	+166 +126	+189 +126	+259 +232	+272 +232	+295 +232	+357 +330	+370 +330	+393 +330	+630 +490	+553 +490	+635 +595	+780 +740	+960 +920	+1140 +1100
+159 +132	+172 +132	+195 +132	+279 +252	+292 +252	+315 +252	+387 +360	+400 +360	+423 +360	+580 +540	+603 +540	+700 +600	+860 +820	+1040 +1000	+1290 +1250

附表 3.2 孔的极限偏差数值

常用及优选公差带

基本尺寸 mm		A	B		C	D				E		F			
大于	至	11	11	12	(11)	8	(9)	10	11	8	9	6	7	(8)	9
—	3	+330 +270	+200 +140	+240 +140	+120 +60	+34 +20	+45 +20	+60 +20	+80 +20	+28 +14	+39 +14	+12 +6	+16 +6	+20 +6	+31 +6
3	6	+345 +270	+215 +140	+260 +140	+145 +70	+48 +30	+60 +30	+78 +30	+105 +30	+38 +20	+50 +20	+18 +10	+22 +10	+28 +10	+40 +10
6	10	+370 +280	+240 +150	+300 +120	+170 +80	+62 +40	+76 +40	+98 +40	+130 +40	+47 +25	+61 +25	+22 +13	+28 +13	+35 +13	+49 +13
10	14	+400 +290	+290 +160	+330 +150	+205 +95	+77 +50	+93 +50	+120 +50	+160 +50	+59 +32	+75 +32	+27 +16	+34 +16	+43 +16	+59 +16
14	18														
18	24	+430 +300	+290 +160	+370 +160	+240 +110	+98 +65	+117 +65	+149 +65	+195 +65	+73 +40	+92 +40	+33 +20	+41 +20	+53 +20	+72 +20
24	30														
30	40	+470 +310	+330 +170	+420 +170	+280 +120	+119 +80	+142 +80	+180 +80	+240 +80	+89 +50	+112 +50	+41 +25	+50 +25	+64 +25	+87 +25
40	50	+480 +320	+340 +180	+430 +180	+290 +130										
50	65	+530 +340	+380 +190	+490 +190	+330 +140	+146 +100	+170 +100	+220 +100	+290 +100	+106 +60	+134 +60	+49 +30	+60 +30	+76 +30	+104 +30
65	80	+550 +360	+390 +200	+500 +200	+340 +150										
80	100	+600 +380	+440 +220	+570 +220	+390 +170	+174 +120	+207 +120	+260 +120	+340 +120	+126 +72	+159 +72	+58 +36	+71 +36	+90 +36	+123 +36
100	120	+630 +410	+460 +240	+590 +240	+400 +180										
120	140	+710 +460	+510 +260	+660 +260	+450 +200	+208 +145	+245 +145	+305 +145	+395 +145	+148 +85	+185 +85	+68 +43	+83 +43	+106 +43	+143 +43
140	160	+770 +520	+530 +280	+680 +280	+460 +210										
160	180	+830 +580	+560 +310	+710 +310	+480 +230										
180	200	+950 +660	+630 +340	+800 +340	+530 +240	+242 +170	+285 +170	+355 +170	+460 +170	+172 +100	+215 +100	+79 +50	+96 +50	+122 +50	+165 +50
200	225	+1030 +740	+670 +380	+840 +380	+550 +260										
225	250	+1110 +820	+710 +420	+880 +420	+570 +280										
250	280	+1240 +920	+800 +480	+1000 +480	+620 +300	+271 +190	+320 +190	+400 +190	+510 +190	+191 +110	+240 +110	+88 +56	+108 +56	+137 +56	+186 +56
280	315	+1370 +1050	+860 +540	+1060 +540	+650 +330										
315	355	+1560 +1200	+960 +600	+1170 +600	+720 +360	+299 +210	+350 +210	+440 +210	+570 +210	+214 +125	+265 +125	+98 +62	+119 +62	+151 +62	+202 +62
355	400	+1710 +1350	+1040 +680	+1250 +680	+760 +400										
400	450	+1900 +1500	+1160 +760	+1390 +760	+840 +440	+327 +230	+385 +230	+480 +230	+630 +230	+232 +135	+290 +135	+108 +68	+131 +68	+165 +68	+223 +68
450	500	+2050 +1650	+1240 +840	+1470 +840	+880 +480										

注：基本尺寸小于 1 mm 时，各级的 A 和 B 均不采用。

(摘自 GB/T 1800.2—2009)

(带括号者为优选公差带)

G		H							Js			K			M		
6	(7)	6	(7)	(8)	(9)	10	(11)	12	6	7	8	6	(7)	8	6	7	8
+8 +2	+12 +2	+6 0	+10 0	+14 0	+25 0	+40 0	+60 0	+100 0	±3	±5	±7	0 −6	0 −10	0 −14	−2 −8	−2 −12	−2 −16
+12 +4	+16 +4	+8 0	+12 0	+18 0	+30 0	+48 0	+75 0	+120 0	±4	±6	±9	+2 −6	+3 −9	+5 −13	−1 −9	0 −12	+2 −16
+14 +5	+20 +5	+9 0	+15 0	+22 0	+36 0	+58 0	+90 0	+150 0	±4.5	±7	±11	+2 −7	+5 −10	+6 −16	−3 −12	0 −15	+1 −21
+17 +6	+24 +6	+11 0	+18 0	+27 0	+43 0	+70 0	+110 0	+180 0	±5.5	±9	±13	+2 −9	+6 −12	+8 −19	−4 −15	0 −18	+2 −25
+20 +7	+28 +7	+13 0	+21 0	+33 0	+52 0	+84 0	+130 0	+210 0	±6.5	±10	±16	+2 −11	+6 −15	+10 −23	−4 −17	0 −21	+4 −29
+25 +9	+34 +9	+16 0	+25 0	+39 0	+62 0	+100 0	+160 0	+250 0	±8	±12	±19	+3 −13	+7 −18	+12 −27	−4 −20	0 −25	+5 −34
+29 +10	+40 +10	+19 0	+30 0	+46 0	+74 0	+120 0	+190 0	+300 0	±9.5	±15	±23	+4 −15	+9 −21	+14 −32	−5 −24	0 −30	+5 −41
+34 +12	+47 +12	+22 0	+35 0	+54 0	+87 0	+140 0	+220 0	+350 0	±11	±17	±27	+4 −18	+10 −25	+16 −38	−6 −28	0 −35	+6 −48
+39 +14	+54 +14	+25 0	+40 0	+63 0	+100 0	+160 0	+250 0	+400 0	±12.5	±20	±31	+4 −21	+12 −28	+20 −43	−8 −33	0 −40	+8 −55
+44 +15	+61 +15	+29 0	+46 0	+72 0	+115 0	+185 0	+290 0	+460 0	±14.5	±23	±36	+5 −24	+13 −33	+22 −50	−8 −37	0 −46	+9 −63
+49 +17	+69 +17	+32 0	+52 0	+81 0	+130 0	+210 0	+320 0	+520 0	±16	±26	±40	+5 −27	+16 −36	+25 −56	−9 −41	0 −52	+9 −72
+54 +18	+75 +18	+36 0	+57 0	+89 0	+140 0	+230 0	+360 0	+570 0	±18	±28	±44	+7 −29	+17 −40	+28 −61	−10 −46	0 −57	+11 −78
+60 +20	+83 +20	+40 0	+63 0	+97 0	+165 0	+255 0	+400 0	+630 0	±20	±31	±48	+8 −32	+18 −45	+29 −68	−10 −50	0 −63	+11 −86

续附表 3.2

基本尺寸 mm		常用及优选公差带（带括号者为优选公差带）										
		N			P		R		S		T		U
大于	至	6	(7)	8	6	(7)	6	7	6	(7)	6	7	(7)
—	3	-4 -10	-4 -14	-4 -18	-6 -12	-6 -16	-10 -16	-10 -20	-14 -20	-14 -24	—	—	-18 -28
3	6	-5 -13	-4 -16	-2 -20	-9 -17	-8 -20	-12 -20	-11 -23	-16 -24	-15 -27			-19 -31
6	10	-7 -16	-4 -19	-3 -25	-12 -21	-9 -24	-16 -25	-11 -28	-20 -29	-17 -32	—	—	-22 -37
10	14	-9 -20	-5 -23	-3 -30	-15 -26	-11 -29	-20 -31	-16 -34	-25 -36	-21 -39			-26 -44
14	18												
18	24	-11 -24	-7 -28	-3 -36	-18 -31	-14 -35	-24 -37	-20 -41	-31 -44	-27 -48	—	—	-33 -54
24	30										-37 -50	-33 -54	-40 -61
30	40	-12 -28	-8 -33	-3 -42	-21 -37	-17 -42	-29 -45	-25 -50	-38 -54	-34 -58	-43 -59	-39 -64	-51 -76
40	50										-49 -65	-45 -70	-61 -86
50	65	-14 -33	-9 -39	-4 -50	-26 -45	-21 -51	-35 -54	-30 -60	-47 -66	-42 -72	-60 -79	-55 -85	-76 -106
65	80						-37 -56	-32 -62	-53 -72	-48 -78	-69 -88	-64 -94	-91 -121
80	100	-16 -38	-10 -45	-4 -58	-30 -52	-24 -59	-44 -66	-38 -73	-64 -86	-58 -93	-84 -106	-78 -113	-111 -146
100	120						-47 -69	-41 -76	-72 -94	-66 -101	-97 -119	-91 -126	-131 -166
120	140	-20 -45	-12 -52	-4 -67	-36 -61	-28 -68	-56 -81	-48 -88	-85 -110	-77 -117	-115 -140	-107 -147	-155 -195
140	160						-58 -83	-50 -90	-93 -118	-85 -125	-127 -152	-119 -159	-175 -215
160	180						-61 -86	-53 -93	-101 -126	-93 -133	-139 -164	-131 -171	-195 -235
180	200	-22 -51	-14 -60	-5 -77	-41 -70	-33 -79	-68 -97	-60 -106	-113 -142	-105 -151	-157 -186	-149 -195	-291 -265
200	225						-71 -100	-63 -109	-121 -160	-113 -159	-171 -200	-163 -209	-241 -287
225	250						-75 -104	-67 -113	-131 -160	-123 -169	-187 -216	-179 -225	-267 -313
250	280	-25 -57	-14 -66	-5 -86	-47 -79	-36 -88	-85 -117	-74 -126	-149 -181	-138 -190	-209 -241	-198 -250	-295 -347
280	315						-89 -121	-78 -130	-161 -193	-150 -202	-231 -263	-220 -272	-330 -382
315	355	-26 -62	-16 -73	-5 -94	-51 -87	-41 -98	-97 -133	-87 -144	-179 -215	-169 -226	-257 -293	-247 -304	-369 -426
355	400						-103 -139	-93 -150	-197 -233	-187 -244	-283 -319	-273 -330	-414 -471
400	450	-27 -67	-17 -80	-6 -103	-65 -95	-45 -108	-113 -153	-103 -166	-219 -259	-209 -272	-317 -357	-307 -370	-467 -530
450	500						-119 -159	-109 -172	-239 -279	-229 -292	-347 -387	-337 -400	-517 -580

附表 3.3 标准公差数值(GB/T 1800.3—1996)

基本尺寸 mm		标准公差等级																	
大于	至	IT1	IT2	IT3	IT4	IT5	IT6	IT7	IT8	IT9	IT10	IT11	IT12	IT13	IT14	IT15	IT16	IT17	IT18
		μm											mm						
—	3	0.8	1.2	2	3	4	6	10	14	25	40	60	0.1	0.14	0.25	0.4	0.6	1	1.4
3	6	1	1.5	2.5	4	5	8	12	18	30	48	75	0.12	0.18	0.3	0.48	0.75	1.2	1.8
6	10	1	1.5	2.5	4	6	9	15	22	36	58	90	0.15	0.22	0.36	0.58	0.9	1.5	2.2
10	18	1.2	2	3	5	8	11	18	27	43	70	110	0.18	0.27	0.43	0.7	1.1	1.8	2.7
18	30	1.5	2.5	4	6	9	13	21	33	52	84	130	0.21	0.33	0.52	0.84	1.3	2.1	3.3
30	50	1.5	2.5	4	7	11	16	25	39	62	100	160	0.25	0.39	0.62	1	1.6	2.5	3.9
50	80	2	3	5	8	13	19	30	46	74	120	190	0.3	0.46	0.74	1.2	1.9	3	4.6
80	120	2.5	4	6	10	15	22	35	54	87	140	220	0.35	0.54	0.87	1.4	2.2	3.5	5.4
120	180	3.5	5	8	12	18	25	40	63	100	160	250	0.4	0.63	1	1.6	2.5	4	6.3
180	250	4.5	7	10	14	20	29	46	72	115	185	290	0.46	0.72	1.15	1.85	2.9	4.6	7.2
250	315	6	8	12	16	23	32	52	81	130	210	320	0.52	0.81	1.3	2.1	3.2	5.2	8.1
315	400	7	9	13	18	25	36	57	89	140	230	360	0.57	0.89	1.4	2.3	3.6	5.7	8.9
400	500	8	10	15	20	27	40	63	97	155	250	400	0.63	0.97	1.55	2.5	4	6.3	9.7
500	630	9	11	16	22	32	44	70	110	175	280	440	0.7	1.1	1.75	2.8	4.4	7	11
630	800	10	13	18	25	36	50	80	125	200	320	500	0.8	1.25	2	3.2	5	8	12.5
800	1 000	11	15	21	28	40	56	90	140	230	360	560	0.9	1.4	2.3	3.6	5.6	9	14
1 000	1 250	13	18	24	33	47	66	105	165	260	420	660	1.05	1.65	2.6	4.2	6.6	10.5	16.5
1 250	1 600	15	21	29	39	55	78	125	195	310	500	780	1.25	1.95	3.1	5	7.8	12.5	19.5
1 600	2 000	18	25	35	46	65	92	150	230	370	600	920	1.5	2.3	3.7	6	9.2	15	23
2 000	2 500	22	30	41	55	78	110	175	280	440	700	1 100	1.75	2.8	4.4	7	11	17.5	28
2 500	3 150	26	36	50	68	96	135	210	330	540	860	1 350	2.1	3.3	5.4	8.6	13.5	21	33

注:①基本尺寸大于 500 mm 的 IT1 至 IT5 的标准公差数值为试行的。
②基本尺寸小于或等于 1 mm 时,无 IT14 至 IT18。

参 考 文 献

[1] 王丹虹,宋洪侠,陈霞.现代工程制图[M].2版.北京:高等教育出版社,2017.

[2] 何铭新,钱可强,徐祖茂.机械制图[M].7版.北京:高等教育出版社,2013.

[3] 西安交通大学工程画教研室.画法几何及工程制图[M].4版.北京:高等教育出版社,2009.

[4] 李平.画法几何及机械制图[M].2版.哈尔滨:哈尔滨工业大学出版社,2012.

[5] 左宗义,冯开平.工程制图[M].2版.广州:华南理工大学出版社,2008.

[6] 全国技术产品文件标准化技术委员会,中国质检出版社第三编辑室.技术产品文件标准汇编:技术制图卷[M].北京:中国标准出版社,2012.

[7] 中华人民共和国国家质量监督检验检疫总局.中华人民共和国国家标准:机械制图[M].北京:中国标准出版社,2011.

工程制图基础习题集

(第 2 版)

主编 陈 新 苏北馨

哈尔滨工业大学出版社

再版前言

本书是根据国家高等工科院校课程指导委员会制订的"画法几何及机械制图课程教学基本要求"的精神,结合高等学校非机械类专业教学的特点和当前教学改革的具体情况,在历次编写的非机械类《工程制图基础习题集》的基础上,结合编写者多年的教学经验,并广泛汲取其他院校同类书的优点编写而成。本书适合于高等学校非机械类,如电子、电气、通信、测控、无机、高分子等专业学生使用。

本习题集与修立威、王全福主编的《工程制图基础》(第二版)教材配套使用。

本习题集由陈新、苏北馨主编,吴佩年教授主审,陈新负责本套教材的统稿工作。在本书的编写过程中得到编者单位的领导和相关同志的支持与帮助,在此表示衷心的感谢。

限于编者水平,书中不当之处在所难免,恳请读者批评指正。

编 者

2017 年 6 月

目 录

（与教材章对应）

第一章 制图的基本知识与技能 …… (1)
第二章 点、直线和平面的投影 …… (8)
第三章 立体 …… (22)
第四章 平面与曲面立体相交、两曲面立体相交 …… (27)
第五章 轴测图 …… (38)
第六章 组合体 …… (43)
第七章 机件的表达方法 …… (54)
第八章 标准件和常用件 …… (67)
第九章 零件图 …… (75)
第十章 装配图 …… (82)
第十一章 换面法 …… (88)
第十二章 焊接图和展开图 …… (91)

1-1 字体练习

(1) 字体

机械制图标准序名称件数重量比例材料备注销键

螺钉柱母型图座速器箱座架圆柱锥齿轮斜面蜗杆

1-2 字体练习

(2) 数字、字母

1234567890

1234567890

ABCDEFGHIJKLMNOPQRSTUVW

abcdefghijklmnopqrstuvwxyzabcdefg

班级　　姓名　　学号

1-3 图线练习　按2:1的比例将图样抄画在图纸上

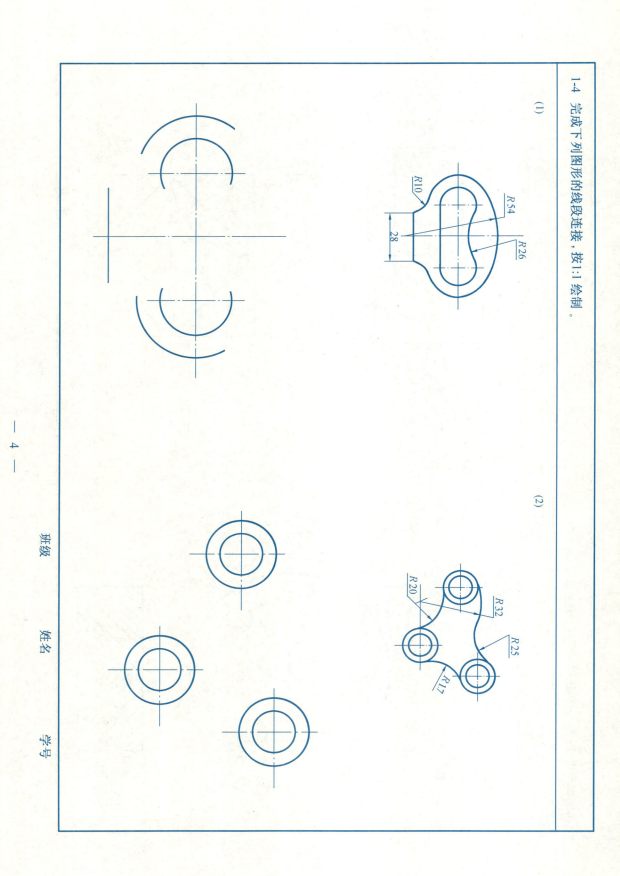

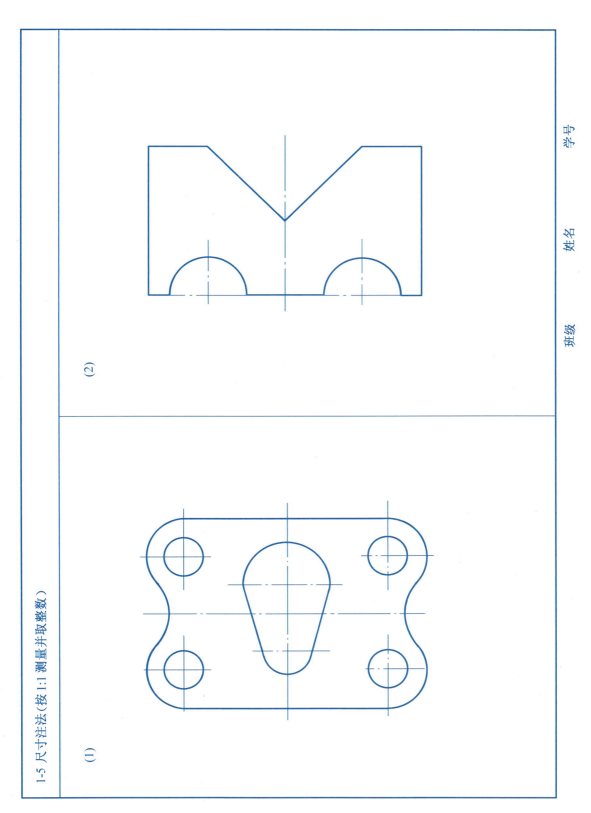

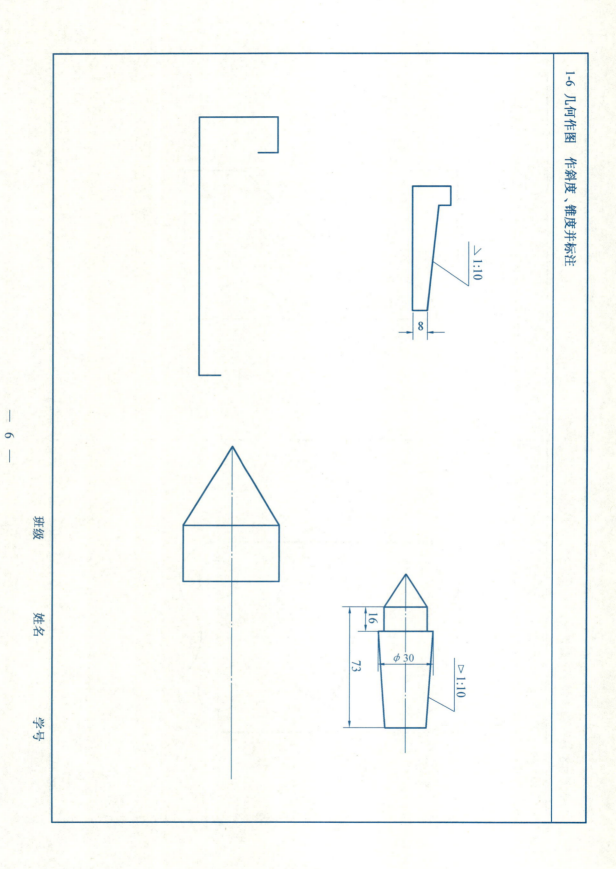

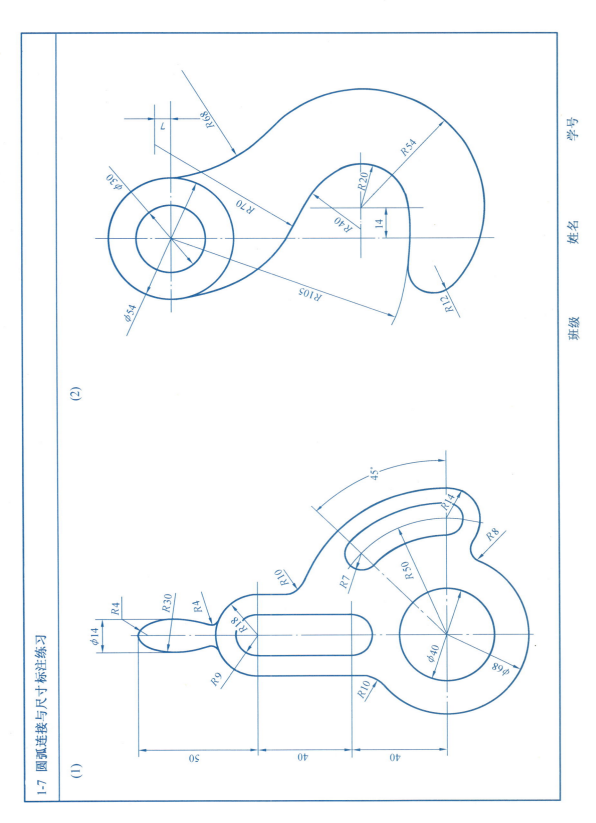

2-1 已知三个点的坐标 $M(10,15,20)$，$N(20,0,25)$，$K(10,20,20)$，试作出它们的三面投影图和直观图。

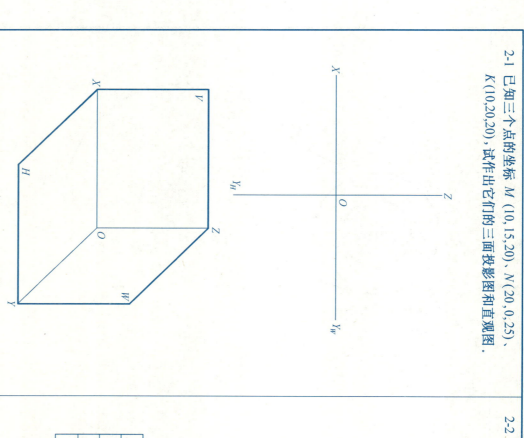

2-2 已知三点的三面投影图，点 B 和点 C 对点 A 的相对位置如何？

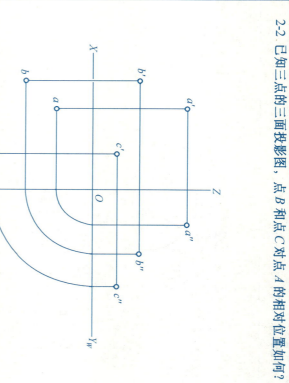

$B、C$ 和 A 点比较	B	C
在 A 点的上下		
在 A 点的前后		
在 A 点的左右		

2-3 已知点 B 在点 A 左方 15mm，下方 15mm，前方 10mm；点 C 在点 A 的正前方 15mm，试作出点 B 和点 C 的三面投影。

2-4 根据点的两面投影作第三面投影。

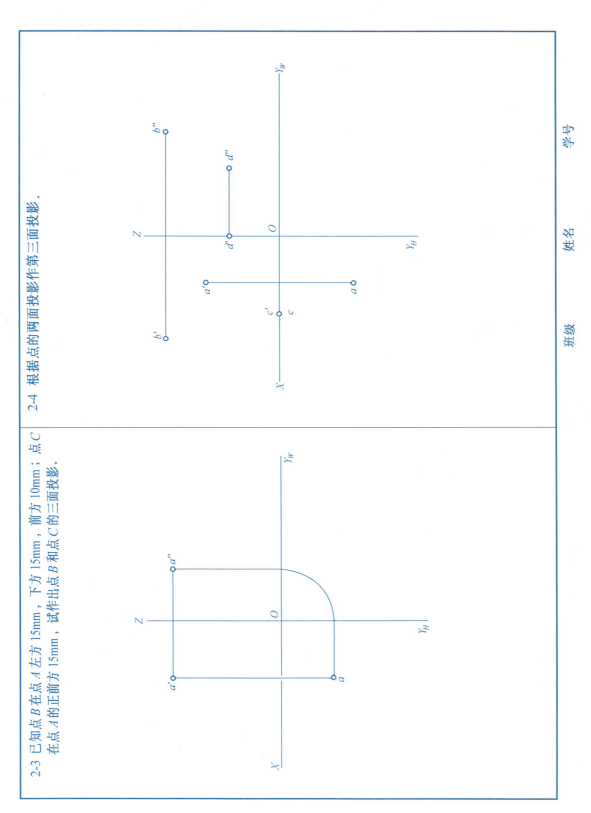

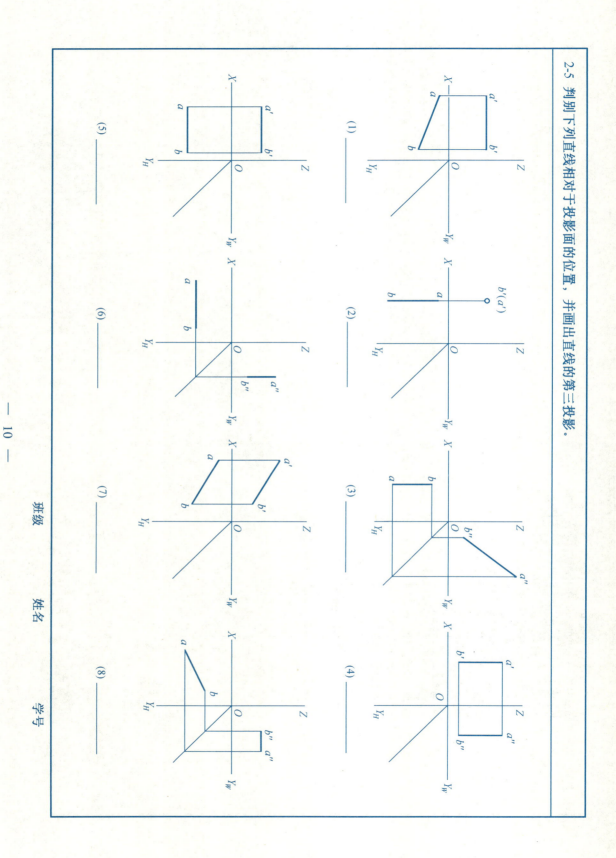

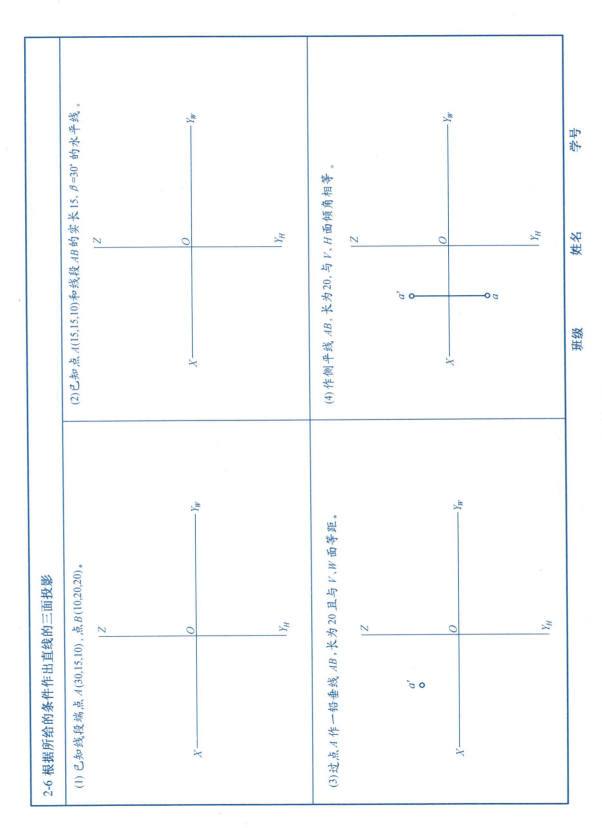

2-7 根据条件，在线段上求点的投影。

(1) 在直线 AB 上取一点 C，使 AC:CB=2:3，求点 C 的两面投影。

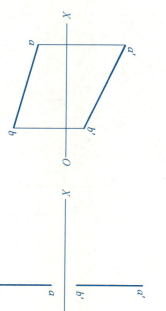

(2) 确定点 K，使点 K 到 V 与 H 面距离之比为 3:2。

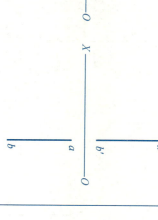

(3) 确定点 C，使其与 V，H 面等距。

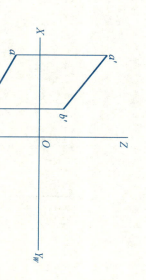

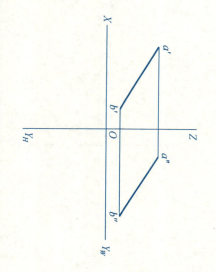

(4) 确定点 C，使其与 H 面距离为 10。

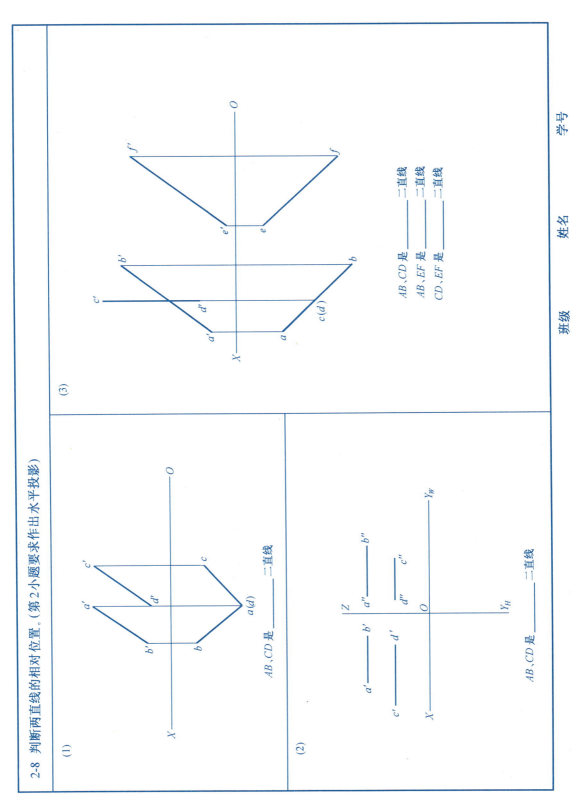

2-9 根据要求作出直线

(1) 已知 AB, CD 为相交两直线，且 CD 为水平线，求作 CD 的正面投影。

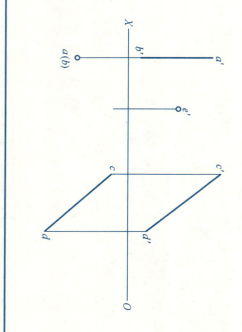

(2) 由点 A 作直线 AB, 与直线 CD 相交，交点 B 距 H 面 15 mm。

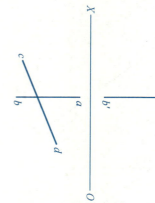

(3) 过点 E 作一正平线与 AB, CD 都相交。

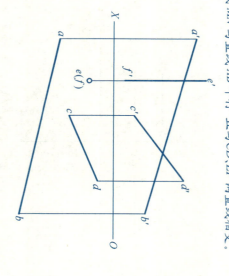

(4) 作直线 MN 与直线 AB 平行，且与 CD, EF 两直线相交。

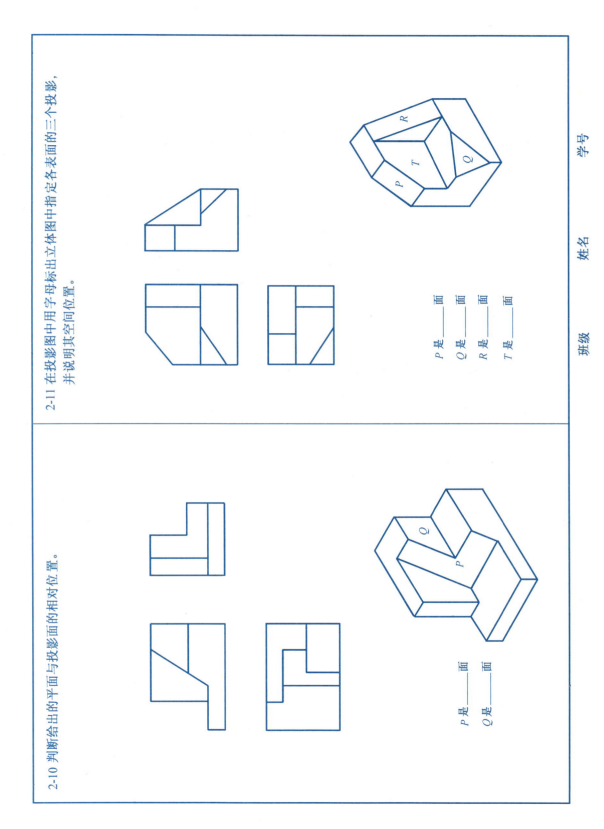

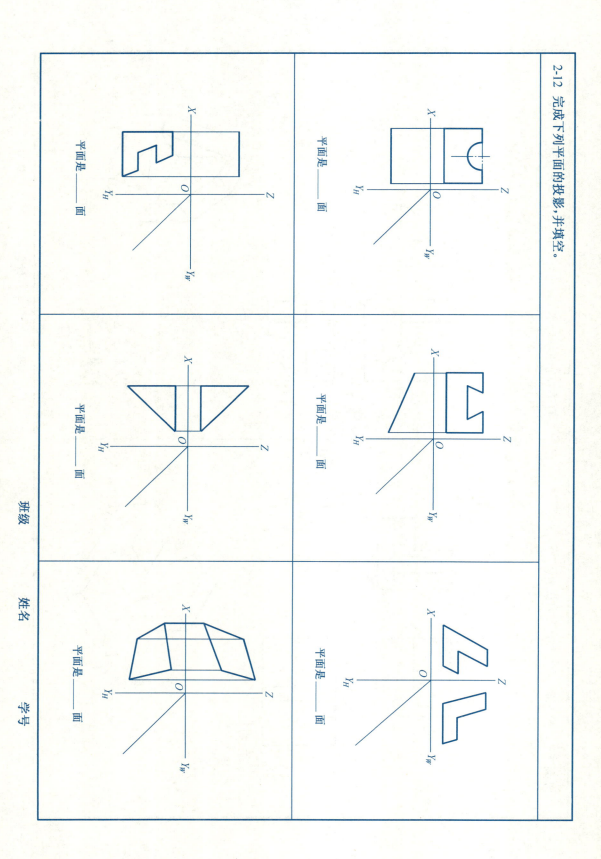

2-14 已知△ABC平面的两面投影，求其侧面投影，并在△ABC面内取一点K，使K点距V面13 mm，距H面15 mm。

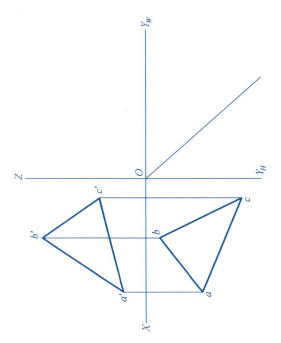

2-13 判断点D、E、F是否在△ABC平面上。

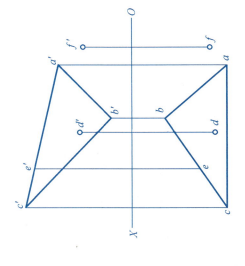

D点 ——— 平面上
E点 ——— 平面上
F点 ——— 平面上

2-15 补全平面图形的水平投影。

2-16 已知平面 ABCD 上 △EFG 的水平投影，求其正面投影。

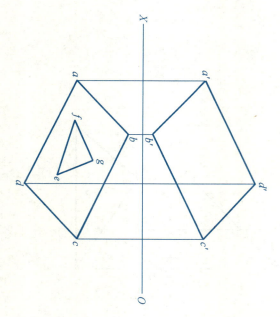

2-17 直线和平面的相对位置

(1) 直线 DE 平行于 △ABC,求其水平投影。

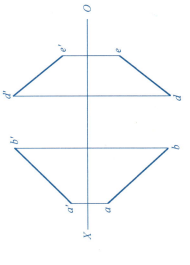

(2) 作 △ABC 平行于直线 DE。

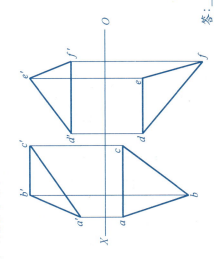

(3) 判断直线 MN 是否平行于 △ABC。

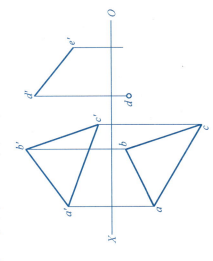

答：___

(4) 判断二平面是否平行。

答：___

2-18 求直线与平面的交点，并判别可见性。

(1)

(2)

2-19 求垂直线 AB 与一般位置平面的交点，并判别可见性。

(1)

(2)

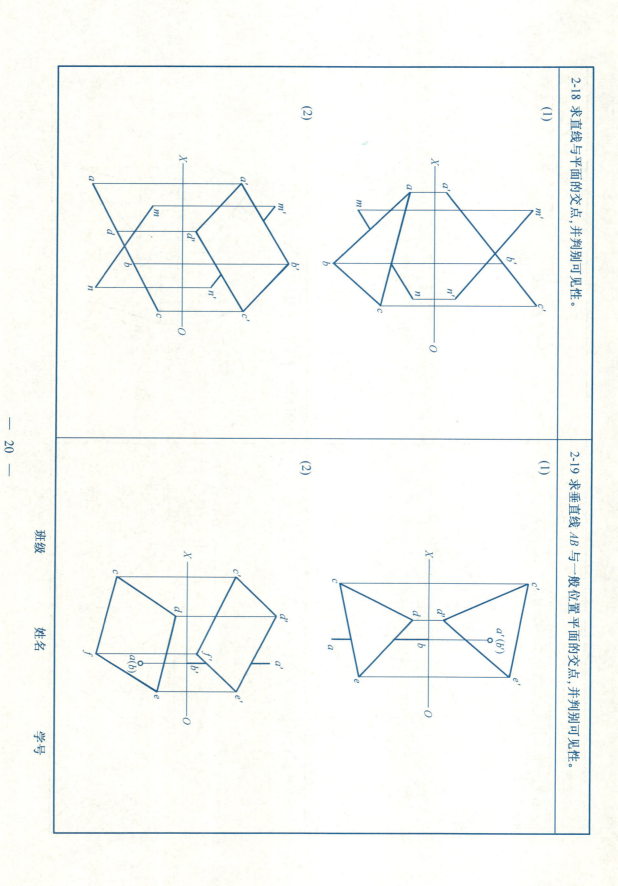

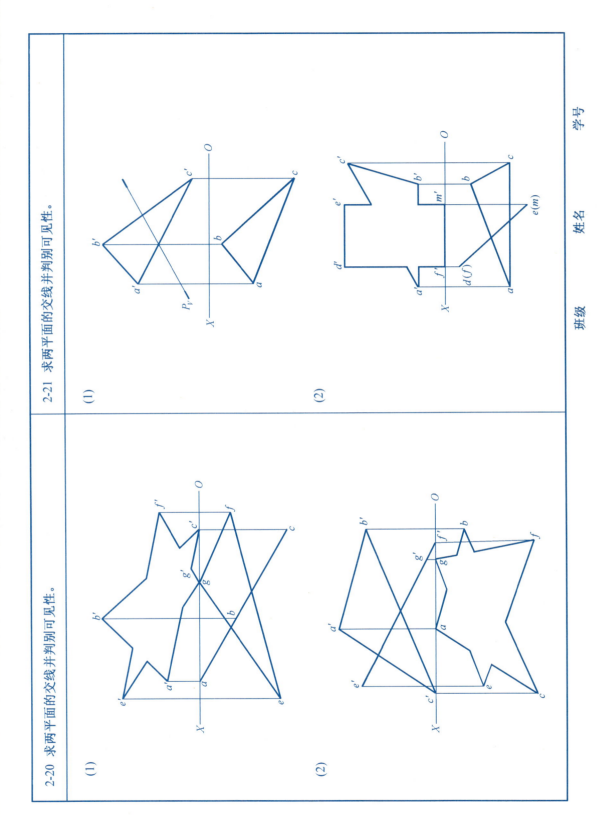

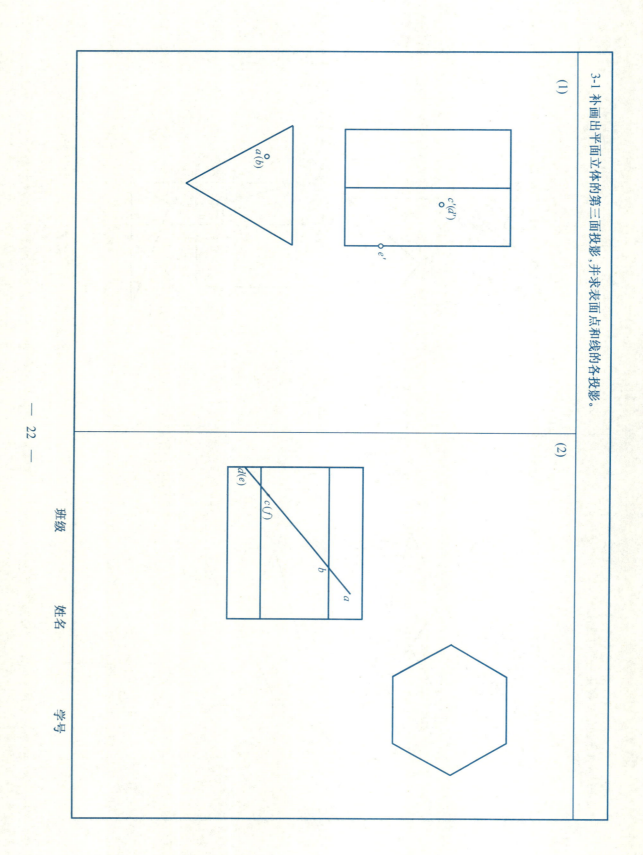

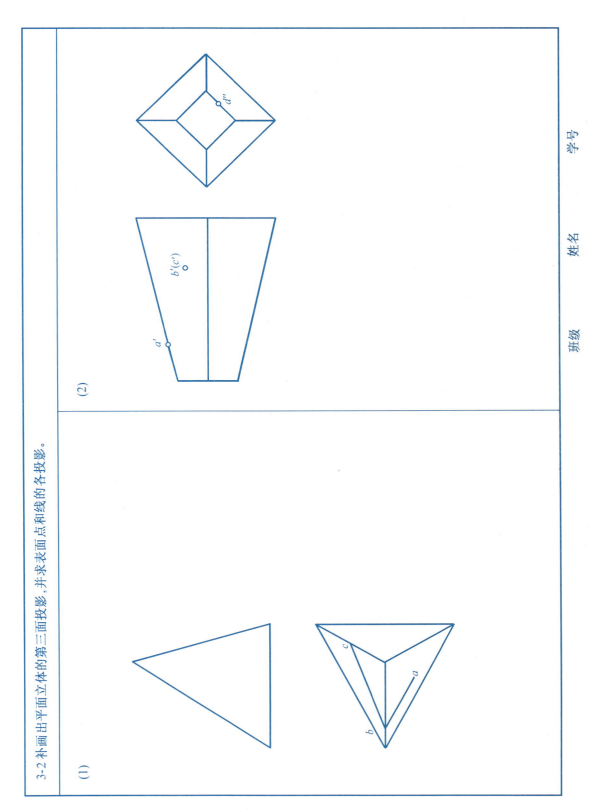

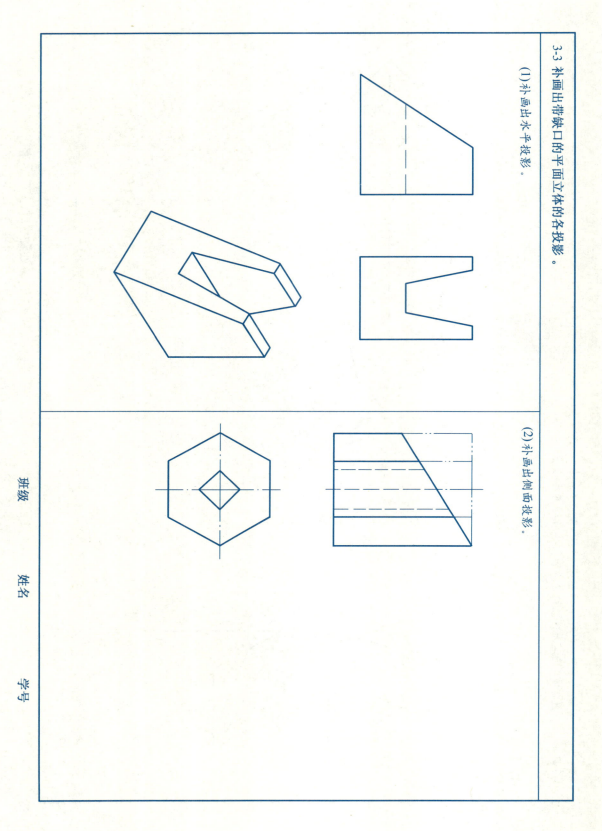

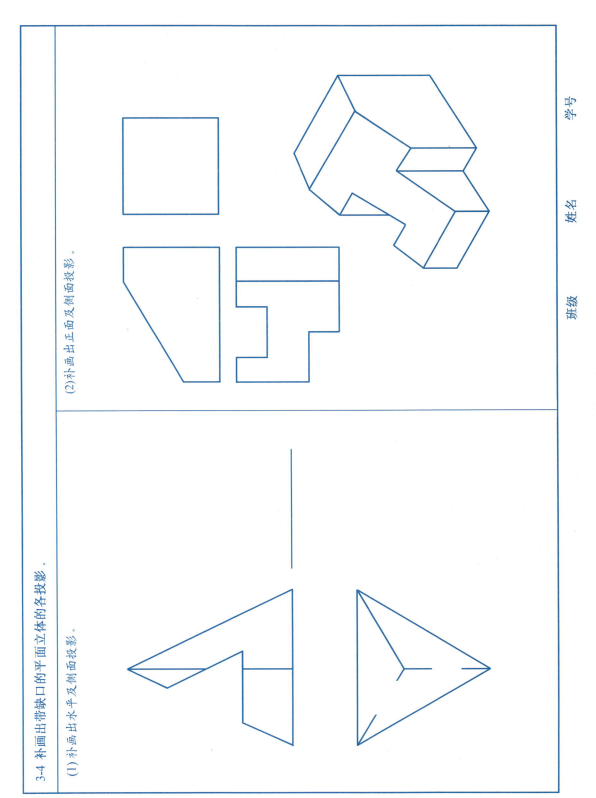

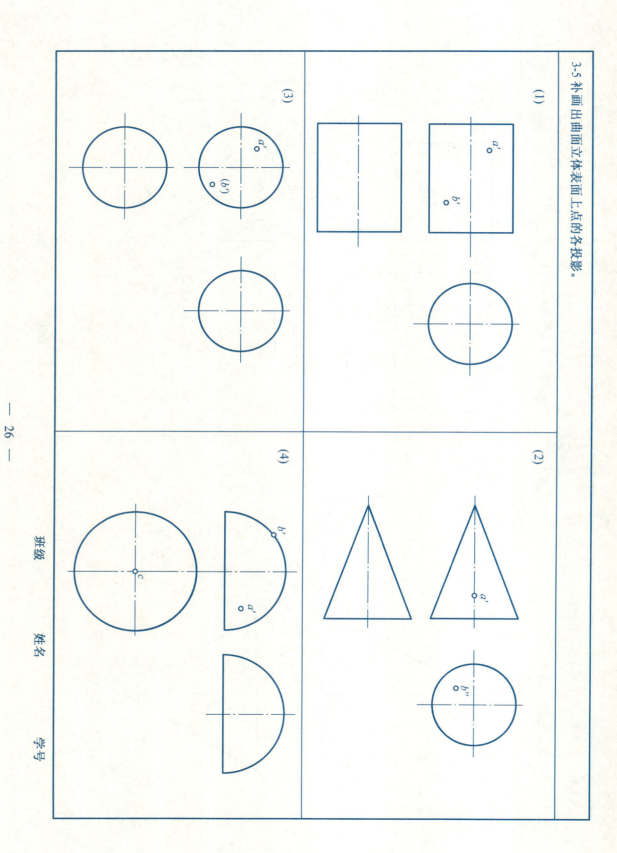

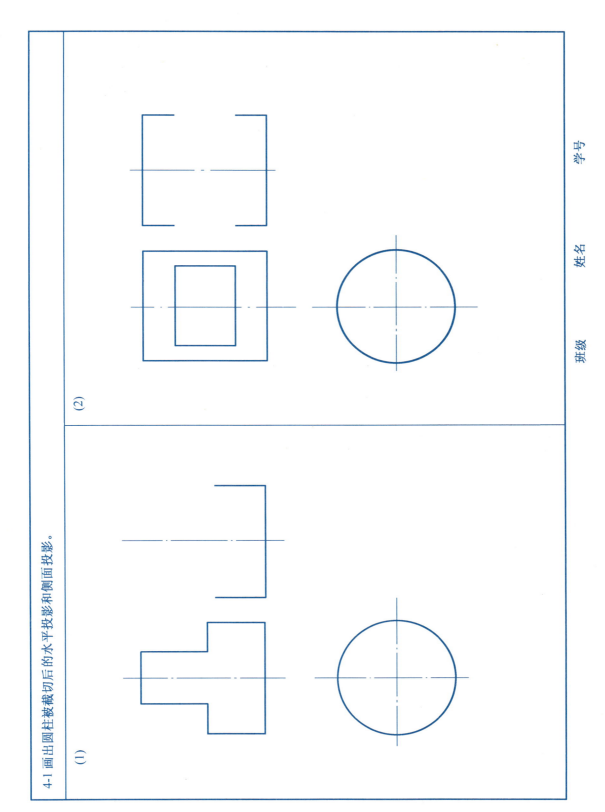

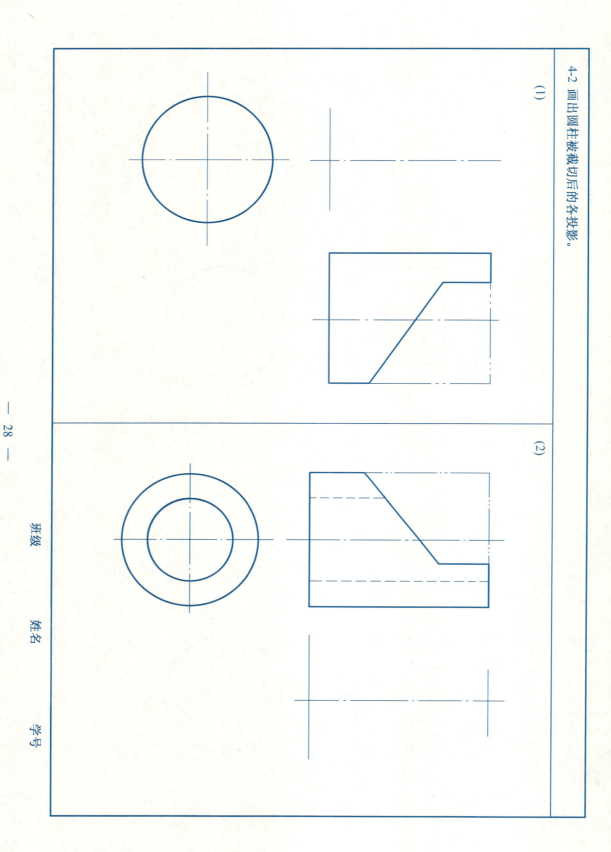

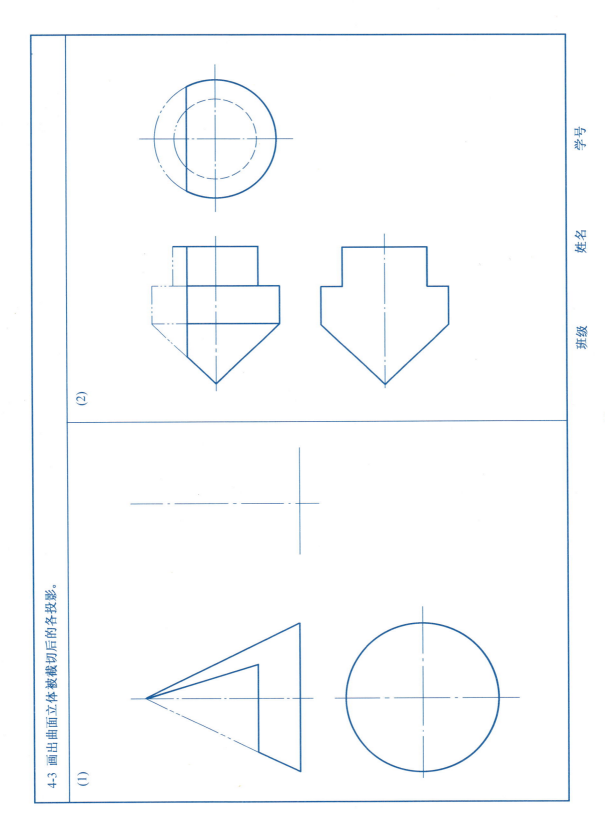

4-3 画出曲面立体被截切后的各投影。

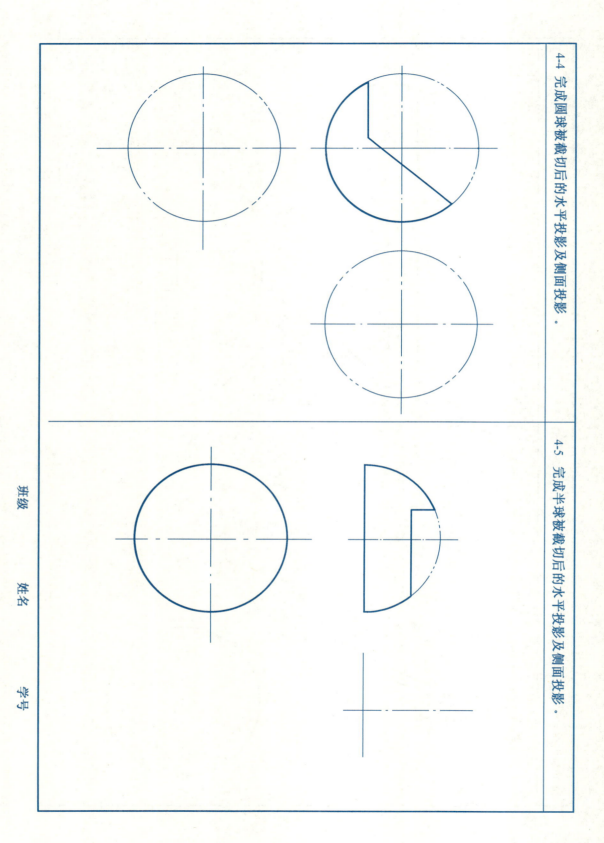

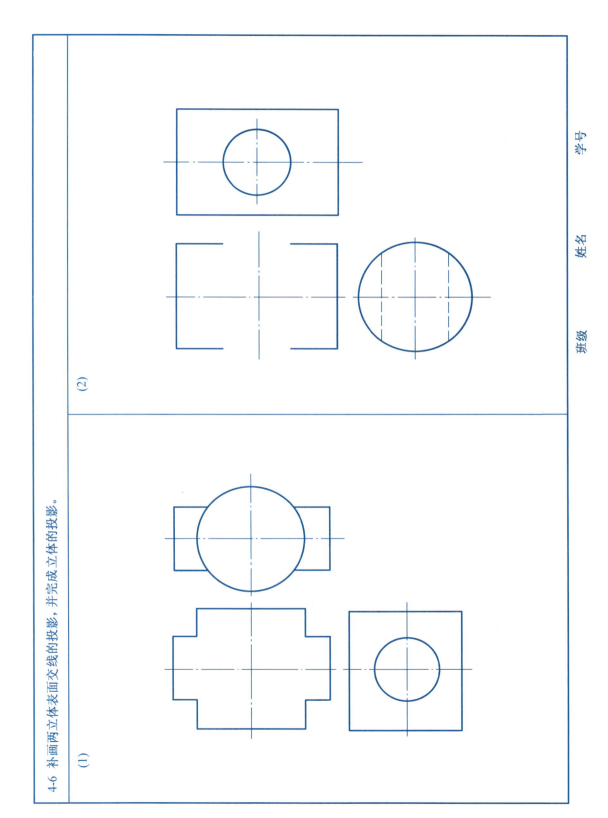

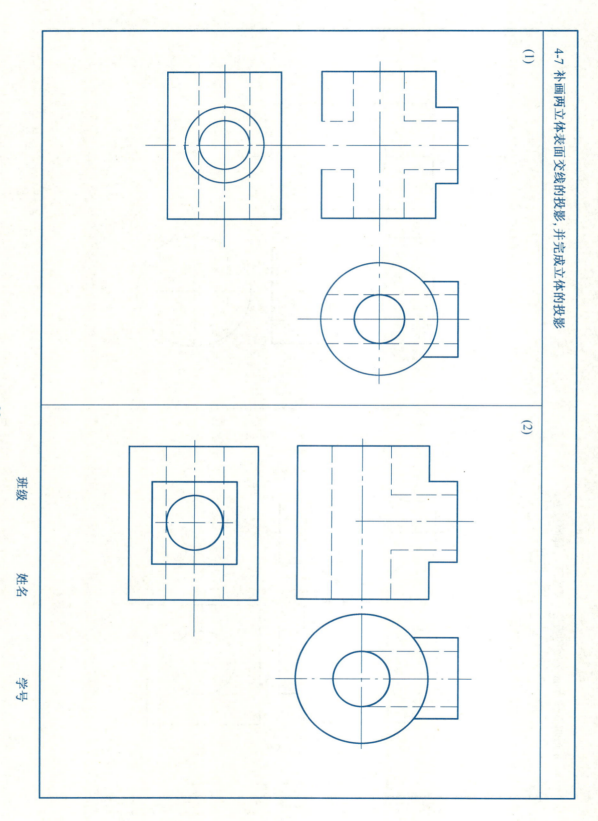

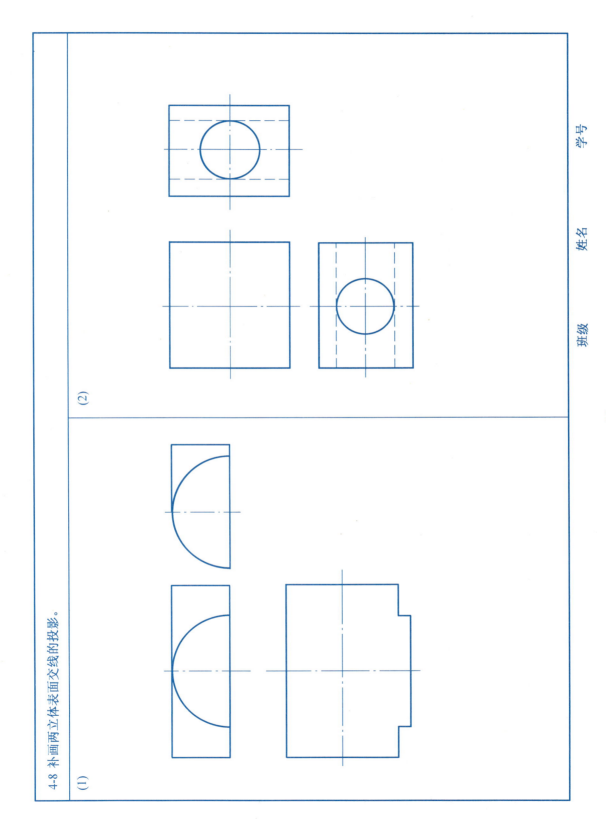

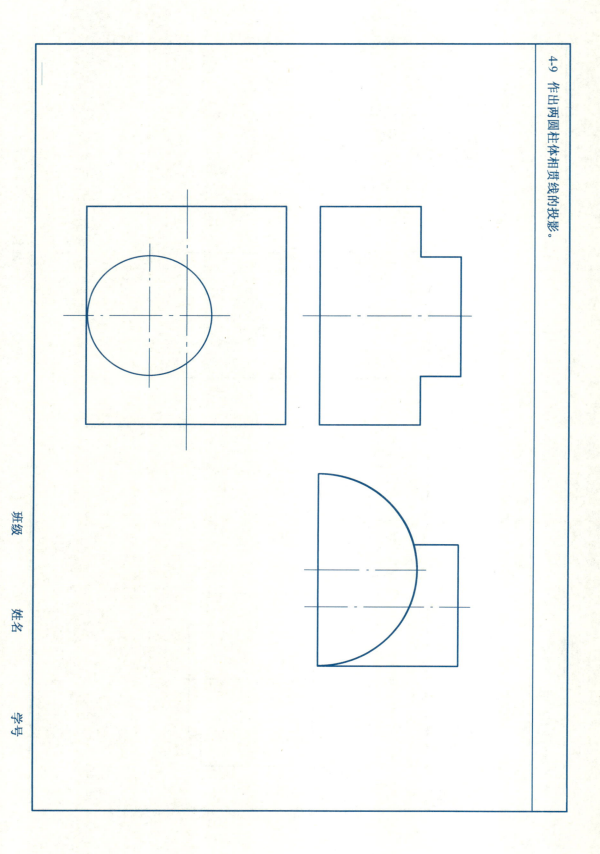

4-10 作出圆锥与圆柱相贯线的投影。

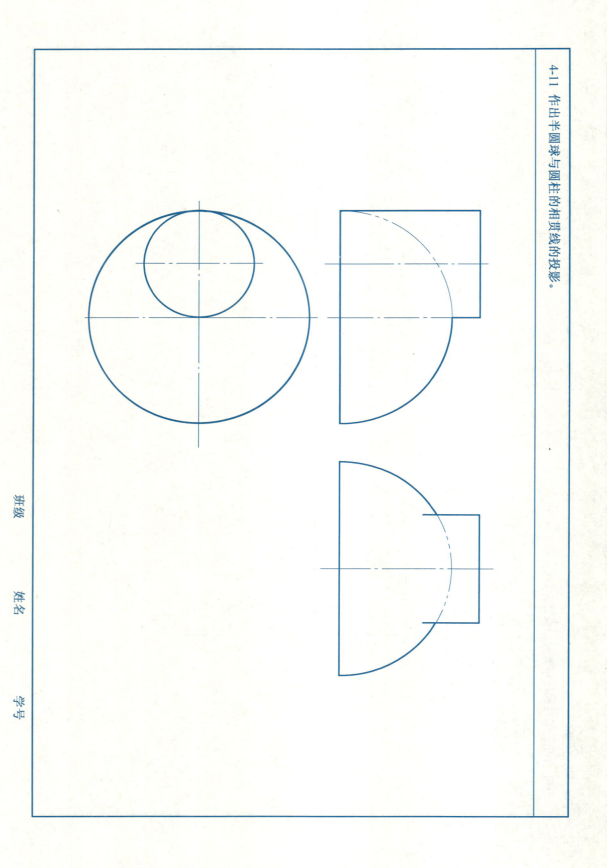

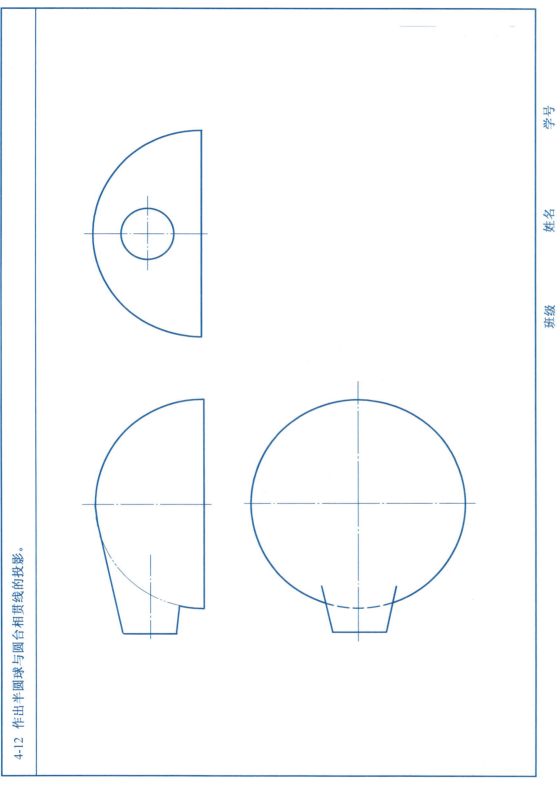

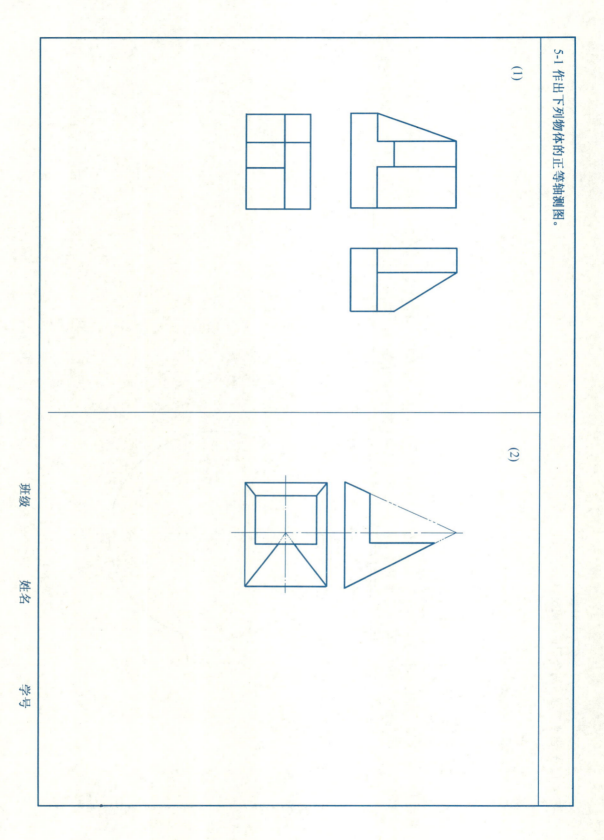

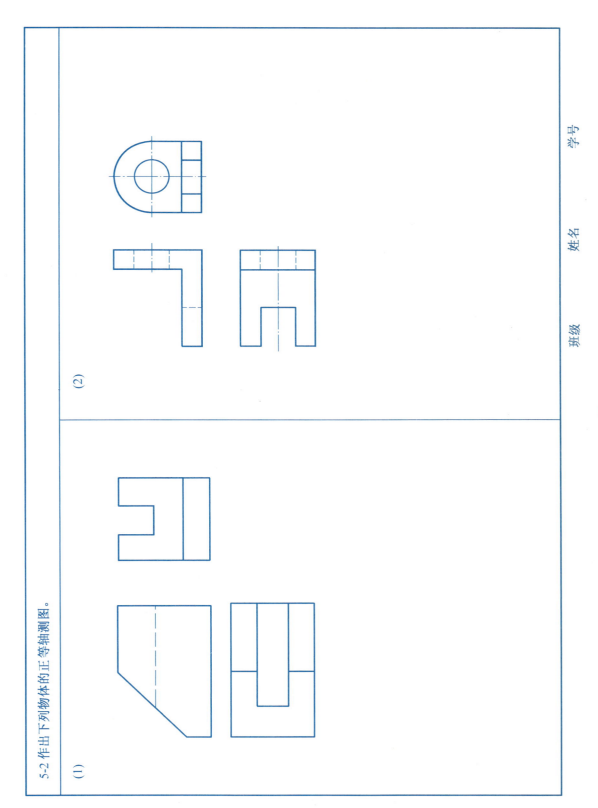

5-3 画正等轴测图。

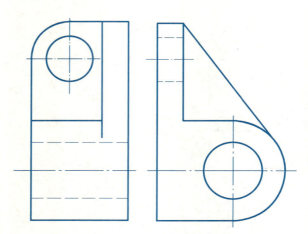

5-4 作出下列物体的斜二测轴测图。

(1)

(2)

5-5 画斜二测轴测图。

6-1 根据立体图画出组合体的三视图。

(1)

(2)

(3)

(4)

班级　　姓名　　学号

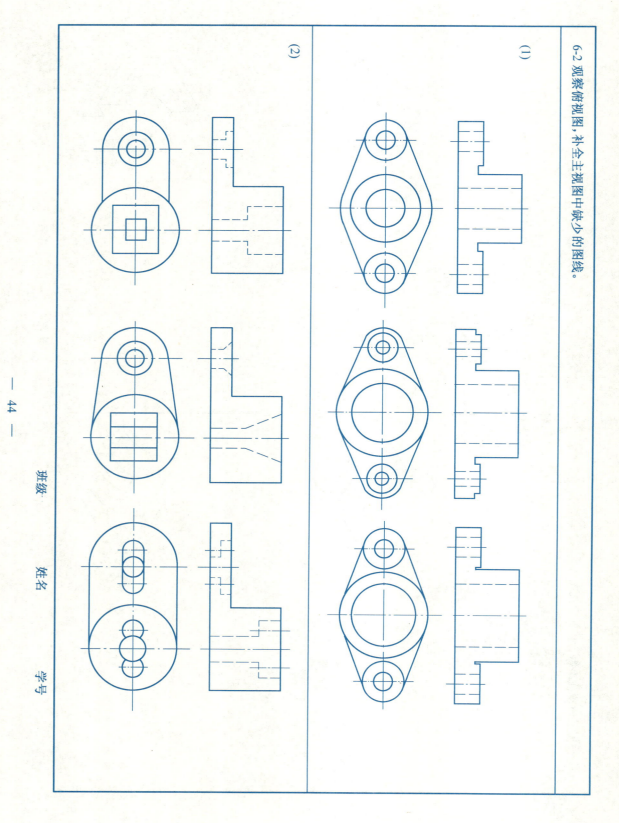

6-3 由立体图画图组合体的三视图（比例1:1）。

(1)

6-3 由立体图画组合体的三视图（比例1:1），并标注尺寸。

(2)

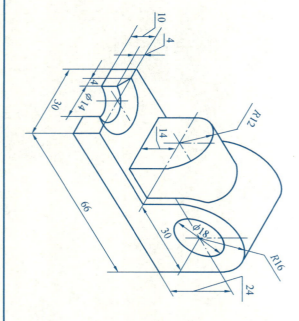

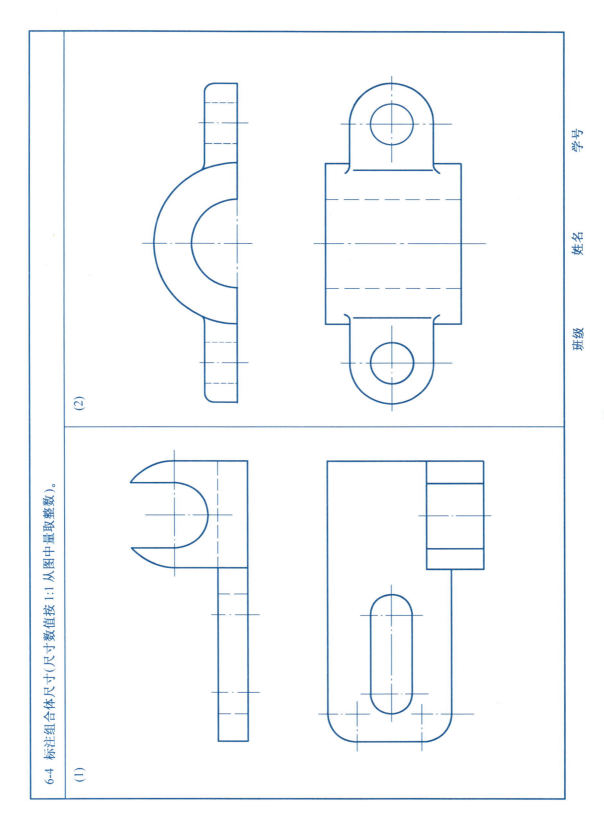

6-5 标注组合体尺寸（尺寸数值按 1:1 的比例从图中量取整数）。

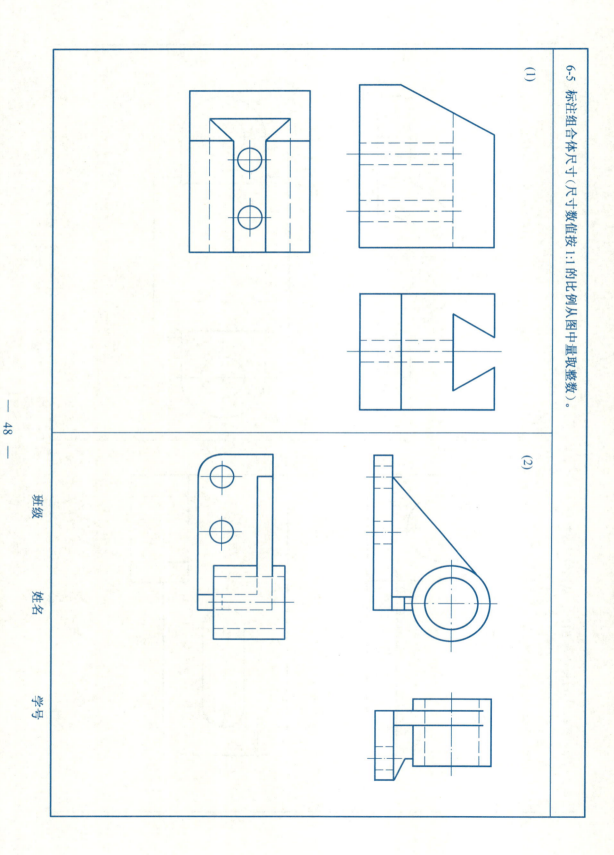

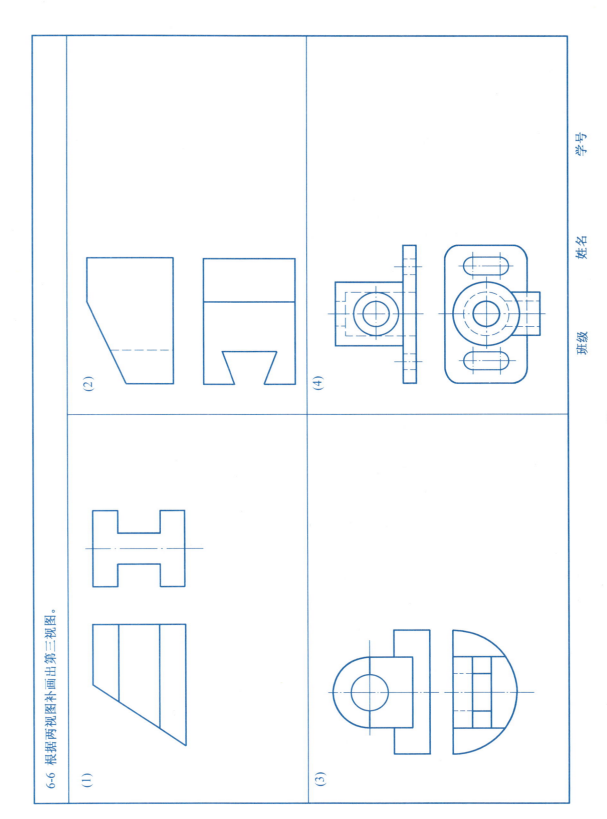

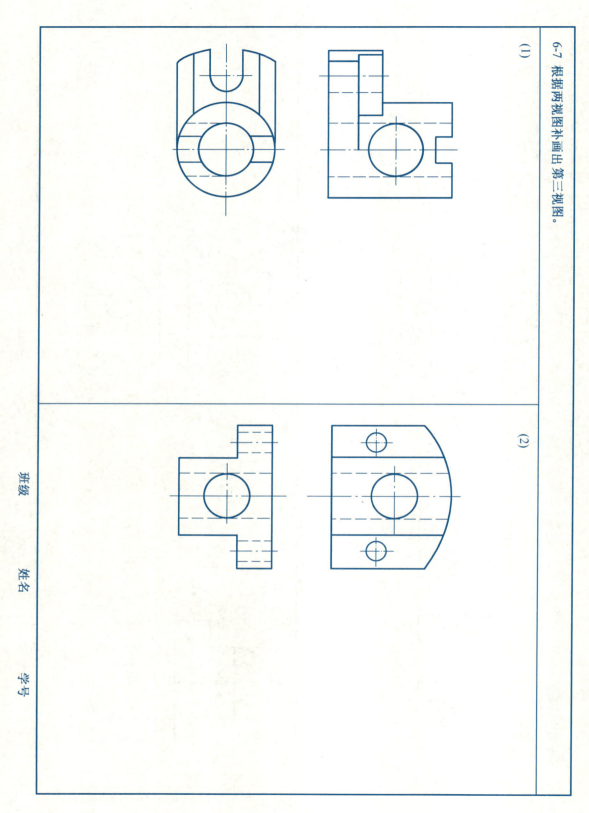

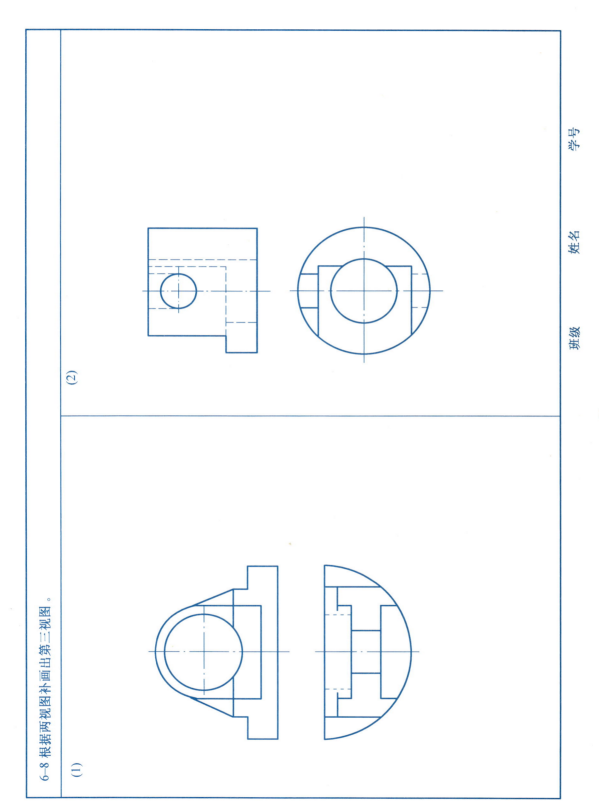

6-9 根据组合体的立体图,按1:1在A3图纸上画出组合体的视图。

(1)

6-10 根据组合体的立体图，按 1:2 在 A3 图纸上画出组合体的视图。

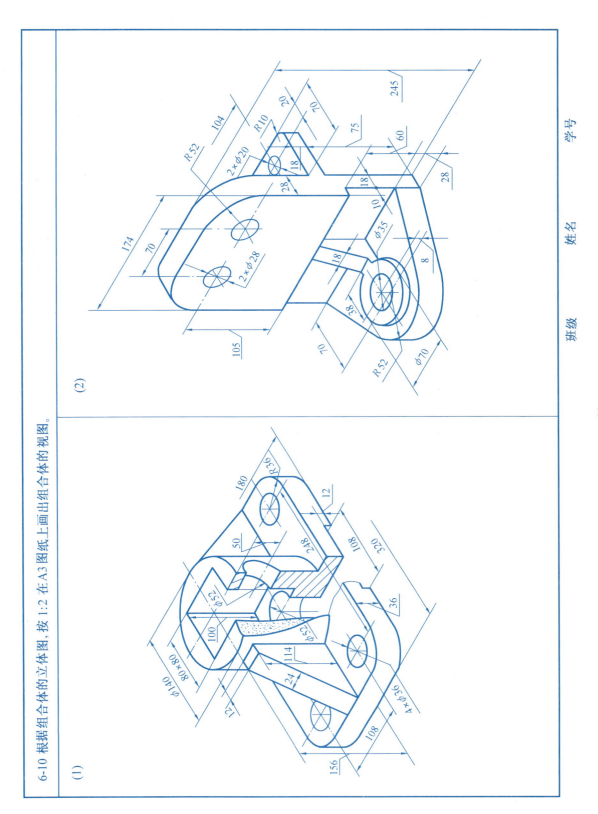

7-1 补全其它四个基本视图(保留图中的虚线)。

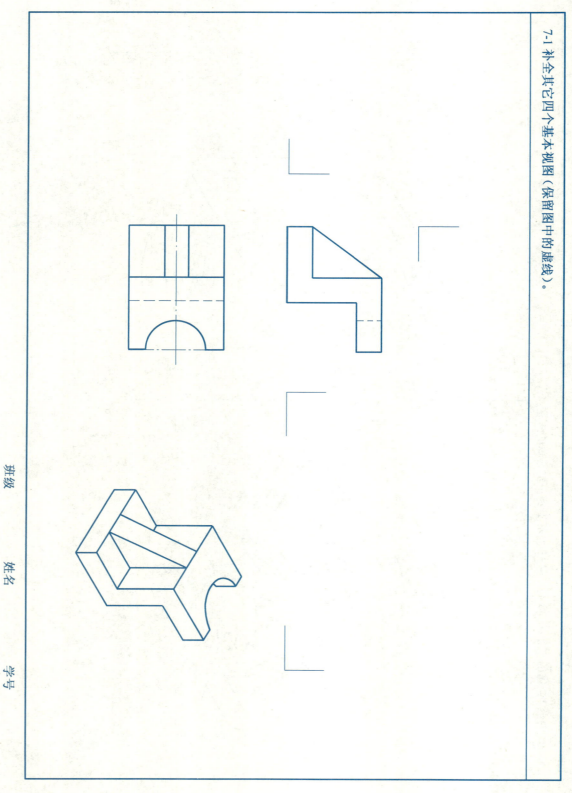

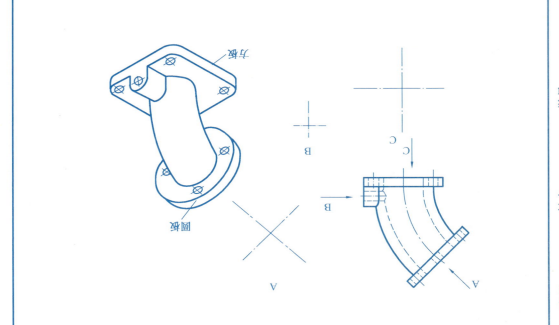

7-3 先补画出置件A向斜视图、B向局部视图、C向视图

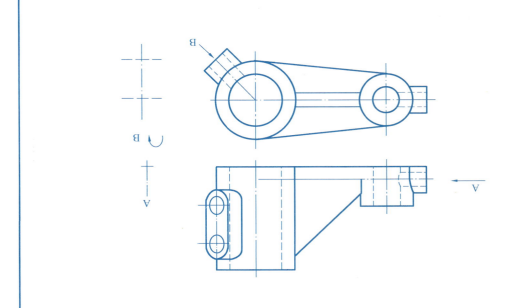

7-2 先补画出置件A向局部视图和B向斜视图。

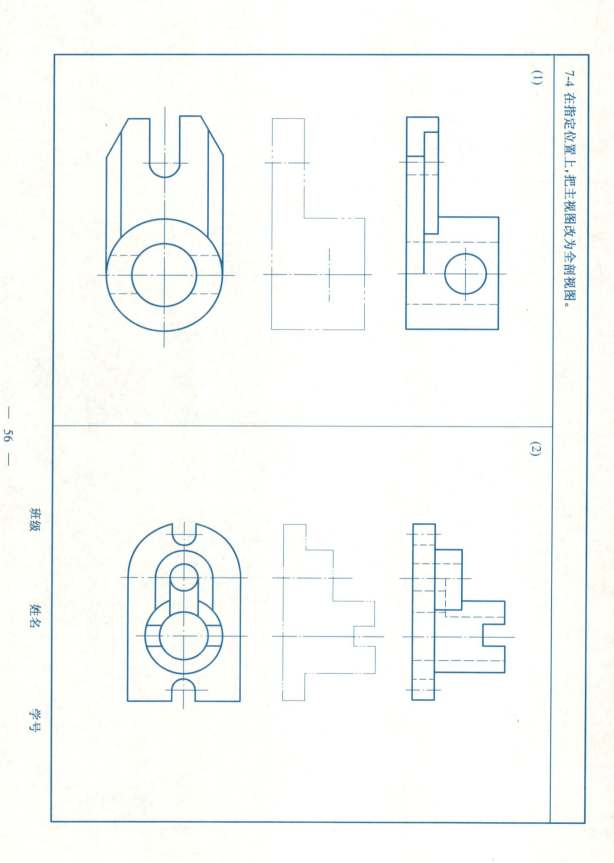

7-5 在指定位置上，对主视图作出左右剖视图。

(1)

(2)

A—A

班级　　姓名　　学号

7-6 在给定位置用旋转剖作出全剖视图。

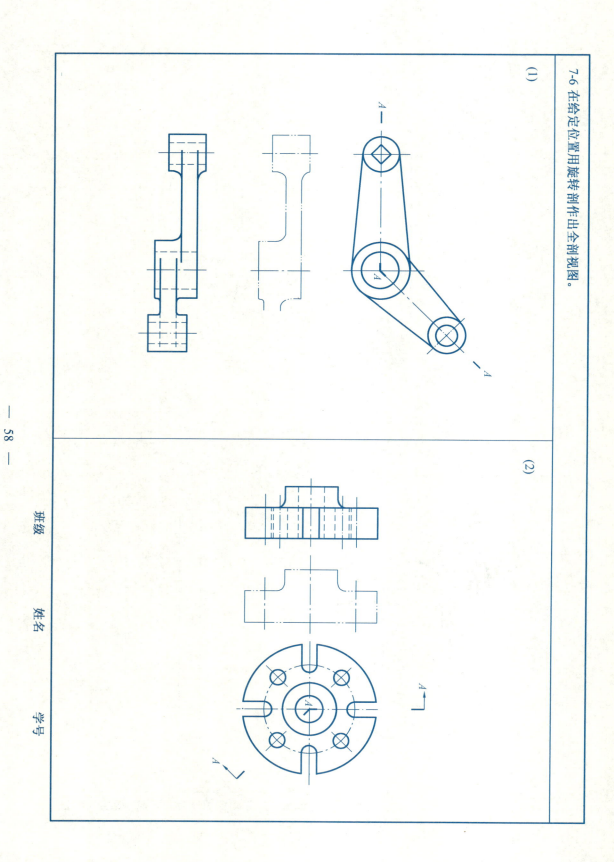

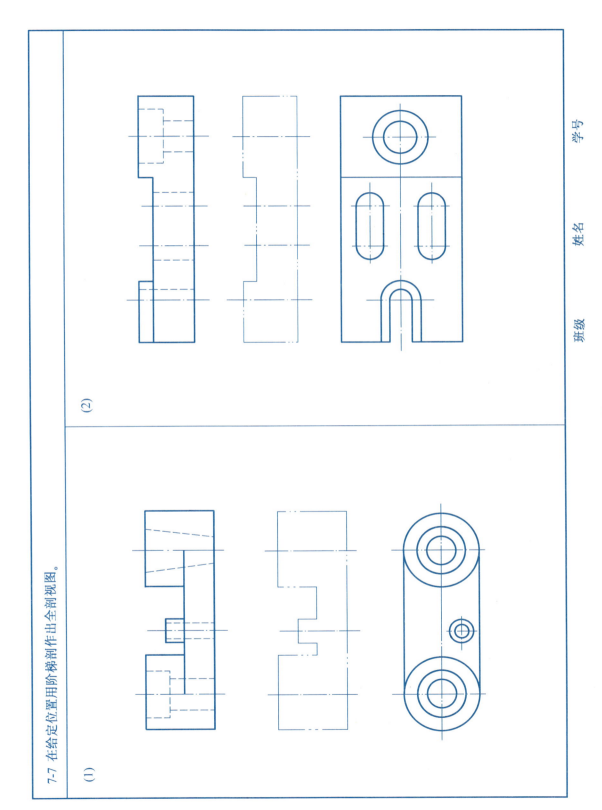

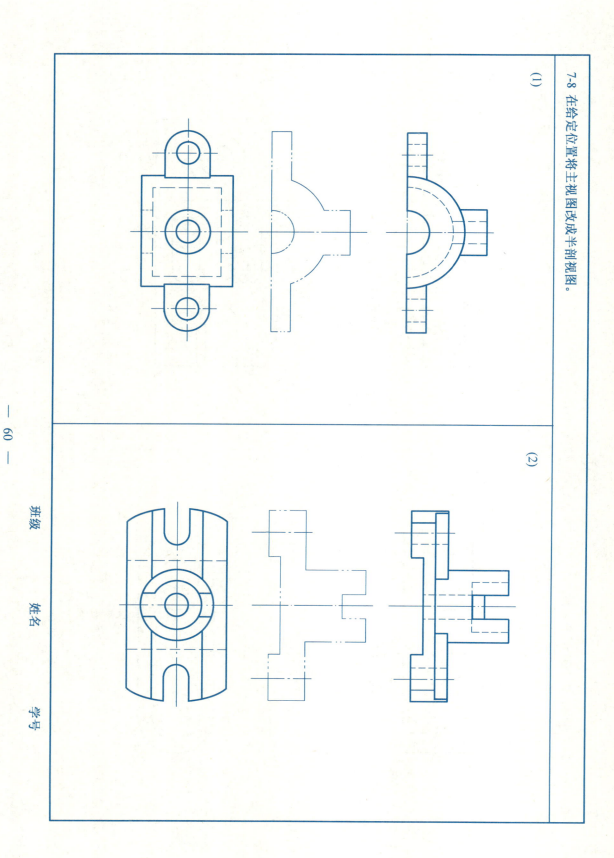

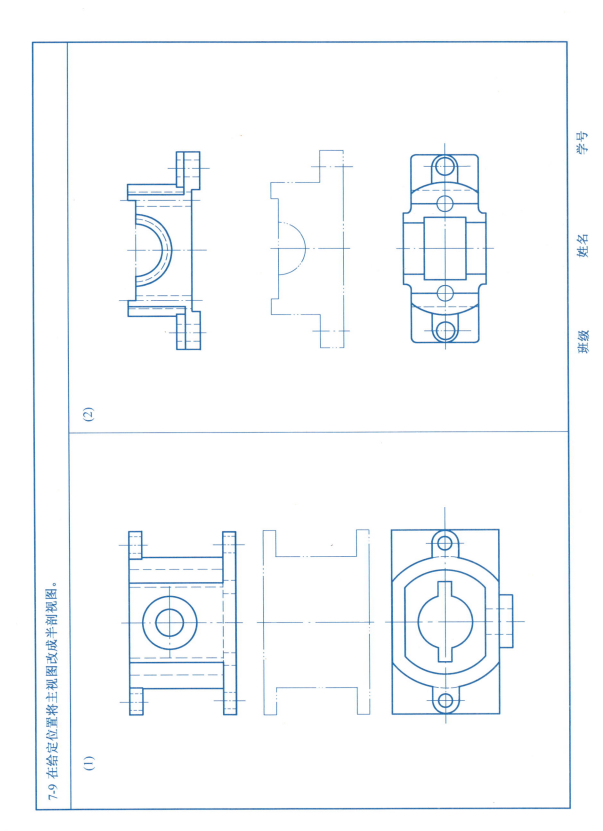

7-10 作局部剖视图。

(1)　　　　　　　　　　　　(2)

7-11 作局部剖视图。

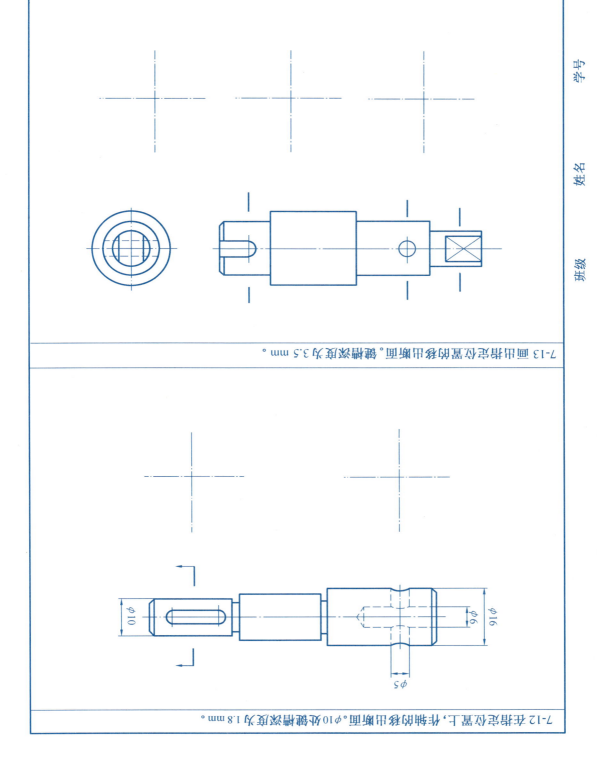

7-12 在指定位置上，作轴的按给出的断面。φ10处键槽深度为1.8 mm。

7-13 画出排齿位置按给出的断面。键槽深度为3.5 mm。

7-14 在给定位置上面画出全剖视图。

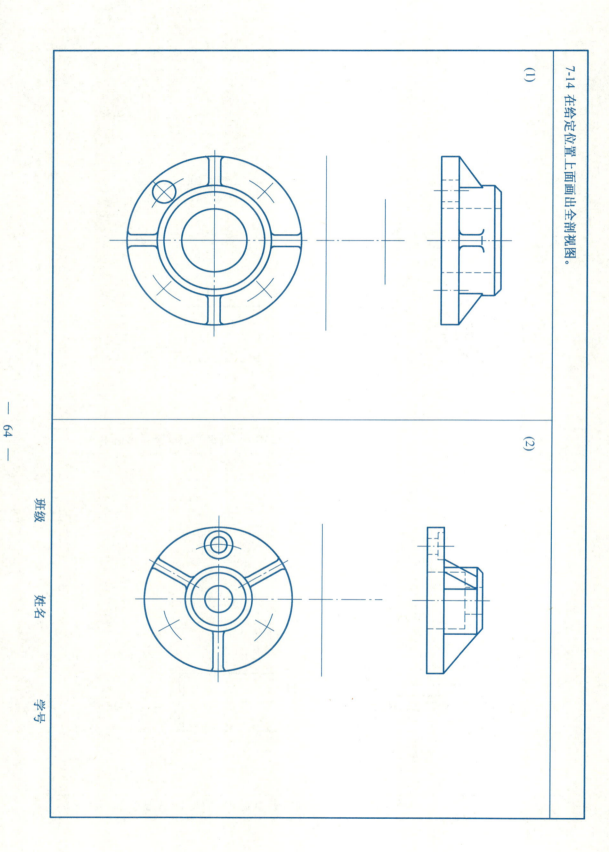

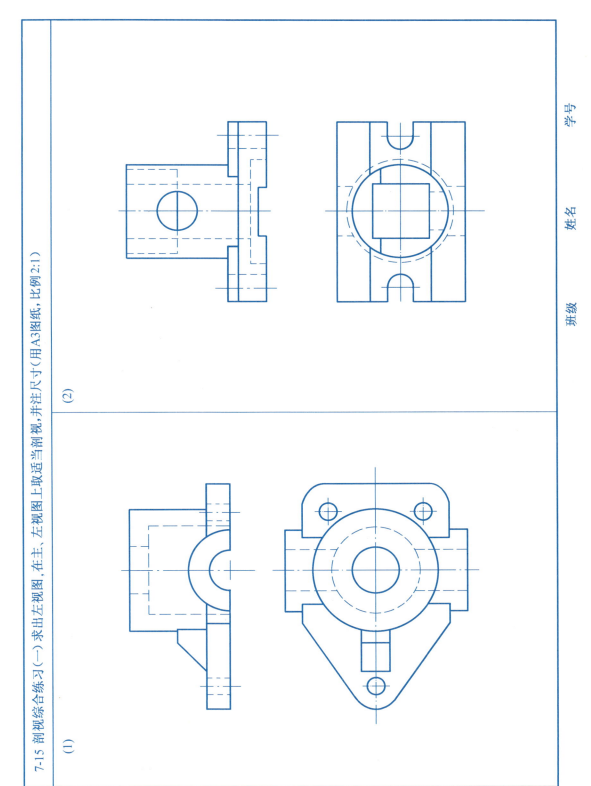

7-16 剖视综合练习(二) 求出左视图,在主、左视图上取适当剖视,并注尺寸(用A3图纸,比例2:1)

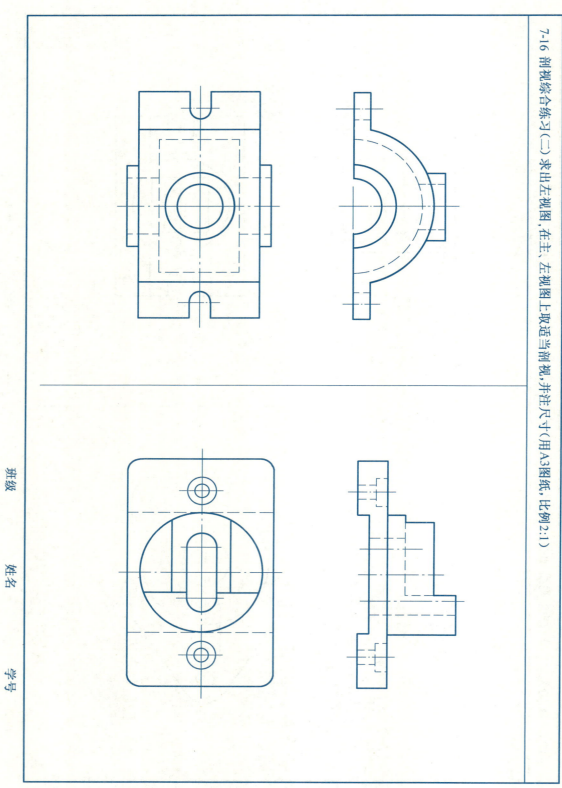

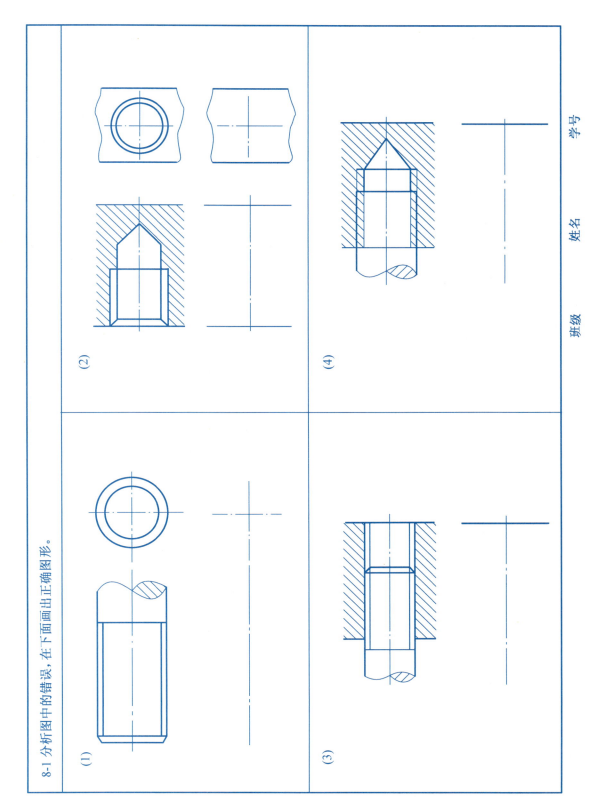

8-1 分析图中的错误，在下面画出正确图形。

8-2 根据下列给定的螺纹要素，标注螺纹的标记或代号。

(1) 粗牙普通螺纹，公称直径24 mm，螺距3 mm，单线，右旋，螺纹公差带：中径、小径均为6g，短旋合长度。

(2) 细牙普通螺纹，公称直径30 mm，螺距2 mm，单线，右旋，螺纹公差带：中径为5g、大径为6g，短旋合长度。

(3) 非螺纹密封的管螺纹，尺寸代号3/4，中径公差等级为A级，右旋。

(4) 梯形螺纹，公称直径30 mm，螺距6 mm，双线，左旋。

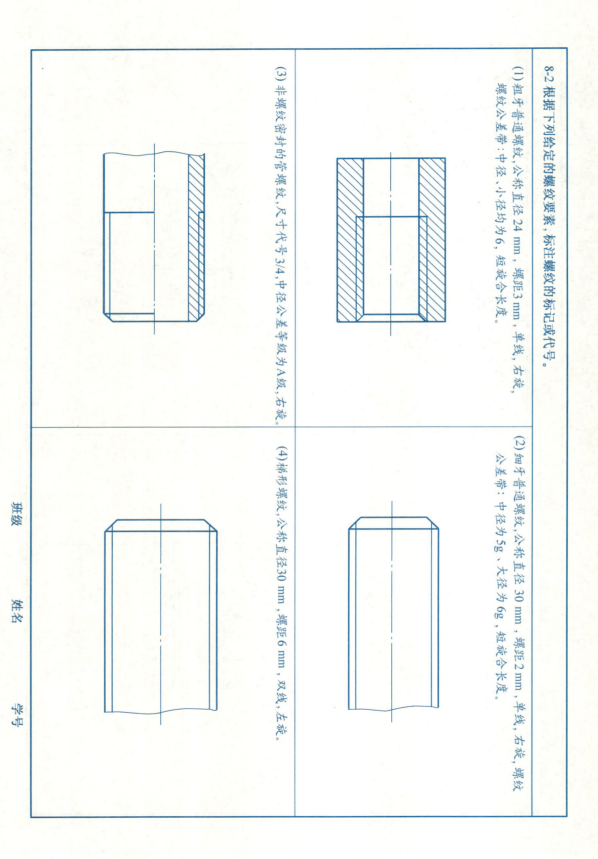

8-3 根据标注的螺纹代号，查表并说明螺纹的各要素。

(1)

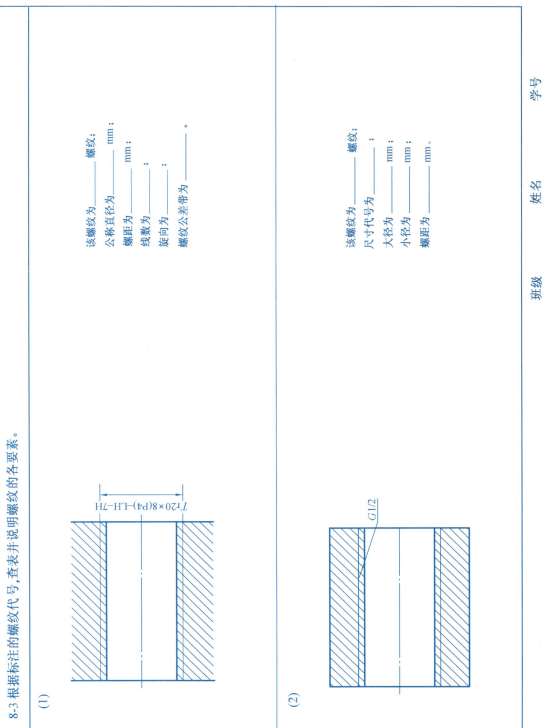

T20×8(P4)—LH—7H

该螺纹为＿＿＿＿螺纹；
公称直径为＿＿＿＿mm；
螺距为＿＿＿＿mm；
线数为＿＿＿＿；
旋向为＿＿＿＿；
螺纹公差带为＿＿＿＿。

(2)

G1/2

该螺纹为＿＿＿＿螺纹；
尺寸代号为＿＿＿＿；
大径为＿＿＿＿mm；
小径为＿＿＿＿mm；
螺距为＿＿＿＿mm。

班级　　姓名　　学号

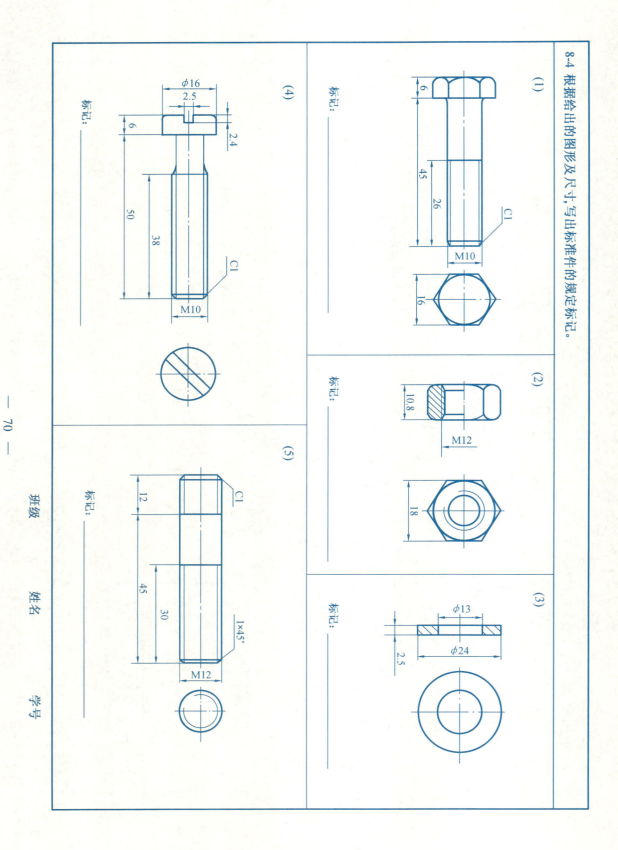

8-5 下面螺栓连接画法有错误，请在右边按正确画法画出。

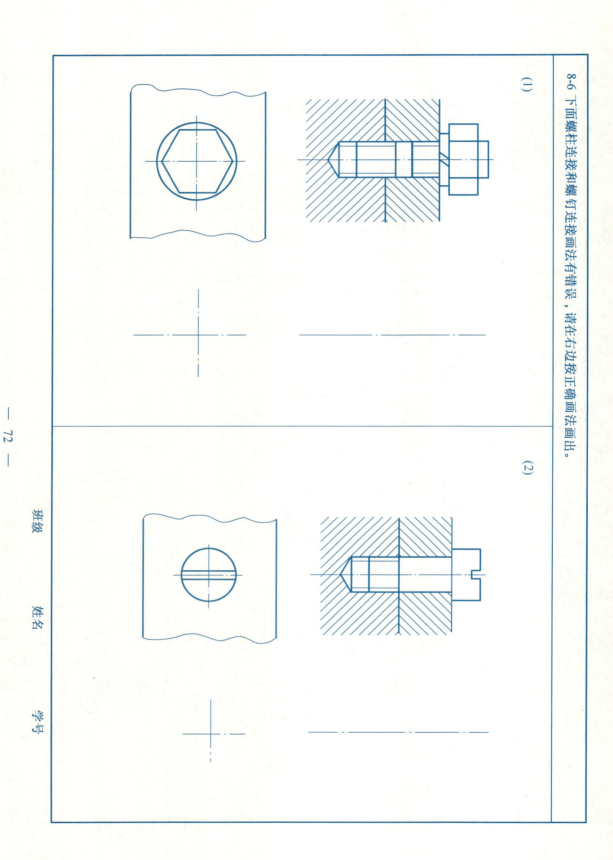

8-7 用A3图纸按要求画出螺纹紧固件连接图。

(1) 螺栓连接

① 螺栓 GB/T 5782 M20×*l*
（*l* 由计算后查表确定）
② 螺母 GB/T 6170 M20
③ 垫圈 GB/T 97.1 20
④ 上板厚 $\delta_1=30$
下板厚 $\delta_2=35$
板长 65
板宽 60

要求：
按1:1比例画出螺栓连接三视图，主视图作全剖视，左视图不剖，可用比例画法或简化画法，不标尺寸。

(2) 螺柱连接

① 螺柱 GB/T 897 M20×*l*
（*l* 由计算后查表确定）
② 螺母 GB/T 6170 M20
③ 弹簧垫圈 GB/T 93 20
④ 上板厚 $\delta_1=30$
下板厚 $\delta_2=50$ 材料为钢
板长 65
板宽 60

要求：
按1:1比例画出螺柱连接主视图、俯视图，主视图作全剖视，可用比例画法或简化画法，不标尺寸。

(3) 螺钉连接

① 螺钉 GB/T 68 M10×25
② 上板厚 $\delta_1=15$
③ 下板厚 $\delta_2=35$
板长 35
板宽 30

要求：
按2:1比例画出螺钉连接主、俯视图，主视图作全剖视，可用比例画法或简化画法，不标尺寸。

班级　　　　姓名　　　　学号

8-8 已知齿轮和轴，用 A 型圆头普通平键连接，轴孔直径为 20 mm。(1) 写出键的规定标记；(2) 查表确定键和键槽的尺寸，用 1:1 画全下列图形，并标注轴和齿轮的键槽尺寸。

键的规定标记：_____

(1) 轴

(2) 齿轮

(3) 齿轮和轴

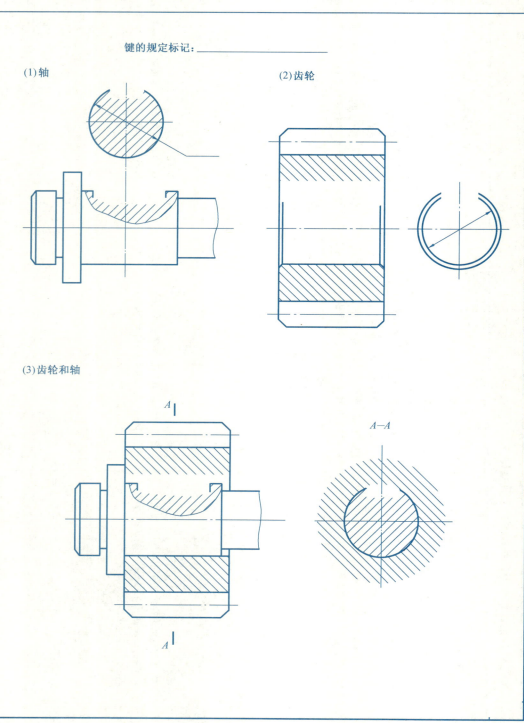

9-1 表面粗糙度的标注。

(1) 将规定的表面粗糙度用代号标注在图上。

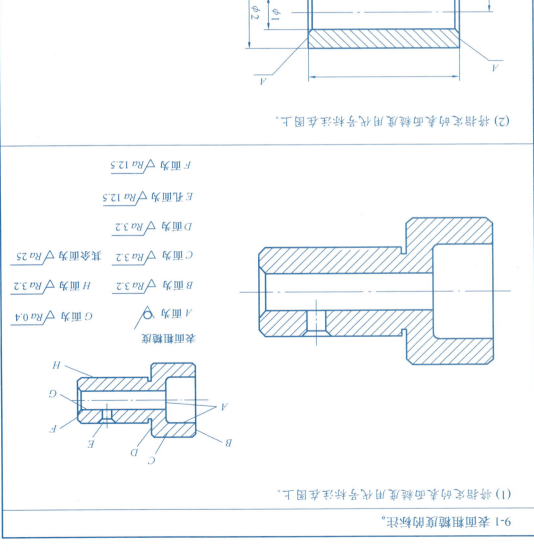

表面粗糙度
A 面为 ⌀
B 面为 √Ra 3.2   H 面为 √Ra 3.2   其余面为 √Ra 25
C 面为 √Ra 3.2
D 面为 √Ra 3.2
E 孔面为 √Ra 12.5
F 面为 √Ra 12.5

G 面为 √Ra 0.4

(2) 将规定的表面粗糙度用代号标注在图上。

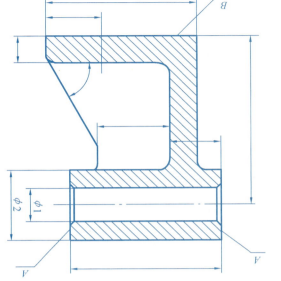

A 面Ra最大允许值为12.5μm
⌀1孔表面Ra最大允许值为3.2μm
B 面Ra最大允许值为12.5μm
其余表面均不进行切削加工；Ra最大允许值为100μm

班级　　姓名　　学号

9-2 根据给出的配合代号，在相应的零件上标注出公差代号和上、下极限偏差值，并填空。

(1) 配合尺寸 φ27 H7/n6 表示基本尺寸为 _____ mm的基 _____ 制 _____ 配合。孔的基本偏差代号为 _____ ，公差等级为 _____ ；轴的基本偏差代号为 _____ ，公差等级为 _____ 。

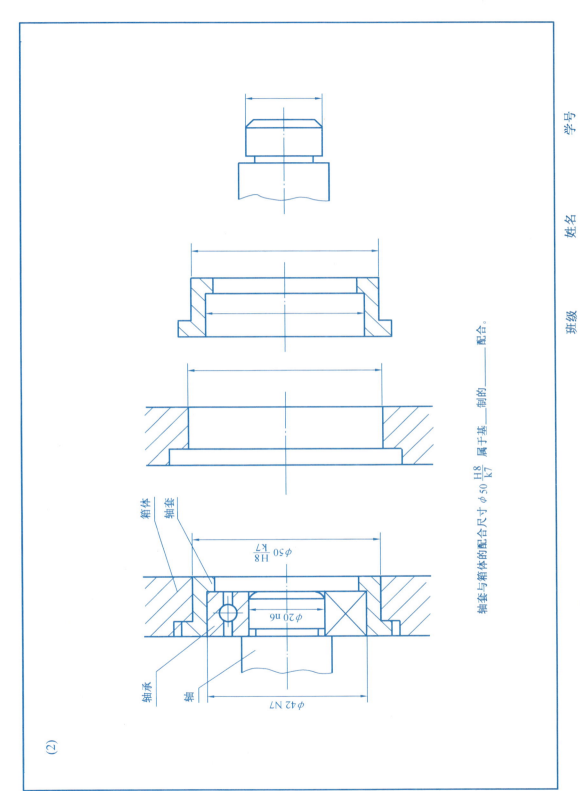

9-3 根据轴的轴测图绘制其零件图。

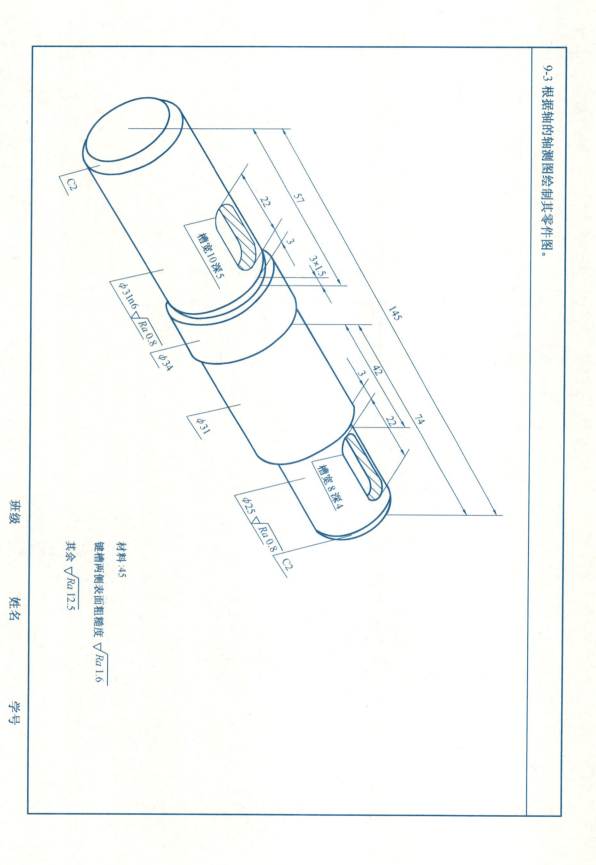

9-4 根据支架的轴测图，绘制其零件图。

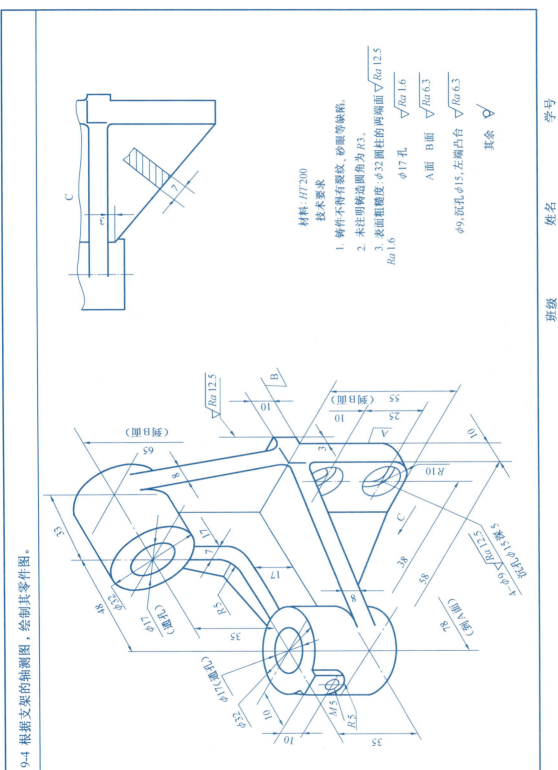

材料：HT 200

技术要求
1. 铸件不得有裂纹、砂眼等缺陷。
2. 未注明铸造圆角为 R3。
3. 表面粗糙度：φ32 圆柱的两端面 ▽Ra 12.5
Ra 1.6
φ17 孔   ▽Ra 1.6
A 面 B 面 ▽Ra 6.3
φ9，沉孔 φ15，左端凸台 ▽Ra 6.3
其余 ▽

9-5 读齿轮轴零件图，在指定位置补画 A—A 断面图，键槽深度按附表查取，并完成思考题。

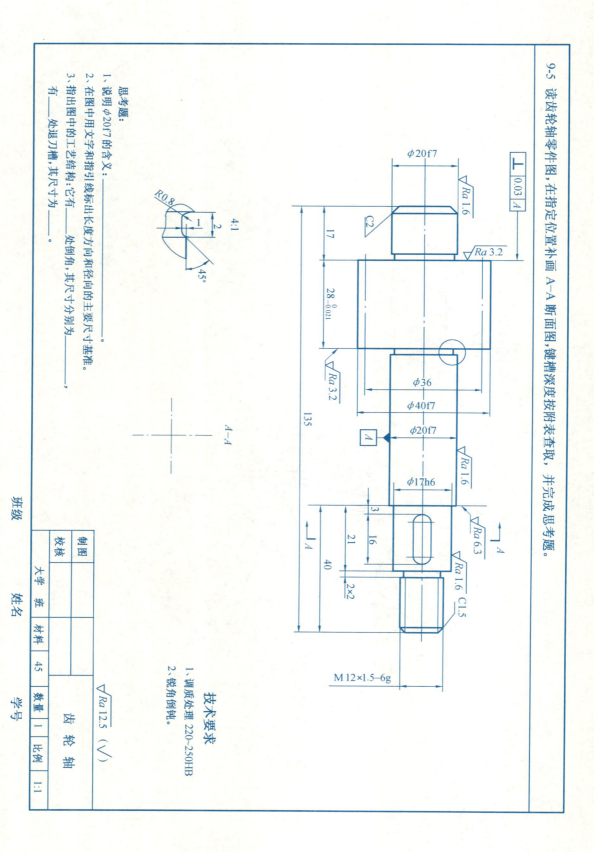

思考题：
1、说明 φ20f7 的含义：_____。
2、在图中用文字和指引线标出长度方向和径向的主要尺寸基准。
3、指出图中的工艺结构：它有____处倒角，其尺寸分别为____、____、____；有____处退刀槽，其尺寸为____。

技术要求
1、调质处理 220—250HB
2、锐角倒钝。

$\sqrt{Ra\ 12.5}$ ($\sqrt{\ }$)

制图		大学	班	材料	45	数量	1
校核				齿轮轴		比例	1:1

班级　　　　姓名　　　　学号

9-6 看懂零件图，并完成相应的题目。

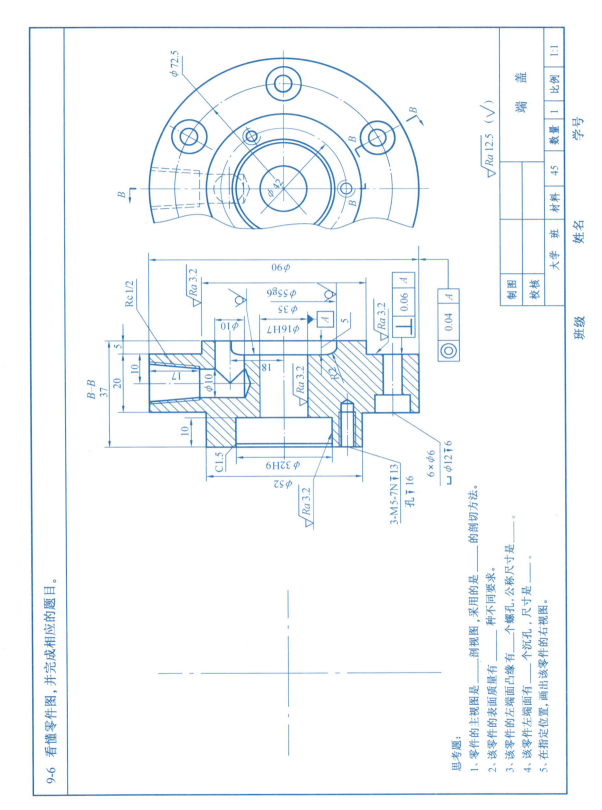

思考题：
1、零件的主视图是_____剖视图，采用的是_____的剖切方法。
2、该零件的表面质量有_____种不同要求。
3、该零件的左端面凸缘有_____个螺孔_____个沉孔，公称尺寸是_____。
4、该零件左端面有_____个沉孔，尺寸是_____。
5、在指定位置，画出该零件的右视图。

10-1 根据装配示意图和零件图画装配图。

(1) 千斤顶
工作原理：
千斤顶用于升起重物。转动绞杠，使螺旋杆在螺套内旋转，从而沿螺套上升或下降，顶垫便升起或下降重物。

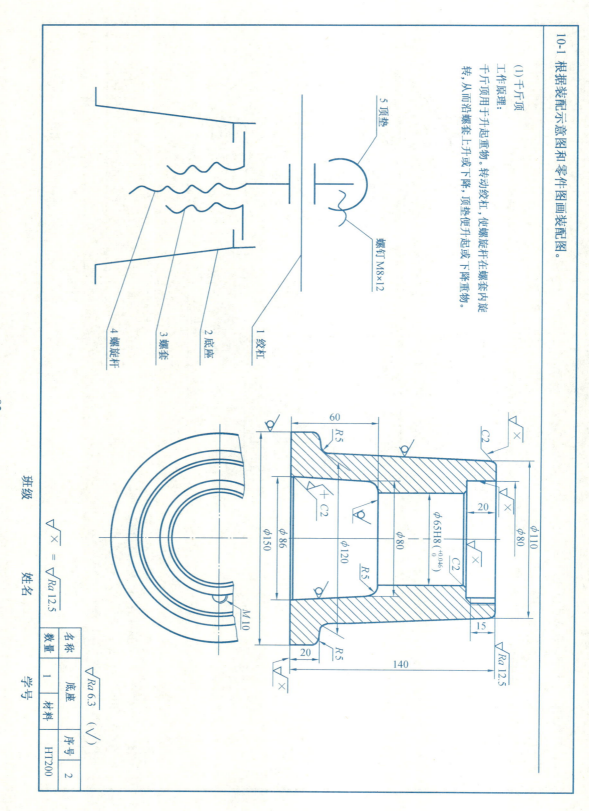

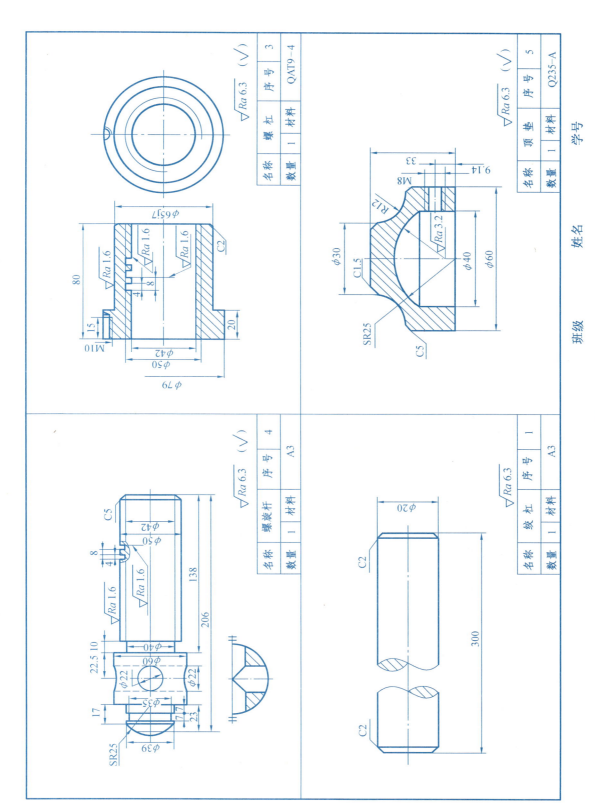

10-2 根据装配示意图和零件图画的装配图。

(2) 钩形压板

工作原理：
钩形压板是机床夹具中的通用夹紧装置，此装置固定在夹具体上，当旋动螺母时，可使螺柱沿轴向运动，并带动钩形压板上下移动，达到压紧工件的目的，如果取下工件，可旋松螺母，使钩形压板旋转90°。

技术要求：
1. 压板在套筒内上下运动转动自如。
2. 此钩形压板夹紧工件的最大厚度为35 mm。

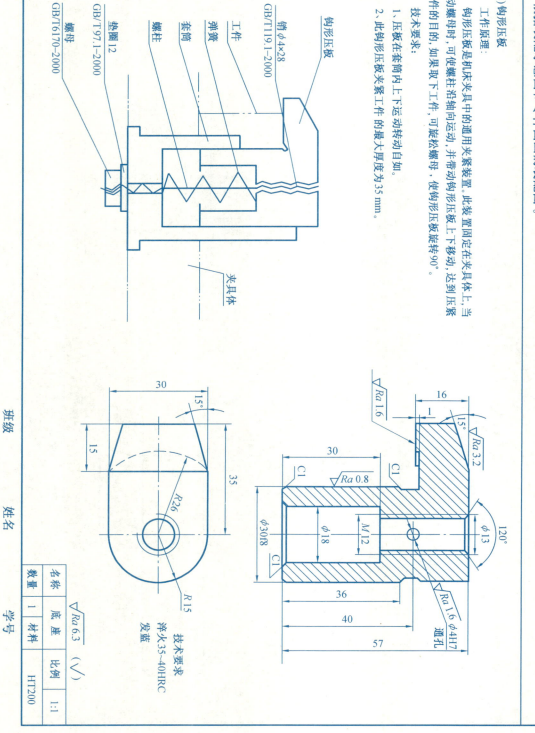

名称 底座　材料 HT200　比例 1:1　数量 1

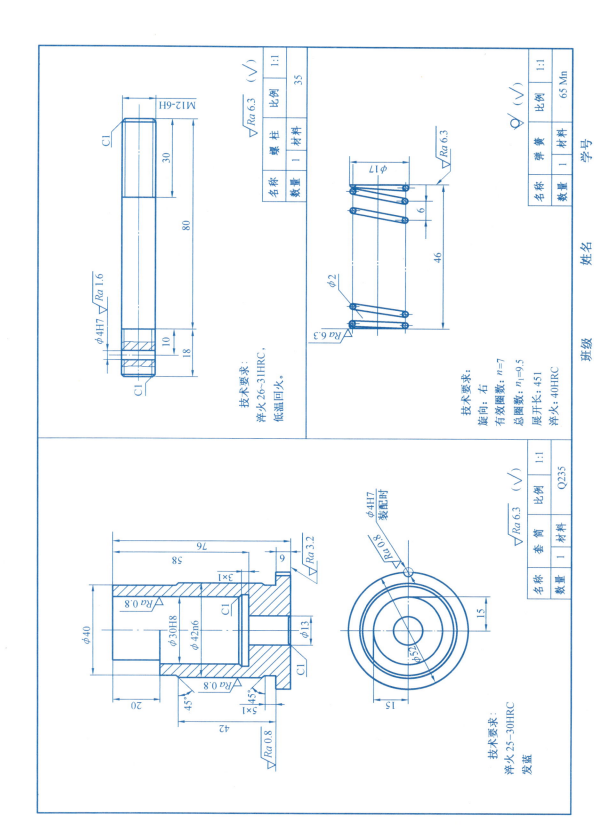

10-3 读装配图

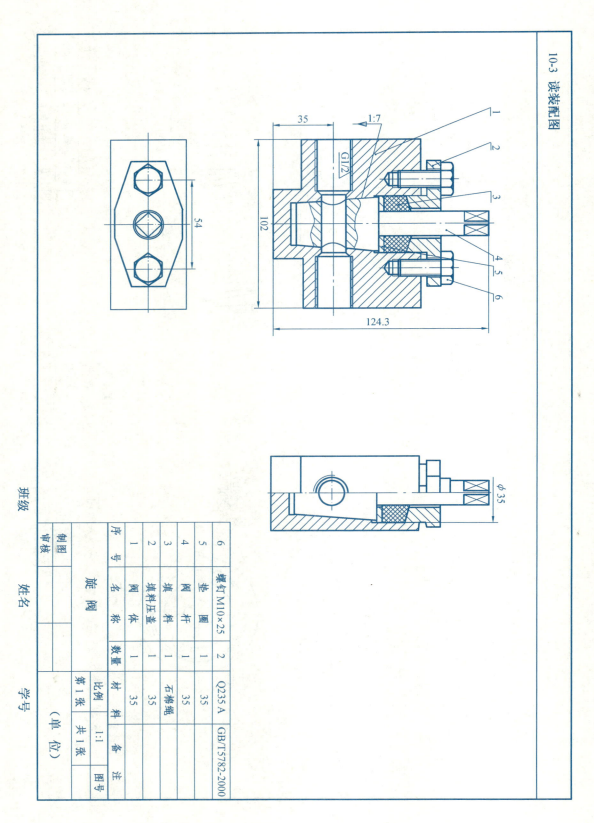

10-4 读懂联动夹持杆接头装配图，拆画夹头 3 的零件图。

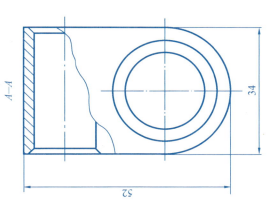

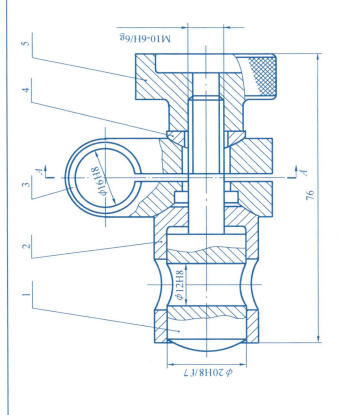

工作原理

联动夹持接头是检验夹具中的一个通用标准部件，用来连接表杆。在拉杆 1 的 φ12H8 孔与夹头 3 的 φ16H8 孔中分别装入 φ12f7 与 φ16f7 表杆。旋紧螺母 5 能同时夹紧二个表杆。

序号	名称	数量	材料	备注
1	拉杆	1	45	
2	套筒	1	45	
3	夹头	1	65Mn	HRC40-48
4	垫圈10	1	45	
5	螺母	1	45	
联动夹持接头			比例 1:1	图号
			第1张	共1张
制图				
审核				
班级	姓名		学号	

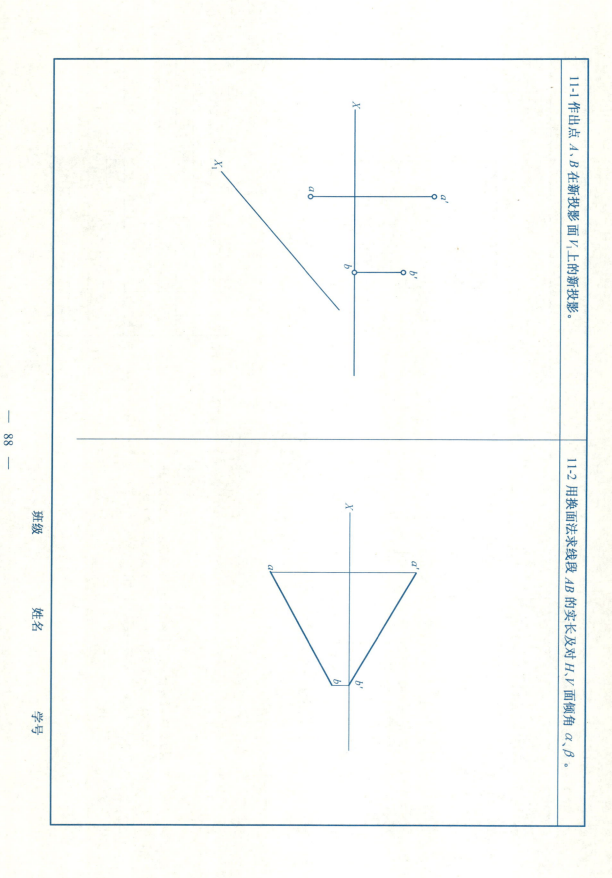

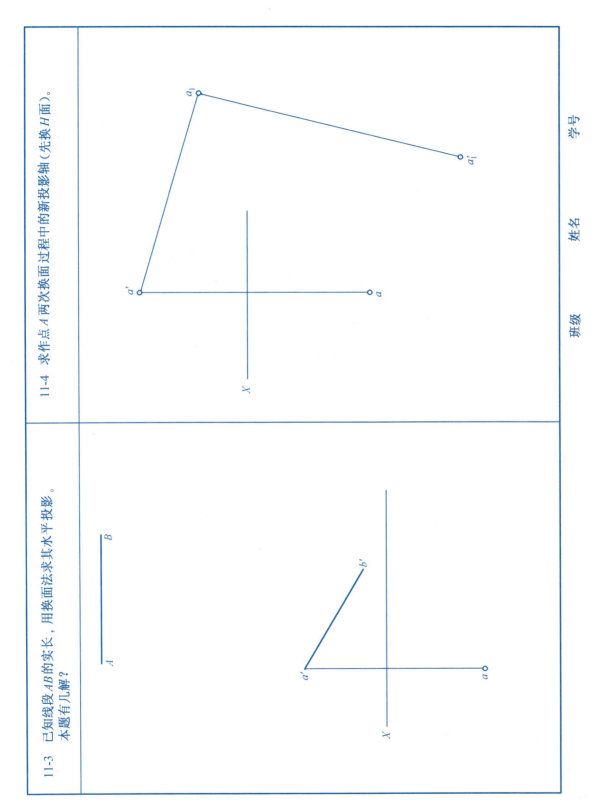

11-5 已知平行二平面的距离为 20 mm，补出所缺的投影。

11-6 已知线段 EF 垂直于平面 △ABC，且点 E 距该平面为 30 mm，补出平面的正面投影。

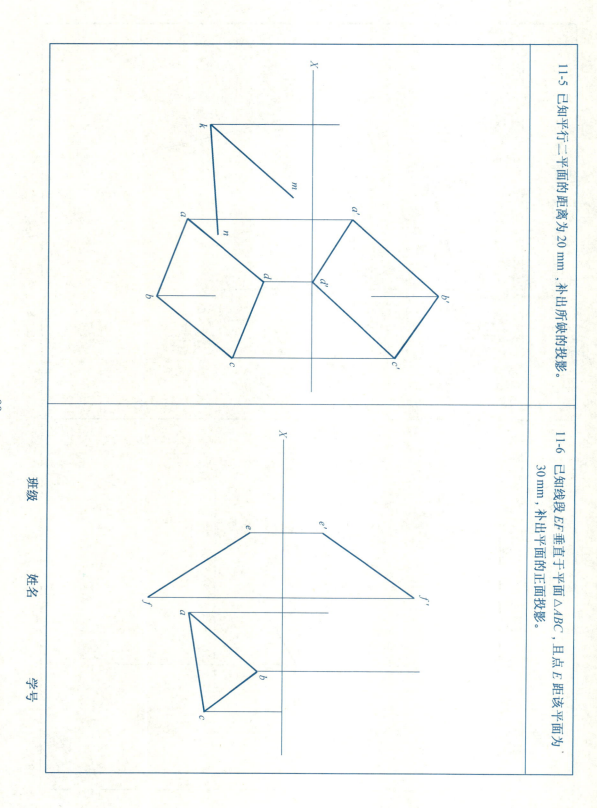

12-1 作出梯形吸气罩的侧面展开图。

12-2 画出漏斗的展开图。

12-3 分别作出吸气罩的上部正四棱台和下部具有斜截口的正四棱柱的侧面展开图。

班级　　姓名　　学号

12-4 画出五节直角弯管中一个半节的展开图

$\alpha = 90°/8 = 11°15'$